中国地质调查成果 CGS 2022-017

"中国及邻区海陆大地构造研究和相关图件编制"(DD20179402)系列成果之一

"中国大地构造演化和国际亚洲大地构造图编制"(DD20190360)系列成果之一

中国东北部及邻区地质图 (1∶2 500 000)及说明书

GEOLOGICAL MAP OF THE NORTHEAST CHINA AND ADJACENT AREAS
(1∶2 500 000) AND SPECIFICATION

宋维民　辛后田　那福超　刘英才　付俊彧　王建恒
庞雪娇　钱　程　马永非　施　璐　张渝金　唐　振
杨佳林　杜继宇　汪　岩　杨晓平　杨雅军　等编著

图书在版编目(CIP)数据

中国东北部及邻区地质图(1∶2 500 000)及说明书/宋维民等编著. —武汉:中国地质大学出版社,2022.8
ISBN 978-7-5625-5316-8

Ⅰ.①中… Ⅱ.①宋… Ⅲ.①地质图-说明书-东北地区 Ⅳ.①P623.7

中国版本图书馆 CIP 数据核字(2022)第 109973 号
《中国东北部及邻区地质图(1∶2 500 000)》审图号:GS(2022)3413 号

中国东北部及邻区地质图(1∶2 500 000)及说明书		宋维民 等编著
责任编辑:唐然坤	选题策划:唐然坤	责任校对:李焕杰
出版发行:中国地质大学出版社(武汉市洪山区鲁磨路388号)		邮政编码:430074
电　　话:(027)67883511	传　　真:(027)67883580	E-mail:cbb@cug.edu.cn
经　　销:全国新华书店		http://cugp.cug.edu.cn
开本:880 毫米×1230 毫米 1/16		字数:436 千字　印张:11.75　附图:1
版次:2022 年 8 月第 1 版		印次:2022 年 8 月第 1 次印刷
印刷:湖北睿智印务有限公司		
ISBN 978-7-5625-5316-8		定价:298.00 元

如有印装质量问题请与印刷厂联系调换

编委会

编图指导委员会

主　　　任：任纪舜　张大权　贾伟光　肖桂义
副 主 任：朱　群　张允平　牛宝贵　迟振卿
委　　　员：沙德铭　张立东　陈树旺　赵　磊　唐克东　王五力
　　　　　　赵春荆　李之彤　郭胜哲　张立君　王希今　刘世伟
　　　　　　杨中柱　邢德和　丁秋红　鲍庆中　李东涛

编辑委员会

主　　　编：宋维民　辛后田
常务副主编：那福超　刘英才　付俊彧　王建恒
副 主 编：庞雪娇　钱　程　马永非　施　璐　张渝金　唐　振
　　　　　　杨佳林　杜继宇　汪　岩　杨晓平　杨雅军
编　　　委：宋维民　辛后田　那福超　刘英才　付俊彧　王建恒
　　　　　　庞雪娇　钱　程　马永非　施　璐　张渝金　唐　振
　　　　　　杨佳林　杜继宇　汪　岩　杨晓平　杨雅军　葛锦涛
　　　　　　孙　巍　周永恒　秦　涛　张　超　李林川　钟　辉
　　　　　　赵雪娟　陈井胜　陈会军　时　溢　吴新伟　李　斌
　　　　　　杨　帆　张　丽　李　伟　赵春强　尤洪喜

序

建有空间数据库的《中国东北部及邻区地质图(1∶2 500 000)及说明书》是近年来中国地质调查局沈阳地质调查中心取得的一项重要成果。该成果根据截至2020年12月底的地质调查和科学研究资料,系统描述了工作区的区域地层、侵入岩、变质岩、大地构造和地质演化历史,是中国东北部及邻区最新的一部区域地质构造研究的总结性著作,具有重要的科学意义和实用价值。

《中国东北部及邻区地质图(1∶2 500 000)》地理上跨中、蒙、俄、朝、韩5个国家,地质上跨古亚洲洋和太平洋两大构造域。这一成果所表述的实际成果和基本认识可以使我们对该区现存的一些重大地质问题做出比较肯定的判断。

(1)中国东北部早寒武世地层的古生物特征与中亚萨拉伊尔—阿尔泰—蒙古等地属同一古生物地理区系,这似乎表明它们当时可能是连为一体的,之间没有分隔性大洋盆的存在。

(2)工作区显生宙的地质历史明显可以分为古生代和中—新生代两大阶段:古生代阶段,其主体受古亚洲洋动力体系控制,形成世界上规模最大的古生代造山带——乌拉尔-蒙古-兴安巨型造山带(工作区位于该造山带东段),即文献上常提的中亚造山带或阿尔泰造山带;中—新生代阶段,工作区主体受太平洋动力体系的控制,广大地区又经受了强烈的中生代构造岩浆作用的改造,形成中生代上叠(活化)造山带,即叠加在古生代和前古生代先成大陆地壳之上的造山带。因此,Sengör等人在1993年、2018年、2022年相关文献中认为阿尔泰造山带的演化一直延续到侏罗纪末—白垩纪初的观点被确定是一个明显的误判。

(3)像乌拉尔-蒙古-兴安巨型造山带西段一样,Sengör等人认为处于这一造山带东段中国东北及邻区的古亚洲洋也不是一个具有单列或三列岛弧的大洋盆,而是一个由一系列海底裂谷带(小洋盆)和众多微陆块组合而成的复杂体系。大部分小洋盆在晚志留世前或泥盆纪前已经消失。泥盆纪法门期浅海沉积之下广泛分布的区域性不整合的存在标志着古亚洲洋的主体洋盆已完全消失。之后出现的恩格尔乌苏、贺根山等晚泥盆世—早石炭世小洋盆(可能为红海式)均是陆壳再伸展拉张的产物,而且它们在晚石炭世前也均已消失。因此,Sengör等人把该区的古亚洲洋当成一个从埃迪卡拉纪一直延续到晚二叠世甚至到三叠纪才消失的大洋盆的说法显然也是不符合实际的。

(4)中国一些地质学家特别关注的蒙古-鄂霍次克造山带实际为中生代太平洋动力体系与古生代古亚洲洋动力体系叠加复合的产物。在杭盖-肯特带,即蒙古鄂霍次克造山带西段,二叠系陆相沉积岩不整合覆盖于石炭系浊积岩系之上;在Onon地区(蒙古-鄂霍次克造山带中西段)早二叠世浅海碎屑岩系不整合于石炭系浅海沉积岩之上,上三叠统—下侏罗统为海相碎屑岩和碳酸盐岩建造。这些事实否定了那里曾有过一个中生代洋盆,否定了蒙古-鄂霍次克造山带是一个中生代洋盆封闭形成的造山带的说法。

(5)近些年来,部分学者仅根据沿牡丹江断裂带发育中生代高压变质岩,认定那里是一个中生代洋盆封闭后形成的缝合带。但是区内广大地区在中—新生代多为陆相沉积的事实却难以支持这种说法。

中国地质调查局沈阳地质调查中心,即原来的沈阳地质矿产研究所,在研究中国东北部地质时,一直坚持"放眼东北亚地质"的大格局,把中国东北部与邻区地质联系起来开展工作,并数次与俄罗斯、蒙古、朝鲜等国家的地质学家合作,取得了一系列重要成果。这次由宋维民先生领衔的《中国东北部及邻区地质图(1∶2 500 000)及说明书》继承了这一优良合作传统并有所发展。这次工作所建立的空间数据库使中国东北部地质编图工作步入数字化时代,其丰富的数据将为中国东北部进一步的地质调查和基础地质问题研究,为资源勘查、环境保护和重大工程建设提供全面的、全局性的地质信息。

值此沈阳地质矿产研究所建所60周年之际,我衷心祝愿中国地质调查局沈阳地质调查中心在今后的工作中为中国地质事业的发展做出更大贡献!

中国科学院院士

任纪舜

2022年7月18日

前　言

《中国东北部及邻区地质图(1∶2 500 000)》的编制,是中国地质调查局下达的"中国及邻区海陆大地构造研究和相关图件编制"(DD20179402)和"中国大地构造演化和国际亚洲大地构造图编制"(DD20190360)项目的核心工作内容之一。编图工作由中国地质调查局沈阳地质调查中心承担,业务归中国地质科学院地质研究所组织管理,工作时间为2017—2020年。

编图区位于亚洲东北部,大地构造位于欧亚板块的东缘,与太平洋板块相接。编图范围西起贝加尔湖,东到萨哈林岛(库页岛),北起尚塔尔群岛,南至渤海湾、华北平原和太行山。编图区地势总体西高东低,西部为雅布洛诺夫山脉、蒙古高原、鄂尔多斯高原及大兴安岭;中部为松辽盆地、华北平原、渤海湾盆地;东部地区除三江-中阿穆尔盆地外,主要为小兴安岭、长白山及锡霍特-阿林山脉。编图区地处古亚洲洋构造域与太平洋构造域的叠加地区,地质演化历经始太古代古老陆核形成,至古亚洲洋构造域及太平洋构造域的复合造山作用,地质构造极其复杂。其中,古生代主体为古亚洲洋构造域乌拉尔-蒙古-兴安复合造山区东段,中—新生代为太平洋构造域北段东部活动大陆边缘。该区地层发育齐全,沉积类型多样,构造-岩浆活动频繁而强烈,变质作用类型多样,变质程度各异,复杂的地质作用为东北亚地区丰富矿产资源的形成提供了优越的条件。

19世纪中叶到20世纪中叶盛行的槽台学说起源于西方学者对欧洲和北美洲东部的研究,也是20世纪六七十年代编图区研究主导的构造观点。20世纪中叶提出的板块构造学说虽然主要起源于对现代海洋地质、地球物理的调查,但用板块学说对大陆构造尝试进行解释,最初也是从解剖北美洲和欧洲的造山带开始的,王荃等学者在研究中国东北地区造山带时率先使用。我国的地学先辈在大地构造学说方面也取得了一些开创性的认识。其中,最具有影响力的是翁文灏先生的燕山运动认识、李四光先生的地质力学理论、黄汲清先生的多旋回构造学说以及陈国达先生的地洼学说等。21世纪初,任纪舜院士等专家将黄汲清的多旋回构造思想与板块构造理论结合,从中国大地构造存在的多旋回构造演化以及古亚洲洋、特提斯和太平洋三大构造域叠加的特色入手,创新性地提出了地球系统多层圈构造理论,把大地构造学从研究地球表层的地壳构造和岩石圈构造推进到研究地球整体多圈层构造的新阶段,并运用该理论指导了多轮国际地质图的编制。

本次编图工作以地球系统多圈层构造理论为指导,以地质构造演化为主线,在系统梳理、分析、研究了中国东北部及邻区基础地质、地球物理等资料的基础上,重新厘定了中国东北部及邻区的构造分区、地层格架和侵入岩系列,并开展了《中国东北部及邻区地质图(1∶2 500 000)》的系统编制,建立了地质图空间数据库。编图工作采用国际地层委员会(ICS)2015年3月发布的《国际年代地层表(2015)》、中国地质调查局和全国地层委员会2014年2月发布的《中国地层表(2014)》及《中国地层指南及中国地层指南说明书(2014年版)》,图面突出表达的特殊岩性包括碱性岩类、蛇绿岩、蓝片岩等,增强了地质图的易读性。本次编图系统总结了中国东北部及邻区以往及近年获得的成果资料,扩大了区域地质和专题研究成果的应用范围,为东北亚地区基础地质科学问题的深入研究,为国土空间规划、自然资源管理、生态修复保护以及重大工程建设提供了快捷有效的基础地质信息。同时,这项工作填补了东北亚地区地质图数据库体系的空白,为地质大数据、"地质云"建设和服务提供了基础数据。

本次地质编图由宋维民、辛后田、那福超、刘英才、付俊彧等完成;图面整饰由刘英才、宋维民、那福超、付俊彧、庞雪娇等完成。地质图说明书编写分工为：前言由宋维民、辛后田、王建恒编写；第一章概述，由刘英才、宋维民、王建恒、汪岩、杨晓平、杨雅军、葛锦涛编写；第二章区域地层，太古宇由杨佳林编写，元古宇由施璐编写，古生界由那福超编写，中生界由张渝金、宋维民编写，新生界由唐振编写；第三章区域侵入岩，太古宙—古生代由马永非、那福超、刘英才编写，中—新生代由庞雪娇、宋维民、孙巍编写；第四章区域变质岩，由施璐、杨佳林、付俊彧编写；第五章地质构造，主要构造单元由宋维民、那福超、刘英才编写，断裂系统和主要断裂带由钱程、杜继宇、宋维民、那福超、刘英才编写，蛇绿混杂岩由那福超、宋维民编写；第六章构造演化历史，由宋维民、那福超、辛后田编写；第七章结语由宋维民、辛后田、那福超、付俊彧、王建恒编写；宋维民、辛后田、付俊彧对说明书进行了统稿。另外，钟辉、周永恒、秦涛、赵雪娟参与部分野外调研、薄片鉴定及资料收集等工作；张超、李林川等参与部分室内整理等工作；陈井胜、陈会军、时溢等在整个工作中均给予了大力支持。

在编图过程中，得到了任纪舜院士的指导，也得到了中国地质调查局邱士东教授级高级工程师、耿林教授级高级工程师，中国地质科学院地质研究所所长肖桂义教授级高级工程师、王涛研究员、牛宝贵研究员、李锦轶研究员、迟振卿研究员、赵磊研究员，中国地质科学院地质力学研究所胡健民研究员，中国海洋大学刘永江教授，中国地质大学(北京)王根厚教授、李胜荣教授，中国地质大学(武汉)王国灿教授、张克信教授，吉林大学许文良教授、葛文春教授，东北大学巩恩普教授，河北地质大学李英杰教授，中国地质调查局自然资源航空物探遥感中心副总工程师王保弟研究员，中国地质科学院岩溶地质研究所副所长赵小明研究员，中国地质调查局发展研究中心李仰春教授级高级工程师，中国地质调查局天津地质调查中心副主任朱群研究员，中国地质调查局南京地质调查中心副主任邢光福研究员，中国地质调查局武汉地质调查中心副主任(主持工作)毛晓长教授级高级工程师，中国地质调查局成都地质调查中心主任李军教授级高级工程师，中国地质调查局西安地质调查中心主任李建星教授级高级工程师、副主任计文化研究员，中国地质调查局廊坊自然资源综合调查中心主任张大权教授级高级工程师，中国地质调查局沈阳地质调查中心党委书记(主持工作)贾伟光教授级高级工程师、张允平研究员等各位领导及各部门同事的指导与支持，在此一并表示感谢。

由于时间仓促，加之笔者水平有限，书中不足或错漏之处在所难免，敬请读者批评指正。

谨以此图及说明书的出版，为沈阳地质矿产研究所(中国地质调查局沈阳地质调查中心)建所60周年献礼！

编著者
2022年7月

目　录

第一章　概　述 …………………………………………………………………………… (1)

第一节　编图范围 ………………………………………………………………………… (1)

第二节　大地构造位置 …………………………………………………………………… (2)

第三节　编图总则 ………………………………………………………………………… (3)

一、编图指导思想和基本原则 ………………………………………………………… (4)

二、资料来源情况 ……………………………………………………………………… (5)

三、编图方法与图面表达 ……………………………………………………………… (5)

第二章　区域地层 ………………………………………………………………………… (13)

第一节　太古宇—古生界 ………………………………………………………………… (13)

一、西伯利亚地层大区 ………………………………………………………………… (13)

二、中朝地层大区 ……………………………………………………………………… (16)

三、中亚地层大区 ……………………………………………………………………… (23)

第二节　中—新生界 ……………………………………………………………………… (33)

一、西伯利亚地层大区 ………………………………………………………………… (34)

二、蒙古-兴安-吉黑地层大区 ………………………………………………………… (35)

三、华北-辽吉-朝鲜地层大区 ………………………………………………………… (46)

四、亚洲东缘地层大区 ………………………………………………………………… (54)

第三章　区域侵入岩 ……………………………………………………………………… (57)

第一节　太古宙—古生代 ………………………………………………………………… (57)

一、西伯利亚岩浆岩系 ………………………………………………………………… (57)

二、中朝岩浆岩系 ……………………………………………………………………… (59)

三、中亚岩浆岩系 ……………………………………………………………………… (59)

第二节　中—新生代 ……………………………………………………………………… (65)

一、西伯利亚岩浆岩系 ………………………………………………………………… (67)

二、蒙古-兴安-吉黑岩浆岩系 ………………………………………………………… (67)

三、华北-辽吉-朝鲜岩浆岩系 ………………………………………………………… (69)

四、亚洲东缘岩浆岩系 ………………………………………………………………… (71)

第四章　区域变质岩 ……………………………………………………………………… (73)

第一节　区域变质岩系 …………………………………………………………………… (73)

一、太古宙变质岩系 …………………………………………………………………………………… (73)
　　二、元古宙变质岩系 …………………………………………………………………………………… (75)
　　三、古生代变质岩系 …………………………………………………………………………………… (78)
　　四、中生代变质岩系 …………………………………………………………………………………… (80)
　第二节　特殊变质岩类 …………………………………………………………………………………… (80)
　　一、蓝闪片岩 …………………………………………………………………………………………… (80)
　　二、高压麻粒岩和超高温麻粒岩 ……………………………………………………………………… (82)

第五章　地质构造 …………………………………………………………………………………………… (83)
　第一节　主要构造单元 …………………………………………………………………………………… (83)
　　一、前中生代大地构造单元划分 ……………………………………………………………………… (83)
　　二、中—新生代大地构造单元划分 …………………………………………………………………… (85)
　第二节　断裂系统和主要断裂带 ………………………………………………………………………… (87)
　　一、断裂系统划分 ……………………………………………………………………………………… (87)
　　二、主要断裂带特征 …………………………………………………………………………………… (88)
　第三节　蛇绿混杂岩 ……………………………………………………………………………………… (112)
　　一、新元古代早期蛇绿岩 ……………………………………………………………………………… (112)
　　二、新元古代晚期蛇绿岩 ……………………………………………………………………………… (112)
　　三、早古生代早期蛇绿岩 ……………………………………………………………………………… (114)
　　四、晚古生代蛇绿岩 …………………………………………………………………………………… (115)
　　五、中生代蛇绿岩 ……………………………………………………………………………………… (119)

第六章　构造演化历史 ……………………………………………………………………………………… (120)
　　一、太古宙—元古宙 …………………………………………………………………………………… (120)
　　二、新元古代晚期—早古生代初期 …………………………………………………………………… (121)
　　三、早古生代中期—晚古生代早期 …………………………………………………………………… (121)
　　四、晚泥盆世—早石炭世 ……………………………………………………………………………… (122)
　　五、晚石炭世—二叠纪 ………………………………………………………………………………… (122)
　　六、三叠纪—早侏罗世 ………………………………………………………………………………… (123)
　　七、中—晚侏罗世—早白垩世初(瓦兰今期) ………………………………………………………… (123)
　　八、早白垩世中晚期(巴雷姆期—阿尔布期早期) …………………………………………………… (125)
　　九、早白垩世晚期(阿尔布期晚期)—古新世 ………………………………………………………… (125)
　　十、始新世—中新世以来 ……………………………………………………………………………… (126)

第七章　结　语 ……………………………………………………………………………………………… (127)

参考文献 ……………………………………………………………………………………………………… (129)

第一章　概　述

第一节　编图范围

《中国东北部及邻区地质图(1∶2 500 000)》的编图范围包括内蒙古额济纳旗到贝加尔湖连线以东地区、吕梁山—太行山以北地区,地理坐标范围为东经102°—144°,北纬32°—62°,涉及的国家包括中国(东北、华北部分、西北部分)、俄罗斯(东南部)、蒙古(东部)、韩国、朝鲜(图1-1)。

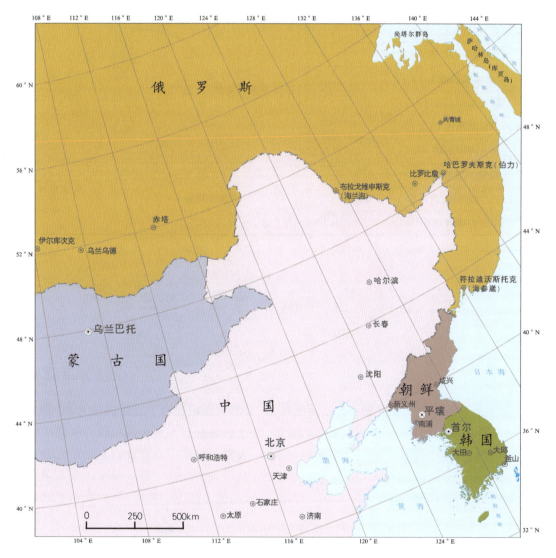

图1-1　中国东北部及邻区编图范围示意图

第二节 大地构造位置

从地球动力学角度看，中国及邻区分属于古亚洲洋、太平洋、特提斯三大构造域（图1-2）。三大构造域的概念最早来自于Huang(1945)提出的三大构造型式。

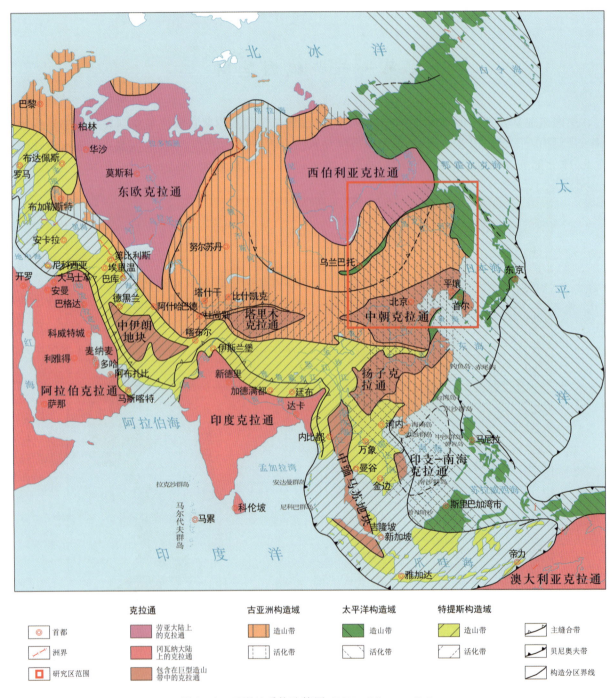

图1-2 亚洲地质构造简图（据任纪舜等，2016修改）

任纪舜等从全球动力学的角度,吸收板块构造理论的精华,将黄汲清的三大构造型式逐渐发展为古亚洲洋、特提斯和太平洋三大构造域(任纪舜等,1980,2013)。这些工作确立了"欧亚大陆"主要的地质框架为几个古老克拉通被三大构造域不同时代造山区所"焊接"而成的结论。本次《中国东北部及邻区地质图(1∶2 500 000)》的编图区主要为古亚洲洋和太平洋两大构造域的交会部位。

本次将古亚洲洋定义为冈瓦纳与西伯利亚克拉通、东欧克拉通之间的洋盆体系。古亚洲洋并不是一个"干净"的、结构简单的大洋,既不像今日的太平洋,更不像大西洋,而是由一系列海底裂谷带和众多微陆块组成的结构复杂的洋盆体系。裂谷系自北向南依次为萨彦-额尔古纳海底裂谷系(小洋盆-微陆块体系)、乌拉尔-天山-兴安海底裂谷系(小洋盆-微陆块体系)、昆仑-祁连-秦岭海底裂谷系(小洋盆-微陆块体系)和西藏-马来-华南三叉裂谷系(可能只有部分地段出现红海式小洋盆)。古亚洲洋动力体系是一个古生代的动力体系,属古大西洋(及瑞克洋)-古亚洲洋动力体系,冈瓦纳大陆裂解之后,北美、东欧、西伯利亚大陆相继增生,最后古大西洋-古亚洲洋消失,北美-东欧-西伯利亚与冈瓦纳两个巨型大陆的复杂大陆边缘合并,形成Pangea超大陆。在演化过程中,上述裂谷系最终演化为造山系。古亚洲洋构造域已被证实为在古亚洲洋动力体系作用下形成的一个构造域,包括上述4个裂谷系形成的4个造山系以及其间的微陆块和小克拉通(如中朝、扬子、塔里木等)。

太平洋构造域是在古太平洋和(今)太平洋两个前后相继的动力体系作用下形成的一个构造区,其范围包括勒拿河—贝加尔湖—北山—六盘山—龙门山—安宁河一线以东、千岛岛弧—日本—马里亚纳岛弧(日本海沟)以西的广大地区。在古太平洋动力体系作用下,形成亚洲东缘中生代造山系和中国东部滨太平洋陆缘活化造山系;在(今)太平洋动力体系作用下,形成亚洲东缘新生代造山系、中国东部裂陷盆地系统和西太平洋沟-弧-盆体系。本节所指的太平洋构造域北段在空间上系指整个太平洋构造域的北段部分,其北侧为拉普捷夫海,南侧为秦岭-大别造山系,西侧为勒拿河前陆盆地西缘→北土库林格尔断裂→巴彦洪格尔-南土库林格尔断裂→鄂尔多斯盆地西缘断裂,东侧为太平洋板块及新生代弧盆系。

从大地构造演化阶段来说,显生宙期间,研究区大地构造演化依次受古亚洲洋、古太平洋、(今)太平洋几个阶段的动力学体系控制,并经历了中条、扬子、泛非、加里东、华力西、印支、燕山以及喜马拉雅等多阶段的构造旋回或造山事件。在不同的构造域内,起主导作用的造山旋回(即主旋回)也有所不同。例如在古亚洲洋构造域内,加里东—华力西造山旋回为主旋回,而环太平洋构造域内则以印支—燕山旋回为主。尽管如此,中国东北部及邻区中不同构造域内造山旋回叠加及活化是本区域大地构造的一个显著特征。在编图区的中国东北部及邻区,尽管加里东旋回和华力西旋回控制着该区造山带的形成,但后期的印支、燕山和喜马拉雅旋回都强烈地改造着该区域的地质、地理特征,使之成为今日之面貌。

第三节 编图总则

一幅高水平的小比例尺综合地质图,必然是科学和艺术的完美结合(任纪舜等,2013)。据悉,全球地质图在初始阶段并不是地质人员绘制的,而是一批画家、雕塑家、探险家、矿业主和地理学家等在自己的各项探索活动中创造出来的(陈克强,2011)。《中国东北部及邻区地质图(1∶2 500 000)》的编制,不是已有地质图件的简单拼接和地质资料的汇总,而是在对各区域地质图件和资料的综合整理、数据分析、基本事实确证、知识转化、去伪存真的基础上,对编图区的区域地质、区域岩石、区域构造和地质演化历史有更加准确全面升华认识后,完成的一份有统一思想和科学内容的全新的大区域地质图件。它是系统进行中国东北部及邻区区域地质构造研究的基本成果。整个编图工作既有关键地质问题的专题性研究,又有揽盖全局的综合研究及图面表达方式的科学性和艺术性的探索。

一、编图指导思想和基本原则

1. 编图指导思想

编图以构造旋回理论、地球系统科学和大陆动力学思想为指导,以地球系统多圈层构造观为主线(任纪舜等,2019),以俄罗斯、蒙古、朝鲜半岛、中国北部地区2020年12月底以前获得的地质调查资料和各类相关研究成果为基础,以沉积地层、构造变形、岩浆活动为基本内容,开展系统梳理分析研究,客观表达构造-地质实体空间分布,创新图面表达方式,丰富图面表达内容。尽可能地将最新数据表现在成果图件中,展示中国东北部及邻区基础地质研究的最新成果,为地球科学研究、科技创新和国际合作与对比等提供基础背景资料;同时为构建亚洲基础地质图件更新体系提供支撑,为服务生态文明建设、资源环境保护、国土空间开发利用等提供重要的基础地质图件。

从地球动力学角度看,构造运动可分为挤压(造山)型、引张(裂陷)型和剪切型等类型。其中,造山作用与裂陷作用对应。前者使岩石圈缩短,形成造山带等挤压型构造;后者使岩石圈拉伸,形成裂谷等伸展型构造。而剪切作用往往是与造山作用或裂陷作用伴生的一种构造作用,形成转换断层或走滑断层等,在岩石圈遭受挤压或拉伸中起调节作用,一般不造成岩石圈的缩短或拉伸。在地史发展过程中,从空间上讲,一些地区的挤压、褶皱、隆起必然伴随着另一些地区的引张、伸展、裂陷,反之亦然。从时间上讲,相对缓慢的、渐进式发展的引张作用往往与比较急剧的、突变式发生的挤压作用交替出现,从而造成依次向前发展的构造旋回。大区域的裂陷作用与大陆的分裂或大洋的打开相对应,而大区域的造山作用则与岩石圈板块间的挤压、碰撞作用密切相关。区域性角度不整合被认为是认识和确定造山运动的重要标志,且只有区域性角度不整合,即在一个相当大的区域内能够识别出的角度不整合才有大地构造意义。

2. 编图基本原则

此次编图工作是以各区域地质图为编图的数据基础,按照《中国及邻区地质图(1∶2 500 000)》的编图精度和技术要求,进行编制和数据集建设;充分客观地反映各类地质体、区域构造特点和各类地质现象的原则;突出各类地质作用时空差异性的原则;以基础地质数据更新、图件编制与综合研究相结合的原则,对已有资料进行系统甄别,科学合理取舍、编辑加工;将当代最新地质科学理论、地质科研成果反映到大型区域地质图中。

(1)以各区域最新的1∶250万、1∶150万中小比例尺地质图及基础地质科研资料为基础,充分吸收最新研究成果,进行系统梳理,作为编图的数据基础。

(2)依据《1∶250万中国及邻区地质图编图工作方案》要求,确定编图工作方案,统一编图方法和编图单位。

(3)将国际通用标准(原则)与我国地质特征的实际情况有机结合,保证图件编制的客观性、准确性、科学性,提高基础地质数据编图质量。

(4)地层划分以年代地层单位为主、岩石地层单位为辅的表示方法,侵入岩以"岩性+年代"的表示方法,各地质体之间的压盖关系、断层与地质体关系正确,尽可能多地表达特殊地质体。

(5)突出小比例尺地质图的科学性、客观性和实用性,做到各项内容和地质体分布的表达要客观真实、疏密适中,地质内容和地理底图准确套合,整体结构合理,编图内容和编图要素要易读、易懂、易查。

二、资料来源情况

1. 地理底图

地理底图为中国地质科学院地质研究所《1∶500万国际亚洲地质图》使用的亚洲地理底图(2013年版),并根据中国东北部及邻区的实际自然地理情况,在内容选取和综合制图时以全图的统一性、协调性为基准(范本贤等,2010),进行了水系和地名等方面适量删减,充分反映制图区域内的地理特点。

地理底图的数学基础:地图投影采用兰伯特等角圆锥投影;第一标准纬度 $35°00'00''$,第二标准纬度 $65°00'00''$;中央子午线经度 $92°00'00''$;经纬网密度为 $2°×2°$;比例尺为 1∶250 万。

2. 地质资料来源

本次编图所用地质资料截至2020年12月底,主要包括俄罗斯、蒙古、朝鲜半岛、中国等区域地质图及专著文献资料,同时选择了最新的中俄、中蒙、中朝合作编图成果资料和专题研究成果资料及相关论文。主要参考资料为:①《国际亚洲地质图 1∶5 000 000》(任纪舜等,2013);②《中国及邻区大地构造图 1∶1 500 000》(任纪舜,1999a);③《中华人民共和国地质图(东北)(1∶1 500 000)》(付俊彧等,2019);④《中华人民共和国地质图(华北)(1∶1 500 000)》(谷永昌等,2019);⑤《中华人民共和国地质图(西北)(1∶1 500 000)》(李智佩等,2019);⑥《东北亚南部地区(1∶1 500 000)地质图》(朱群等,2010);⑦《亚洲中部及邻区地质图系·地质图(1∶2 500 000)》(李廷栋等,2008);⑧《蒙古国地质图(1∶1 500 000)》(中国地质调查局发展研究中心2004年编制,内部资料);⑨Geological Map of Russia and Adjoining Water Areas 1∶2 500 000(Ministry of Natural Resources and Ecology of the Russian Federation Federal Agency on Mineral Resources 编制的图件);⑩Geological Map of Korea(来源于 Institute of Geology, State Academy of Sciences, DPR of Korea);⑪Metamorphic Map of Korea(来源于 Institute of Geology, State Academy of Sciences, DPR of Korea)。

三、编图方法与图面表达

(一)编图方法

1. 年代地层与地质年代

本次编图采用国际地层委员会(ICS)2015年3月发布的《国际年代地层表(2015)》、中国地质调查局和全国地层委员会2014年2月发布的《中国地层表(2014)》及《中国地质指南及中国地层指南说明书(2014年版)》。

2. 图示、图例、用色

地质图图示、图例、用色和地质体代号、符号和花纹以及相关的编码,采用中华人民共和国国家标准《区域地质图图例》(GB/T 958—2015)、中华人民共和国地质矿产行业标准《地质图用色标准及用色原则(1∶50 000)》(DZ/T 0179—1997)。

3. 各类单位名称、代号、编码的使用原则

侵入岩、火山岩、变质岩、特殊地质体及第四系成因类型的名称、代号、符号、花纹等遵照《1∶250万中国及邻区地质图编图工作方案》要求标准执行。地层单位名称、代号、编码参考《中国岩石地层辞典》

所提出的单位名称、代号和编码。

(1) 地层：主要以年代地层单位进行表达。结合各区域不同时代地层特征，为了提高地质图的实用性，充分反映同一时代不同地层单位的差异性，采用中国地质调查局和全国地层委员会2014年2月发布的《中国地层表(2014)》进行表达。

太古宙地层划分到界，分别命名为新太古界（Ar_3，2800～2500Ma）、中太古界（Ar_2，3200～2800Ma）、古太古界（Ar_1，3600～3200Ma）和始太古界（Ar_0，4000～3600Ma），或并界。元古宙地层划分到系或并系，其中新元古界四分，命名为拉伸系（青白口系）（1000～820Ma）、拉伸系—成冰系（下部）（820～780Ma，或760Ma）、成冰系（上部）（南华系）（780Ma，或760～635Ma）和埃迪卡拉系（震旦系）（635～541Ma）；中元古界分别命名为盖层系（1600Ma，或1650～1400Ma）、延展系—狭带系（1400～1000Ma），对于华北陆块燕辽地区同属盖层系的长城系和蓟县系，可进一步划分为下盖层系（长城系）和上盖层系（蓟县系）两部分；古元古界分别命名为成铁系—层侵系（2500～2050Ma）、层侵系—造山系（2300～1800Ma）和造山系—固结系（2050～1650Ma，或1600Ma）。元古宙和太古宙变质地层采用年代地层表达。

根据《国际年代地层表(2015)》和《中国地层表(2014)》，将寒武系由原三统修改为四统划分，重新划分为包括1个前三叶虫统和3个三叶虫统的四分方案，芙蓉统（上寒武统）以ϵ_4表示；志留系由原三分改为四分，普里道利统（顶志留统）用S_4表达。

(2) 侵入岩：根据国际地质科学联合会（简称国际地科联，IUGS）火山岩分类学分委会推荐的《火成岩分类及术语辞典》QAPF分类图解进行分类。

侵入岩划分成酸性、中性、基性、超基性和碱性5类，以及其他特殊岩类。侵入岩类采用"岩性+时代"的表示方法。

地球表面出露大面积的中性—酸性的岩石（花岗岩类），其次是中性岩，基性、超基性和碱性岩石一般出露很少，面积也很小。因此，将酸性岩即花岗岩类进一步划分为碱性花岗岩（包括碱性花岗岩、晶洞花岗岩）、环斑花岗岩、花岗岩（包括正长花岗岩、二长花岗岩、碱长花岗岩等）、花岗闪长岩（包括花岗闪长岩、英云闪长岩）和斜（奥）长花岗岩五大岩石类；中性岩进一步划分为闪长岩（包括石英闪长岩、闪长岩）和二长岩（包括二长岩、石英二长岩、正长岩、石英正长岩）两大主要岩石类型；而基性岩类和超基性岩类不作进一步划分；碱性岩类分为碱性中性侵入岩、碱性基性侵入岩、碱性超基性侵入岩；其他特殊岩类有金伯利岩（包括钾镁煌斑岩）和蛇绿岩（包括蛇绿岩套中的超基性岩）。太古宙—元古宙变质深成侵入岩，采用"年代+gn"的方式表达，如"Pt_1gn"代表古元古代变质深成侵入岩。

(3) 断裂系统：各个地质时期的全球或区域性构造格局包括大陆与大洋、活动带与稳定区的展布等，实质上都受不同大地构造旋回中全球性或区域性断裂系统的控制。因而，不同构造旋回或构造发展阶段均有其所特有的断裂构造系统及其相应的构造格局（任纪舜等，1990）。本书依据中国东北部及邻区的区域大地构造格架与地质演化历史，蛇绿岩、蛇绿混杂岩及镁铁质—超镁铁质岩空间分布，结合区域重力、航磁场特征、实测断裂构造等，对区域构造进行划分。

(二) 技术流程

数字成果资料统一以MapGIS为技术平台，严格按照国家基础地学数据库建设标准，一体化进行数据收集、存储、处理及成果表达。在全面收集各区域地质资料的基础上，对资料进行系统的分析研究、综合整理及筛选；分析地质实体属性特征及空间分布，开展区域地层划分对比，厘清侵入岩组合特征对比，梳理重大地质-构造问题，制订统一的编图方案；并按照相关技术标准、有关规定和规范，确定图元、图层、数据项及数据，采集相关数据编制属性。

1. 软件平台

MapGIS最强大的功能是地图的编辑制作,它能根据编绘草图直接编辑制作具有出版精度的最复杂的地质图。它的编辑功能十分实用,符合地图制图的工艺要求,并经过长时期大批量地图制图的考验,已经相当成熟(郝福江等,2009)。

2. 地理底图数据

以《1:500万国际亚洲地质图》使用的亚洲地理底图(2013年版)为基础地理数据,按点、线、区文件分层,完成不同要素合集。

3. 地质底图

将收集的1:150万和1:250万各区域(包括俄罗斯、蒙古、朝鲜半岛、中国)地质图,按照本次编图的工作区范围进行裁剪、投影变换、接边处理、添加边框,并进行误差校正。

4. 确定编图原则

(1)各区域地层序列结构表:采用综合地层区划的方法,查阅各地区区域地质图报告及相关文献,将各区域各时代地层与国际年代地层表进行对比研究,研究其层序特征和岩性组合特征、生物化石组合特征等,开展岩石地层、年代地层及生物地层研究。综合地层区划是指通过对一个国家或地区整个地质历史时期形成的地层记录进行综合分析对比后所进行的地层空间划分,从统一性与差异性的结合上探索中国地质和各区域地质发展的特点与规律,从地层记录的时间与空间的解读上全面把握地层记录的特征与属性(张克信等,2015)。生物地层研究是在各地区已建立起岩石地层系统的前提下,通过查清主要生物群的面貌,并划分出各生物群的不同发展阶段和生物群、生物组合(或亚组合),为地层的划分与对比奠定了坚实的基础(王思恩等,2015)。

通过地层对比研究,搞清各区域各时代地层分布特征及分布规律,编制俄罗斯、蒙古、朝鲜半岛、中国东北、中国华北、中国西北地层层序划分对比表。

(2)侵入岩时空分布及岩性分类表:中国东北部乃至东北亚在晚中生代以巨量岩浆作用最为突出,这一区域成为亚洲乃至全球岩浆岩特别是花岗岩分布面积最大的地区之一,被誉为"花岗岩海"(曾涛等,2012)。通过分析整理已有基础数据,研究各时期岩浆岩的岩石组合特征、同位素资料,尤其注重收集评估近年各项地质调查及科研工作所获得的高精度测年数据,结合区域构造演化特征,对各时期火山岩、深成侵入岩进行对比研究,厘定岩浆事件序列;总结各时期岩浆建造特征、空间分布、形成构造环境及地球动力学背景,建立研究区侵入岩时空分布图,编制侵入岩岩性分类表。

(3)地质构造分析:采用全球动力系统多圈层构造观的分析方法,由于全球大地构造依次受古大西洋-瑞克洋-古亚洲洋、特提斯-古太平洋、大西洋-印度洋-太平洋三大全球动力体系的控制,形成古大西洋-古亚洲洋、特提斯和太平洋三大构造域(任纪舜等,2016)。构造域通常指地台(克拉通)及其边缘不同时代的造山带(王鸿祯等,2006)。

把握研究区大地构造格架,尤其加强大型断裂构造带的研究。其中,古亚洲洋动力体系控制中国及邻区古生代构造演化,古太平洋动力体系控制中国及邻区中生代构造演化,太平洋动力体系控制中国及邻区新生代构造演化,在中国东北部形成亚洲东缘新生代造山系、西太平洋沟-弧-盆体系和中国东部大陆与海域的新生代裂谷系。纵观东亚活动大陆边缘构造格架的分布,其具有宏观东西分带、南北分段的特点,而大陆地壳构造演化具有以欧亚古陆为核心向东不断增长的平面特征(张允平等,2016)。

(4)图例设计:图例是编图的依据和用图的参考,所以在设计图例符号时应满足以下要求。第一,图例必须完备,要包括地质图上采用的全部符号系统,且符号先后顺序要有逻辑连贯性;第二,图例中符号的形状、尺寸、颜色应与所代表的相应地图内容一致,其中普染色面状符号在图例中用小矩形色斑表示;第三,图例符号的设计要体现出艺术性、系统性、易读性,并且容易制作(马耀峰等,2007)。

5. 图面处理

根据编图细则厘定统一的地质代号,确定归并、简化、增补、夸大表示原则。对地层、岩体进行归并处理,初编图例要对地质体的色标、地质符号、岩性花纹等按照规范要求执行。

国界接边:中国与俄罗斯、中国与蒙古、中国与朝鲜半岛、俄罗斯与蒙古进行边界接图处理。各国地质图都是独立的,且比例尺也不同,给接边工作带来很大困难。需要在输出的纸质图上,根据地理、地质资料把各种地理要素、地质体内容衔接好,再数字化修改定稿(韩坤英等,2005a)。请相关地质专家进行初步审查,不断修改、补充,反复校对,达到各要素内容科学、合理地衔接,并进行了全面的双向接边检查,对构造边界、地质界线、地质体属性衔接等进行了重点接图。

查阅相关文献、资料,对存在的地质问题,包括蛇绿岩及其年龄、混杂岩带的表达、岩体时代的厘定等,在编图时进行了修改补充完善,更新了图例。

6. 拓扑处理

为保证点、线、面要素的图元定义正确,不同图层共用界线的一致性,多边形封闭,结点关系正确(线状实体交叉应建立结点关系)等拓扑一致性的要求,先完成线图层对地质实体圈定后,统一造区形成区图层,对综合图层进行整体拓扑处理,并进行拓扑错误检查,检查自相交、打折、重叠线等相关问题。

7. 分层赋属性

属性表字段结构依据图层划分要求及参照《1:250万中国及邻区地质图编图工作方案》执行,数据录入采用Excel协助完成,在录入过程中根据本图实际情况对部分字段进行了必要的调整,最终完成地质区实体属性的填制。

8. 图面整饰

对图面进行整饰,添加大地构造分区简图、简要说明、图例、责任人等角图。

对地质图地质代号缺失、多余引线、图例与图面内容不一致、面元地质符号与色标或花纹参数等方面的错漏,进行了反复核对与修改,对综合图例、角图也进行了反复检查修正,提高了地质图编图的整体质量。

(三)图面表达

1. 图面精度

地质体:一般情况下,在地质体复杂、密集区,表示平面图上宽度大于2mm,长度大于5mm和面积大于$4mm^2$的长形和等轴地质体;对小于$4mm^2$的图斑进行舍弃、归并(中国地质调查局,2004);在地质体简单区,依具体情况精度可提高100%(主要指地层单位)。侵入岩的表达可根据造山作用和构造类型进行合并。侵入岩删减或合并时需考虑区域地质构造特点,归并后既要能体现总体区域构造特征,还不能改变总体构造形态和区域构造展布方向,并能正确反映各地质体之间的接触关系和交切、压盖关系。

断裂:图中的断裂构造可划分为重要断裂(地壳断裂、基底断裂)和一般断裂。重要断裂按照实际展布规模表达,长度大于1cm(实际大于25km)的一般断裂予以表示。在断层发育地区,已构成断层组的以能反映出该组断层分布特征为原则,未构成断层组的根据其对地质体的断错酌情考虑。考虑图面结构和负担,对局部地段较密集的同方向、同性质的一般断裂进行了适当简化。

特殊地质体:对一些具有重要地质构造意义的地质体,如蛇绿岩($o\varphi$)、碱性花岗岩、晶洞花岗岩等,如果地质体小于比例尺允许表示的范围,为了突出其构造意义,应按"相似形"的原则夸大表示。蓝片岩、麻粒岩、榴辉岩以点图元方式表示。

2. 解决要素冲突

出版图件必须要解决要素冲突问题,专业图件包含地理内容和专业内容两部分。地理底图的内容包括经纬网、道路、居民地、水系等,不可避免地会与专业要素内容发生冲突。解决这种冲突是为了空间关系的维护和可读性的需要,是编图综合的重要工作。图层的安排要分配合理,同类要素放在同一图层中,同时注意各要素之间的压盖关系(韩坤英等,2005b)。

3. 编图单位划分

(1)地层划分精度:地质代号主要按《国际年代地层表(2015)》的新方案执行,地层划分、归并及表达以年代地层表达为主,以岩石地层为辅。最小编图单元划分到年代地层单位"统",按照年代地层颜色谱系设色;对穿时性的岩石地层单位,使用相应的跨系或跨统地质代号,色标采用主要的系或统的色号;在年代地层框架内,通过颜色、花纹、符号、代号等表达地质体之间的重要差别,充分反映地质图与图例的关联性和实用性、易读性。

太古宇划分到"界",表示为 Ar,包括古太古界、中太古界和新太古界,分别为 Ar_1(Ar_{0-1})、Ar_2(Ar_{1-2})、Ar_3(Ar_{2-3})。对同一时代的变质地层进行归并,按照年代地层单位表示。

元古宇划分到"系",表示为 Pt,古元古界、中元古界、中—新元古界、新元古界分别表示为 Pt_1、Pt_2、Pt_{2-3}、Pt_3,系用阿拉伯数字上角标表示,Pt_1划分为 Pt_1^{1-2}、Pt_1^{2-3}、Pt_1^{3-4},Pt_2划分为 Pt_2^1、Pt_2^{2-3},Pt_3划分为 Pt_3^{1-2}、Pt_3^2、Pt_3^3。

由于我国燕辽地区同属中元古界盖层系的长城系和蓟县系已有详细的划分,且分布范围较大,Pt_2^1表示中元古界盖层系,故将其划为下盖层系(Lower Calymmian)和上盖层系(Upper Calymmian),分别用代号 Pt_2^{1a} 和 Pt_2^{1b} 表示,用 Pt_3^2 表示新元古界南华系(Nanhuaian)等。

我国自行建立的"系"名(长城系、蓟县系、青白口系、南华系和震旦系),在图例中加括号标注,上述地质代号分别对应为 Pt_2^{1a}(Ch)、Pt_2^{1b}(Jx)、Pt_3^1(Qb)、Pt_3^2(Nh)、Pt_3^3(Z)。

显生宇中古生界、中生界、新生界一般划分到"统"或"跨统"。新生界古近系表示为 E,新近系表示为 N,第四系表示为 Q,其中 N/Q 界线年龄采用 2.588Ma;除第四系更新统和全新统分别表示为 Qp 和 Qh 外,其他均用"系"的代号加阿拉伯数字下角标表示,如 K_1 表示下白垩统,J_2 表示中侏罗统,$\in_2$ 表示寒武系第二统等;但更新统则按传统分为下[杰拉阶(Gelasian)和卡拉布里雅阶(Calabrian)]、中[中阶(Middle)]、上[上阶(Upper)],其代号分别表示为 Qp^1、Qp^2、Qp^3;古生界寒武系表示为 $\in$,由三分改为四分,其中将原下寒武统下部不出现三叶虫而出现藻类化石或缺少化石的部分划出,置于寒武系第一统(纽芬兰统);志留系由三分改为四分,原"S_3"地层依据同位素测年和古生物资料部分地层改为"S_4D_1"。

(2)地层归并原则与表达:地层归并按沉积旋回和地层接触关系,有地层缺失或呈角度不整合接触关系的地层,以构造事件区域不整合为界向下或向上归并,不能跨越区域不整合界面归并。

(3)合并的跨统地层,统一用"-"号。如,O_{1-2} 代表奥陶系下统与中统的合并或未详细划分的地层;E_{1-2} 代表古新统、始新统的合并或未详细划分的地层。

(4)跨界、系或统的合并地层,分别将最老地层代号与最新地层代号相加,表示到宇或系,如 ArPt 表示太古宇—元古宇合并或未详细划分的地层,Pt$\in$ 表示元古宇—寒武系合并或未详细划分的地层,OS 代表奥陶系与志留系合并或未详细划分的地层,JK 表示侏罗系—白垩系合并或未详细划分的地层。

(5)火山岩(包括火山碎屑岩)地层的表示,代号用同时代地层代号,颜色用同时代地层的颜色,如白垩纪酸性火山岩,表示为白垩纪,代号用K,颜色用白垩系的颜色。新生代火山岩以"地层颜色＋火山岩图案＋地质体时代"表达,以突出新生代火山岩空间分布格局,主要为中国东北和朝鲜半岛地区的第四纪火山岩。

(6)侵入岩分类标准以国际地科联火成岩分类学分委会推荐的《火成岩分类及术语辞典》(Le Maitre,1991)为根据,按SiO_2含量分为五大类,即酸性岩类[$w(SiO_2)>63\%$]、中性岩类[$w(SiO_2)=63\%\sim52\%$]、基性岩类[铁镁质岩类,$w(SiO_2)=52\%\sim45\%$]、超基性岩类[超铁镁质岩类,$w(SiO_2)<45\%$]、碱性岩类。侵入岩根据构造-岩浆演化阶段及地质体时代,划分到世或纪,并用岩性花纹及代号区分同一时代不同的岩性,且不同构造-岩浆演化阶段的不允许合并表达。

变质深成侵入岩形成深度大(>10km),岩体往往也很大,分布于古老变质岩系中,围岩常常是区域变质片岩和片麻岩,和围岩的界线不清或呈渐变过渡接触,可有混合岩化现象存在,且成分多为花岗质岩石(肖渊甫等,2009)。

(7)断裂构造是指发育在一定构造域内,具有相同或相似地球动力学背景,且对区域构造格架具有控制意义的一系列不同规模、不同形态、不同等级、不同性质和不同演化历史的断裂带集合。在同一断裂系统内划分出若干规模、尺度和影响等特征不同的断裂带,包括一级大型断裂带、二级中型断裂带。各断裂带均由主干断裂和分支断裂组成。其中,主干断裂泛指一个区域性断裂带,决定区域构造格架面貌或居于主导地位的断裂,一般规模巨大、延伸较远、影响较深;分支断裂是指主干断裂附近出现的一系列与之相关的低级构造成分,是主干断裂相对位移的产物。

4. 图式图例

(1)第四系精度划分与表达:第四系主要划分为更新统(Q_p)和全新统(Q_h)。对第四系地质体,按照地貌单元对地层的控制规律,在系统综合现有成果资料的基础上,将传统第四系成因类型进行归并,即洪冲积、湖积(湖沼积)、冰川堆积、化学堆积、残坡积5种类型,仅仅保留与生态环境密切相关的风积(沙漠)、黄土、海积3种成因类型(图1-3),其表示方法为"地质代号＋成因类型图案"。黄土地层主要分布在中国的华北地区和西北地区,在中国东部沿海地区发育了大量海积地层。华北地区的第四纪地层研究历史最悠久,也是第四纪地层研究的经典地区(田明中和程捷,2009)。第四系沉积物较厚、沉积盆地较大的均应表示在地质图上,出露较小的且连续的第四系可根据水系发育特点进行合并,对于深切割地区或覆盖层较薄的第四系可以揭盖表示基岩。第四纪岩浆活动主要为火山岩,以"火山岩时代＋主要岩性花纹"突出表达。

序号	成因类型	图案表示
1	风积(沙漠)	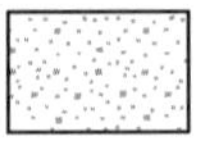
2	黄土	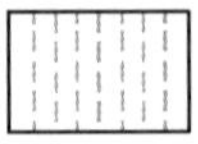
3	海积	

图1-3 第四系成因类型

(2)侵入岩:侵入岩以岩浆深成岩体解体后的侵入体或者单独存在的岩体为表示单位,面状分布的岩体规模小于 4mm²(2mm×2mm)，线状岩体宽度小于 2mm，一般不予表示。但具有特殊意义（如与成矿有关、特殊岩性、在构造上有较重要意义）的基性或超基性岩体、岩墙和岩脉等，原则上不分大小都应适当放大表示。在图面上一个地区有多个面积小于 4mm² 的小岩体而且其时代和岩性相同时，原则上根据实际情况进行删减或合并。

侵入岩类以代号、颜色、岩性花纹表示有关要素。采用"岩性＋时代"的表示方法，颜色表达到"代"或"纪"，注记表达到"世"，如早石炭世花岗岩用 γC_1 表示，但颜色以"岩性＋时代"综合表示（图 1-4、图 1-5）。侵入岩类采用突出岩体的岩性特征（γ、$\gamma\delta$、η、ν）。例如 γJ_3 表示晚侏罗世花岗岩类；元古宙和太古宙的变质深成侵入体（片麻岩类）采用"时代＋gn＋图案"的表达方法，如新太古代二长花岗质片麻岩代号为 Ar_3gn，片麻状花岗质岩石按照侵入岩"岩性＋时代"的方法表示。

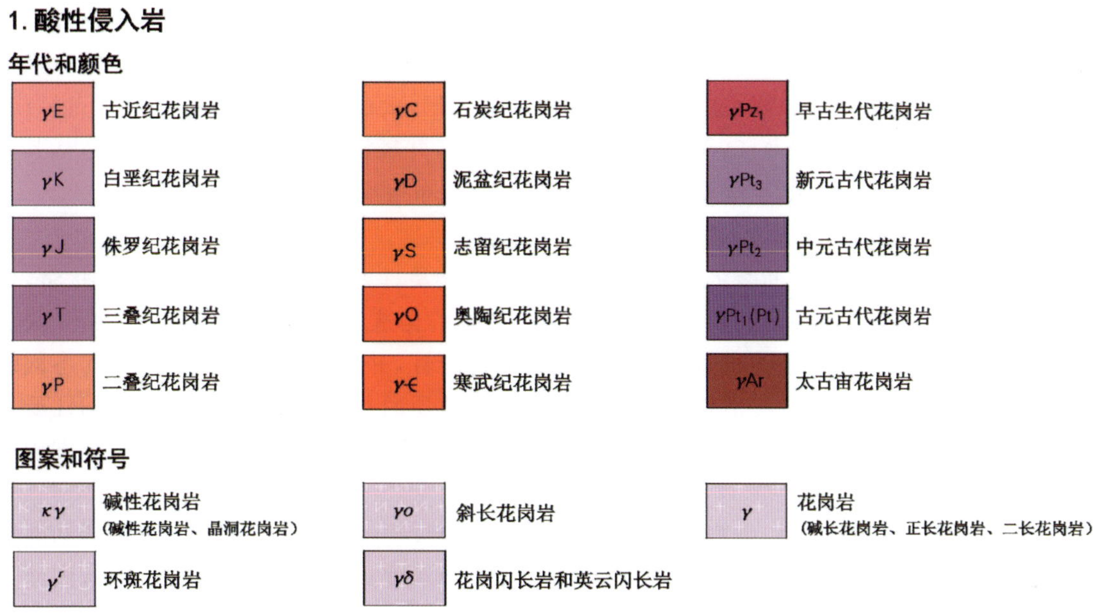

1. 酸性侵入岩

年代和颜色

γE	古近纪花岗岩
γK	白垩纪花岗岩
γJ	侏罗纪花岗岩
γT	三叠纪花岗岩
γP	二叠纪花岗岩
γC	石炭纪花岗岩
γD	泥盆纪花岗岩
γS	志留纪花岗岩
γO	奥陶纪花岗岩
$\gamma \epsilon$	寒武纪花岗岩
γPz_1	早古生代花岗岩
γPt_3	新元古代花岗岩
γPt_2	中元古代花岗岩
$\gamma Pt_1(Pt)$	古元古代花岗岩
γAr	太古宙花岗岩

图案和符号

$\kappa\gamma$	碱性花岗岩（碱性花岗岩、晶洞花岗岩）
γ^r	环斑花岗岩
γo	斜长花岗岩
$\gamma\delta$	花岗闪长岩和英云闪长岩
γ	花岗岩（碱长花岗岩、正长花岗岩、二长花岗岩）

图 1-4 酸性侵入岩的图示

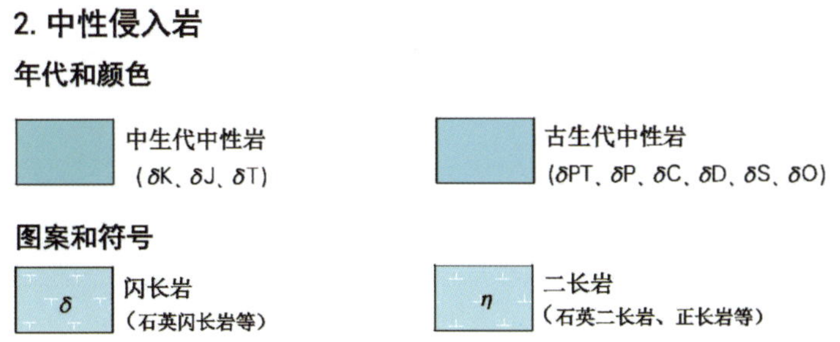

2. 中性侵入岩

年代和颜色

中生代中性岩（δK、δJ、δT）
古生代中性岩（δPT、δP、δC、δD、δS、δO）
元古宙中性岩（δPt）

图案和符号

δ	闪长岩（石英闪长岩等）
η	二长岩（石英二长岩、正长岩等）

图 1-5 中性侵入岩的图示

对于具有重要构造环境和成因意义的较小的特殊侵入体，如显示在研究区某一地史发展演化阶段中仅有的小规模岩浆活动者，或具有重要成矿意义者，或比较特殊的岩石类型等（图 1-6），包括金伯利岩（$\chi\sigma$）、超高压榴辉岩（ecl）、榴闪岩（ea）、蛇绿岩（$o\varphi$）、斜长花岗岩（γo）等，其一般规模较小但意义重大，均按"相似形"的原则夸大表示。

在高压—超高压变质带中，不保留原始资料中已经存在面元，仅用蓝闪片岩、榴辉岩（榴闪岩）、高温麻粒岩的点状要素表示。

3. 基性、超基性和碱性及其他侵入岩

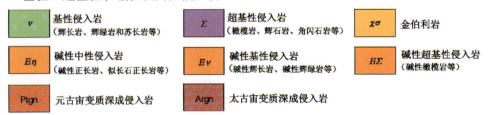

图 1-6　基性、超基性和碱性及其他侵入岩的图示

基性—超基性岩图面表达方法为"岩性＋时代"（如 $o\varphi D$、$o\varphi P$、$\Sigma \in$）。

蛇绿岩、构造混杂岩等尽量表达，若面积比较小，可将反映同一构造阶段的进行归并，蛇绿岩表达方法为"岩性＋时代"（如 $o\varphi D$、$o\varphi P$）；对于蛇绿混杂岩和构造混杂岩，将岩石组合复杂、构造置换强烈的蛇绿混杂岩带的岩块和基质合并，以构造边界圈定其规模和范围，大的岩块、岩片单独圈定。以"tml＋时代"表示，如"奥陶纪—志留纪黑龙江混杂岩"表达为"tmlOS"，并辅以特殊岩性花纹，同时包括其中的岩块、基质，岩块以"时代＋岩性花纹"表示来突出构造带空间展布格局及岩性组合特征。

(3) 断裂系统：包括断裂级别、断裂类型及其他重要构造要素。

断裂级别：一级区域性重要断裂带包括古洋-陆构造边界及古大洋闭合形成的地壳对接带，以及板块与板块之间、克拉通与造山系之间及造山系与造山系之间的构造边界，充分考虑了断裂带规模、性质、时代的一致性和断裂带两侧构造建造特征及发展演化的差异性，并注重了蛇绿混杂岩带和不同级别边界断裂的突出表达。二级区域性一般断裂带形成于不同的地质时代或构造旋回，包括不同性质地块或地体之间、陆块区与造山系之间的界线。对跨大区的断裂进行了细致的邻区接图，对大区范围内的重要断裂进行了厘定。

断裂类型：分为正断层（实测、推测）和性质未分断层（实测、推测），以及上新世以来的活动断层。

一般断裂选择规模较大、能够反映相互断裂关系，或作为重要地质体边界的予以表示，图面上一般只表示长度大于1cm（实际长度大于25km）的一般断裂。对一般断裂发育地段，考虑图面结构和内容复杂程度，对同方向、同性质的断裂进行了选择表示。

其他重要构造要素：系统表达了区域性构造混杂岩带（蛇绿岩、蛇绿混杂岩等），结合蓝闪片岩、榴辉岩（榴闪岩）、高压麻粒岩等高压—超高压变质岩（带），简要总结其岩石组合和年龄等，以反映编图范围的区域构造地质基本特征。

第二章 区域地层

根据研究区不同区域地层特点、研究程度和认识统一程度,本章将以前中生代构造单元划分(具体见第五章表5-1)和中—新生代构造单元划分(具体见第五章表5-2)为基础进行地区划分,并按照不同地层区划分别介绍。

第一节 太古宇—古生界

一、西伯利亚地层大区

西伯利亚地层大区位于研究区最北部,大地构造位置位于西伯利亚克拉通的南东部,地理位置位于东西伯利亚地区叶尼塞河和勒那河之间。本区东南缘边界为蒙古-鄂霍次克构造带,南缘以准斯克(Zhuinsk)断层系为边界,在北贝加尔地区这个界线延伸入发育良好的贝加尔-巴托姆古岛弧内;南西缘的边界为萨彦-叶尼塞褶皱带;西缘由于被中—新生代地层覆盖,故传统上以叶尼塞河为构造边界;北缘边界被叶尼塞-哈坦加地槽(西西伯利亚盆地的分支)沉积物覆盖,被泰米尔-席费尔拉亚塞米亚(Taimyr-Severnaya Zemelya)褶皱推覆区围限。

(一)太古宇

西伯利亚克拉通是大部分由太古宙麻粒岩-片麻岩和变质花岗-辉绿岩带杂岩体组成且被显生宙增生杂岩带、缝合带包围的拼合体,由大量地质单元组成,这些地质单元通过约2.6Ga和约1.8Ga的构造热事件增生形成统一的克拉通(Rosen and Turkina,2007)。基底岩石主要出露在阿尔丹地盾、阿纳巴地盾、斯塔诺夫地块及克拉通边缘的贝加尔隆起和比卢萨隆起等地。

本地层大区太古宙地层主要分布于阿尔丹地区,由太古宙变质花岗-辉绿岩带和高级片麻岩组成,分为伊延格拉群、京普通群和杰尔图拉群,它们的分布区向东依次更替。伊延格拉群主体为厚层石英岩,厚约1km,其次是与石英岩互层的高铝质矽线石和堇青石-锂云母片麻岩及片岩、石榴黑云片麻岩以及紫苏辉石片麻岩、辉石角闪石片岩;京普通群不整合在伊延格拉群之上,发育紫苏辉石片麻岩和结晶片岩、黑云紫苏辉石片麻岩、二辉石片麻岩及角闪岩、钙质透辉石结晶片岩、斑花状大理岩,厚5~8km;杰尔图拉群由石榴黑云片麻岩、黑云片麻岩、透辉石片麻岩、麻粒岩组成,含大理岩和石墨片麻岩夹层,厚3~5km。

(二)元古宇

1. 古元古界

本区古元古界主要发育在阿尔丹—斯塔诺夫地区。阿尔丹地区的古元古界为稳定型沉积,以碳酸盐岩为主,基本未变质或变质甚微,一般厚度较小,由北向南、由西向东逐渐增厚。对阿尔丹西部奥廖克马河盆地的乌古依群研究较详细,自下而上分4组:①恰洛道坎组,由石英岩和长石砂岩组成,厚20～1200m;②纳姆萨林组,以大理岩、白云岩为主,夹长石砂岩及千枚岩,含叠层石,厚100～1000m;③哈宁组,由碳质页岩、粉砂岩和砾岩组成,厚70～900m;④克别克京组,由交错层状长石砂岩和石英砂岩组成,底部夹砾岩层,与哈宁组之间有一沉积间断,厚500～1100m(亚洲地质图编图组,1982)。

2. 中—新元古界

本区中—新元古界沉积地层呈区域角度不整合产在太古宙和古元古代变质地质体上,组成了西伯利亚克拉通的盖层。它们在本区很多地区都有分布,但是出露面积不大,主要出露在边缘地段(米兰诺夫斯基,2010)。在地层大区南部边缘,它们出露在叶尼塞岭东南缘附近(在伊尔基涅耶瓦隆起内)、萨彦岭边侧(沿着贝加尔区西部和北部边缘)、乌拉隆起、阿尔丹—斯塔诺夫地区西北坡和东北坡(出露很广)(乌丘尔-乌亚"台地")以及南面与之毗邻的尤多马-马亚带的地面上。在地层大区北部,中—新元古界出露在图鲁汉和伊加尔隆起,乌贾带、奥列尼奥克穹隆,以及勒拿河下游哈拉乌拉赫边缘隆起中。

中—新元古界主要为陆源碎屑岩(砂岩、粉砂岩、泥岩,偶尔有砾岩)和碳酸盐岩(以白云岩为主,但有时也有灰岩分布,泥灰岩数量不多)。根据中—新元古界的分布特点及部分成分特点,可以明确地划分出中元古界盖层系、新元古界拉伸系—成冰系及新元古界埃迪卡拉系。

1)中元古界盖层系

中元古界盖层系局部发育,产在拗拉槽中,以砂质—粉砂质陆源碎屑岩为主,还有少量砾岩或含砾砂岩。

在地层大区南部,中元古界盖层系沉积(乌丘尔群)产在阿尔丹-斯塔诺夫地盾东北边缘的两个拗拉槽(乌丘尔和尤多马-马亚凹地)中。在乌丘尔凹地里,乌丘尔群是从红色石英砂岩和石英长石砂岩岩层开始的,其中含有砾岩以及粉砂岩、泥岩和白云岩夹层。上述岩层之上整合地覆盖着红色砂岩与叠层石白云岩韵律性交替的岩层,该群的厚度约为1km。在尤多马-马亚凹地北部,乌丘尔群下部的组成情况是开始为灰色石英砂岩,往上变为含灰岩夹层的粉砂岩和泥岩,最后是白云岩;上部为砂岩、粉砂岩和白云岩的韵律式交替岩层,白云岩中含有叠层石。乌丘尔群无论是在下部还是在上部,都有凝灰质夹层出现,总厚度达3km。在地层大区西南部的恰多别茨隆起范围内,已经揭示出碳酸盐岩-陆源碎屑岩沉积地层(据推测是中元古界盖层系)。

2)新元古界拉伸系—成冰系

新元古界拉伸系—成冰系沉积通常是海侵产物,而在地层大区边缘部分地方可以呈角度不整合产出,可以覆盖比较宽广的地区。它们具有陆源成分和碳酸盐岩成分,在其剖面里往往可以划分出被沉积间断分开的若干个沉积旋回。

新元古界拉伸系—成冰系分布比中元古界盖层系要广,主要也是产在拗拉槽型的内地台坳陷中。在地层大区西南部,伊尔基涅耶瓦隆起出露的新元古界苏霍皮特群以钙质页岩、泥质灰岩和白云岩为主;向上,呈间断覆盖着新元古界通古斯卡群的陆源碎屑岩-碳酸盐岩沉积;其上覆盖的是新元古界埃迪卡拉系奥斯特罗夫诺伊组。在地层大区西南边缘的萨彦山脉边缘坳陷中也发现新元古界拉伸系—成冰系的陆源碎屑岩-碳酸盐岩沉积。在乌拉复背斜中发育新元古界拉伸系—成冰系帕托姆群,呈角度不整合盖于古元古代岩石之上,由3个沉积旋回组成,从砂岩、粉砂岩和千枚岩化黏土质页岩开始,以含叠层石的白云岩和灰岩岩层结束。该群总厚度为3～4km,朝着贝加尔区方向迅速增厚。帕托姆群之上呈冲刷间断,局部地方呈微弱角度不整合覆盖埃迪卡拉系下部的陆源地层(热尔巴组)。

3)新元古界埃迪卡拉系沉积混杂岩

新元古界埃迪卡拉系沉积混杂岩通常也是呈冲刷间断产出,分布最广,在许多地方呈不整合覆盖在太古宇或古元古界上,厚度变化小。岩石组合在地层大区东部和北部地以白云岩与灰岩为主,在地层大区的西南部埃迪卡拉系下部才是陆源碎屑沉积（往往是杂色）岩石。

本区埃迪卡拉系混杂岩组成新元古代地层的最上部，其广泛分布于阿尔丹—斯塔诺夫地区的北坡和东北坡，被寒武系纽芬兰统覆盖。埃迪卡拉系通常由下部陆源碎屑岩和上部较厚的碳酸盐岩组成，在地层大区的大部分地区，下部岩层厚度小，有些地方几乎近于尖灭或者完全消失。

在地层大区西南边缘和南部边缘，沿着叶尼塞岭、东萨彦和贝加尔的侧面，埃迪卡拉系下部为灰色和红色砾岩，含粉砂岩和泥岩夹层，上部由萨彦岭边缘伊尔库茨克组及与其相当地层单位的白云岩和灰岩组成。在伊尔库茨克围场中部的伊尔库茨克组中存在大量硬石膏和盐类夹层。

在阿尔丹—斯塔诺夫地区西北部，埃迪卡拉系混杂岩通过海侵堆积在厚度小的中—新元古界或者直接堆积在太古宙基底上。该沉积混杂岩从厚的砂岩岩段开始，主要是白云岩岩层（厚 200～500m）。在北坡中部地段，埃迪卡拉系尖灭。在东北坡其层型分布区内，埃迪卡拉系以尤多马亚群为代表，亚群下部由石英砂岩、石英长石砂岩、粉砂岩、泥岩、灰岩及杂色硅质岩石组成，上部（尤多马河口组）则由含灰岩和砂岩夹层的萨哈罗维德内白云岩组成，后者被寒武系纽芬兰统杂色岩组整合覆盖。

（三）显生宇

1. 寒武系

在整个西伯利亚克拉通上，寒武系分布较为广泛，包括阿纳巴尔台背斜、阿尔丹-斯塔诺夫地盾北坡、伊尔库茨克围场、拜基特台背斜和图鲁汉-诺里尔斯克台带等地，并呈现出从东北向西南逐渐变厚的整体特征，且不同地区的岩性组合及生物化石均存在着差异。从岩相上来看，寒武系整体为一套浅海相和潟湖相成因的碳酸盐岩与盐类沉积，包含碳酸盐-硅质碎屑的混合沉积、蒸发岩和深水盆地的碳酸盐沉积等，且富含三叶虫、原古杯海绵、腹足类和腕足类等化石，这与下伏仅赋存少量低等植物和软体动物化石的新元古界埃迪卡拉系存在明显差异（Sergei，1997；米兰诺夫斯基，2010）。

西伯利亚地层大区内寒武系主要出露在北部和西部，自下而上层位岩性存在差异。纽芬兰统与第二统下段以泥质灰岩、灰岩和白云岩为主，夹薄层油页岩透镜体，广泛发育原古杯海绵-海藻生物礁等化石，再向上第二统上段为黑色泥岩及页岩，第三统—芙蓉统由厚度最大的复理石状碳酸盐岩组成。上述岩性组合表明，地层大区的寒武系沉积于开阔海环境（Sergei，1997），明显区别于西伯利亚克拉通南西部沉积在大陆架和潟湖环境的寒武系（Zharkov et al.，1982）。

2. 奥陶系

从整个西伯利亚克拉通上来看，奥陶系相对于寒武系分布范围小一些，主要分布在叶尼塞岭以东的图鲁汉-诺里尔斯克拗拉槽、伊尔库茨克围场、阿纳巴尔台背斜和维柳伊台向斜边缘等地（米兰诺夫斯基，2010）。奥陶系主体为陆表海沉积，局部为潟湖沉积，以灰色和黑色碳酸盐岩、陆源岩石、硫酸盐成分产物交替出现且普遍存在红层及蒸发岩为特征。Kanygin 等（2010）在奥陶系中共识别出 9 个沉积序列，每一个沉积序列都代表了一个海侵-海退旋回，序列之间以侵入不整合面和海侵面为标志。奥陶系富含动物化石，包括腕足类、三叶虫、鹦鹉螺、双壳类和海百合等，且所有底栖类群均以特有类群为特征（Nikiforova and Andreeva，1961）。

本区内奥陶系通常整合在寒武系之上，但普遍缺失上奥陶统最上部赫南特阶的沉积记录（Kanygin et al.，2007）。下奥陶统下部以碳酸盐岩为主，夹少量碎屑沉积岩，上部可分为碳酸盐岩段和碎屑岩段，碳酸盐岩段包括灰岩、白云岩、泥灰岩等，夹石膏薄层，碎屑岩段以杂色砂岩、砂岩和粉砂岩等为主。中奥陶统下部岩性组合为钙质砂岩、粉砂岩、泥岩及泥灰岩等，在其磷灰石结核中富含动植物化石；上部岩性组合包括砂岩、粉砂岩、泥岩、泥灰岩和灰岩等，多呈互层产出，与上奥陶统为整合接触，且岩性相似。在伊尔库茨克围场地区，上述沉积岩被具斜层理且不含化石的砂岩、粉砂岩和黏土代替。

3. 志留系

西伯利亚克拉通上的志留系主要出露于西南缘纽亚凹地、别廖佐夫斯基和东缘的谢捷达班带等地，为一套浅海相沉积，局部为潟湖沉积。岩性组合以灰岩、白云岩和泥灰岩为主，其次为泥岩、笔石页岩、粉砂岩、砂岩等陆源沉积，在最上面还存在石膏、硬石膏等硫酸盐岩。海相志留系中富含珊瑚、层孔虫、苔藓动物、海百合、三叶虫和笔石等化石（米兰诺夫斯基，2010）。

本区内的志留系分布较少，多呈海侵产于奥陶系不同层位上。兰多维列统主要由砂质岩石、砂质碳酸盐岩及页岩组成，含腕足类、头足类及介形虫等化石；温洛克统整合于兰多维列统之上，以灰岩、白云岩和泥灰岩等碳酸盐岩为主；罗德洛统与温洛克统为连续沉积，同样以碳酸盐岩为主，下段岩性组合为灰岩和泥灰岩，产腕足类和海藻类等化石，上段为杂色和红色白云岩、泥灰岩、石膏和含石膏黏土等。本区缺失普里道利统。

4. 泥盆系

西伯利亚克拉通上的泥盆系出露较少，主要分布在维柳伊台向斜、坎斯克-塔谢耶沃凹地和谢捷达班带等地。泥盆系岩石成分较为复杂，包括陆源碳酸盐岩、潟湖硫酸盐岩、陆相红色沉积岩及火山岩等。泥盆纪火山活动主要开始于中泥盆世，可持续至晚泥盆世。岩浆活动多发育在先成的拗拉槽内，使其发生构造活化作用，如东部边缘的谢捷达班拗拉槽和东南部的帕托姆-维柳伊古拗拉槽等，岩性以中基性火山岩为主，包括粗面玄武岩、粗面安山玄武岩和粗面安山岩等，这一时期也是西伯利亚克拉通东部构造格局重建的时期。

本区泥盆系出露较少，多呈孤岛状分布在本区的北部。中泥盆统为泥岩、粉砂岩、白云岩，局部可见火山岩夹层；上泥盆统主要为砂岩、砂页岩夹火山岩和白云岩。

5. 石炭系

西伯利亚克拉通上的石炭系广泛分布在西部、北部、南部和中部维柳伊河流域，如通古斯卡台向斜、坎斯克-塔谢耶沃凹地和图鲁汉-诺里尔斯克拗拉槽等地。下石炭统多为海相碳酸盐岩和碎屑岩，含腕足类、珊瑚和鱼等化石；上石炭统为陆相碎屑含煤沉积，多含植物化石（金小赤等，2015）。

本区内的石炭系出露较少。其中，下石炭统主要由砂岩、粉砂岩、灰岩夹页岩组成，化石稀少；上石炭统富含植物化石，按照岩性组合可分为上、下两段，下段由砂岩、粉砂岩夹煤层和泥岩透镜体组成，上段为粉砂岩、泥岩、砂岩夹可采煤层。

6. 二叠系

西伯利亚克拉通二叠系主要沿河谷分布，如下通古斯卡河、安加拉河、维柳伊河、勒拿河、赫塔河等，与上石炭统多为整合接触。二叠系主体为一套陆相碎屑含煤沉积，植物化石十分发育。在局部地区，二叠系最顶部可见少量火山碎屑岩。

本区二叠系零星出露于本区北西部，与上覆三叠系多为整合接触，局部被早三叠世辉长岩侵入。下—中二叠统主要为砂岩、粉砂岩、泥岩夹厚度较小的煤层，产植物化石。上二叠统以砂岩、粉砂岩、凝灰质砂岩和凝灰岩为主，局部见基性喷发岩，偶见介形虫和鱼类等化石。

二、中朝地层大区

中朝地层大区北侧以赤峰-开原断裂为界，西侧以巴彦乌拉山-狼山断裂带为界，南界为三门峡-宝丰（三宝）断裂带。

(一)太古宇

本区所在的中朝准克拉通由狼林-辽南、龙岗、鄂尔多斯、阴山等微陆块沿着3条造山带(胶-辽-吉带、中部造山带和孔兹岩带)在古元古代时期(约1.9Ga)碰撞拼贴而成(许王,2019),是亚洲东部最主要的太古宇克拉通,也是世界上最古老的克拉通之一,它几乎完整地记录了整个太古宙的多期地壳增生和再造事件(Wan et al.,2015)。本区的太古宙基底岩石主要出露于中国华北(包括晋冀鲁豫等地)和辽吉等地。

鞍山地区是中国最早也是目前唯一报道有3.8Ga岩石出露的区域,存在4处3.8Ga花岗质岩石,分别为鞍山锅底山(3814±2)Ma(Wang et al.,2015b)、深沟寺(3777±13)Ma(Liu et al.,2008)、(3773±6)Ma(Wan et al.,2012),白家坟(3804±5)Ma、(3800±5)Ma(Liu et al.,1992,2008),东山(3811±4)Ma(Song et al.,1996)、(3794±4)Ma(Wan et al.,2005);在深沟寺杂岩、白家坟杂岩、东山杂岩和锅底山杂岩几乎保存了整个太古宙的连续地质记录,包括约3770Ma、3660～3600Ma、约3450Ma、3330～3310Ma和约3120Ma花岗片麻岩(万渝生等,2015;Wan et al.,2019)。

目前,已知最古老的表壳岩为鞍山地区的古太古界陈台沟岩组和冀东地区的古—中太古代曹庄杂岩。鞍山地区出露的古太古界陈台沟岩组为由斜长角闪岩类、石英岩类和长英质片麻岩类组成的变质表壳岩。该岩组的变质岩石组合表明其为角闪岩相变质作用产物,原岩为基性火山岩、凝灰岩、石英砂岩。宋彪等(1994)对在陈台沟岩组长英质片麻岩中的花岗质岩脉的锆石颗粒,用 Kober 方法和离子探针质谱计(SHRIMP)测定,获得表壳岩的沉积年龄为(3376±5)～(3357±4)Ma。在陈台沟岩组岩性组合中采集云母片岩样品,获得的锆石 SHRIMP U-Pb 测年数据为(3306±12)Ma(Wu et al.,2008)。另外,在侵入该岩组的花岗质脉岩获得的锆石 U-Pb 测年数据为(3376±5)～(3357±4)Ma(万渝生和刘敦一,1993)。古—中太古代曹庄杂岩为分布于冀东地区迁安杏山、黄柏峪、脑峪门东山等地新太古代花岗岩体的表壳岩包体,属有层无序岩石地层体,主体由3.5Ga的表壳岩组成,主要包括锆云母石英岩、斜长角闪岩、榴云麻岩等。曹庄-喇叭山表壳岩被限定为3.4～3.08Ga,这些岩石存在大量3.8～3.5Ga碎屑锆石,被2.5Ga花岗质岩石侵入和包裹(Liu et al.,1992,2007)。其中,锆云母石英岩中碎屑锆石的离子探针年龄为3.85～3.55Ga,但在曹庄岩组中的麻粒岩形成年龄为(2548±7)Ma,变质年龄为(2506±6)Ma,该区 BIF 围岩变粒岩原岩形成年龄为(2534±8)Ma(Nutman et al.,2011),说明该岩组仍需解体。万渝生等(2012)在胶东地区获得多组约2.9Ga、>2.95Ga 和3.6～3.3Ga 的碎屑和捕获(或残余)锆石年龄,表明胶东地区存在古陆核形成阶段的古老物质。

在燕山等地区分布中太古界迁西岩群等,如分布在冀东的含 BIF 变质沉积岩系,以往根据羊崖山顺层侵入含铁建造中岩席状花岗岩的年龄(2960Ma)(Liu et al.,1990)以及冀东水厂铁矿大桥附近紫苏花岗岩中黑云变粒岩包体的年龄(3047Ma)(尹庆柱,1988)来限定沉积时间。近年来,根据锆石原位定年技术的发展,在水厂铁矿夹层的斜长角闪片麻岩中获得的锆石 SIMS U-Pb 年龄为(2547±7)Ma(Zhang et al.,2011b);在马兰庄铁矿与 BIF 互层的花岗质片麻岩中获得的年龄为(2484±7)Ma(李延河等,2011);王寺峪条带状铁矿围岩的原岩为英安质火山岩,其中黑云斜长片麻岩锆石 LA-ICP-MS U-Pb 年龄为(2516±9)Ma(曲军峰等,2013),故将其所在的迁西岩群划归于新太古代。

新太古代变质地层主要出露于冀东的遵化—青龙—迁安—迁西地区以及北京北部的密云—兴隆墙子路一带,北缘出露在、辽北、吉南一带,此外在平泉等地亦有零星出露,包括了前人划分的密云岩群、遵化岩群、滦县岩群、单塔子岩群、双山子岩群和朱杖子岩群等。岩石分别遭受了麻粒岩相、角闪岩相及绿片岩相变质作用的改造。赋存在遵化岩群的石人沟铁矿的围岩角闪斜长片麻岩年龄为(2541±21)Ma,斜长角闪岩形成年龄为(2510±21)Ma(Zhang et al.,2012)。朱杖子岩群中火山岩年龄为(2516±8)Ma和(2511±12)Ma(齐鸿烈等,1999;孙会一等,2010)。

冀北—阴山地区新太古代地层主要分布在河北省大同—怀安,代表性岩群包括桑干岩群、兴和岩群、乌拉山岩群下部暗色岩系等，主要为一套高绿片岩相-麻粒岩相变质岩石。桑干岩群形成于约 2.5Ga，分为基性火山岩夹磁铁石英岩建造的铁英岩岩组和原岩为杂砂岩建造的石榴黑云片麻岩岩组，呈透镜体或带状体产出于新太古代变质深成岩中（张家辉等，2019a，2019b）。兴和岩群和乌拉山岩群成岩年龄为约 2.5Ga，变质年龄为约 1.9Ga（邵积东，2015）。内蒙古固阳地区色尔腾山岩群由陈三沟岩组、柳树沟岩组和东五分子岩组组成，主要岩石组合为斜长角闪岩、黑云斜长片麻岩、透闪石大理岩、角闪片岩、二云石英片岩、石榴黑云片岩、黑云母片岩。其原岩下部以火山岩为主，上部为以碎屑沉积岩和化学沉积岩为主的火山-碎屑沉积建造。前人将该绿岩带置于新太古代晚期（2562～2510Ma）（陈亮，2007；刘利等，2012；Jian et al.，2012），但近年在固阳营盘湾—东五分子一带获得可靠的 SHRIMP 锆石 U-Pb 成岩年龄（变质年龄）为（1980±9）Ma、（1946±16）Ma 和（1901±15）Ma、（1893±66）Ma（吴新伟和徐仲元，2016）；在乌拉特中旗东五分子岩组原岩为中酸性火山岩的黑云斜长片麻岩，获得 SHRIMP 锆石 U-Pb 成岩年龄为（1 930.7±9.6）Ma（王挽琼等，2019），这说明色尔腾山岩群应划分为古元古代晚期。

白云鄂博地区出露新太古界二道洼群，由绿片岩（绿泥石片岩、绿泥石英片岩、黑云母绿泥石片岩）、石英岩、二云片岩、角闪斜长片麻岩和大理岩等组成，变质较深。在赤峰—辽西一带出露的建平变质杂岩和大营子群岩浆形成年龄为 2575Ma 和 2579Ma，变质作用发生年龄为 2481Ma，与冀东迁西群变质热事件一致（崔文元等，1991）。

辽北—胶东地区新太古代变质地层见于山东省昌邑-大店断裂以西、五莲断裂以北的胶东地区。分布大小不等的包体残留于花岗质片麻岩等变质变形深成侵入岩内的新太古界唐家庄岩群、济宁岩群中。济宁岩群中变质长英质火山岩 SHRIMP 锆石 U-Pb 年龄为（2561±24）Ma，含砾绿泥绢云千枚岩中获得最年轻的碎屑锆石年龄为（2609±13）Ma（王伟等，2010；万渝生等，2012）。在辽北铁岭—清原—吉林一带出露的新太古界清原岩群由变质基性火山岩-硅铝质碎屑含铜建造的绿岩带组成，清原小莱河表壳岩 SHRIMP 锆石 U-Pb 年龄为（2515±6）Ma（万渝生等，2015）。

五台—太行古地区是中国早前寒武纪研究的经典地区之一，代表性岩群为阜平岩群、五台岩群和赞皇岩群等。阜平岩群由黑云片麻岩、黑云变粒岩、斜长角闪岩，夹条带状磁铁石英岩、钙硅酸盐岩和大理岩组成；湾子岩群由矽线石石英浅粒岩、钙硅酸盐岩、大理岩夹斜长角闪岩组成。阜平岩群变质程度为高角闪岩相-麻粒岩相。五台山地区以五台岩群为代表。五台岩群下亚界石嘴亚群，由黑云变粒岩、石英片岩、斜长角闪岩、铁英岩等组成；中亚界台怀亚群，由绢云英片岩、绿泥钠长片岩、绢云-绿泥片岩等组成；上亚界高凡亚群，为绢云千枚岩、变粉砂岩、石英岩、绿泥片岩等互层。五台岩群原岩建造中，下、中部主要为基性夹酸性火山岩类及少量沉积岩，上部为泥砂质沉积岩。五台岩群变质作用显示了多相递进变质。太行山南段赞皇地区的新太古界赞皇岩群包括大和庄岩组、立羊河岩组、宁家庄岩组。大和庄岩组下部以黑云斜长变粒岩为主夹少量薄层状斜长角闪岩、石榴斜长角闪岩、磁铁石英岩透镜体，变粒岩中常含石墨、矽线石、石榴石或蓝晶石；上部以斜长角闪片岩为主夹黑云斜长变粒岩、黑云片岩或斜长角闪岩。立羊河岩组为大理岩、斜长角闪岩、石英岩、黑云斜长变粒岩、黑云片岩、钙硅酸盐岩等。宁家庄岩组为黑云二长片麻岩、黑云斜长变粒岩、斜长角闪岩、含石榴斜长角闪岩。赞皇岩群变质程度为高角闪岩相-麻粒岩相。

鲁西地区是全球为数不多的 2.7Ga 和 2.5Ga 构造热事件都十分发育的地区之一。鲁西地区存在新太古代早期和晚期不同时代表壳岩系，它们在岩石组合、变质变形等方面存在明显区别。鲁西泰山岩群（孟家屯岩组、雁翎关岩组、山草峪岩组、柳杭岩组）变质岩石组合为石榴石英岩、斜长角闪岩、黑云变粒岩、二云石英片岩、透闪阳起片岩、石墨片岩、磁铁石英岩及科马提岩组成，变质程度为高角闪岩相-低角闪岩相。万渝生等（2012）研究认为，泰山岩群的孟家屯岩组、雁翎关岩组—柳杭岩组下段形成时代为新太古代早期（2.75～2.70Ga），山草峪岩组、柳行岩组上段形成时代为新太古代晚期（2.55～2.52Ga）。济宁岩群由千枚状板岩，千枚岩、磁（赤）铁石英岩组成，形成时代为新太古代晚期（2.55～2.52Ga）。莱芜地区和沂沭断裂带内发育沂水岩群（石山官庄岩组、林家官庄岩组），由黑云变粒岩、角闪黑云变粒岩、紫苏黑云变粒岩、二辉麻粒岩、含紫苏斜长角闪岩、细粒斜长角闪岩、含紫苏磁铁石英岩组成，变质程度为麻粒岩相。陕豫皖古陆块上中条山区新太古代变质地层为涑水岩群，华熊—嵩箕地区出露太华岩群（原上太华岩群）、登封岩群。涑水岩群由各类片岩、细粒片麻岩（变粒岩）、斜长角闪岩夹大理岩组成。登封岩群由变粒岩、斜长角闪岩、千枚岩、片岩夹条带状磁铁石英岩、薄层大理岩组成。嵩山地区的太华岩群（原上太华岩群）岩石组合为黑云斜长片岩、绢云石英片岩、斜长角闪片岩，局部含大理岩透镜体。华熊地区的太华岩群由黑云斜长片麻岩、含石榴角闪黑云斜长片麻岩、变粒岩、浅粒岩、斜长角闪岩、石榴透辉大理岩组成，具有一定的岩石组合差异。变质程度为角闪岩相-高绿片岩相。

辽南地区最初被认为存在太古宙灰色片麻岩地体（张秋生等，1988）或变质基底（沈保丰等，1994）；鞍本地区鞍山群含BIF表壳岩岩浆SHRIMP锆石U-Pb年龄为2.55~2.50Ga（万渝生等，2018）。然而，近年来的年代学和地球化学研究表明，辽南地区出露新太古代片麻岩岩体（例如黑云斜长片麻岩）和少量表壳岩（例如角闪岩）（路孝平等，2004；Wang et al.，2017b；王伟等，2017），并且这些片麻岩岩体的年代学和地球化学属性可与龙岗地区新太古代岩石对应（Wang et al.，2017b）。朝鲜半岛主要由太古宙及古元古代的表壳岩和花岗岩类组成（Zhao et al.，2006）。然而，近年来对贯穿本区的数条河流中河砂的碎屑锆石研究表明，本区主要由古元古代（1.9~1.8Ga）物质组成，而太古宙岩石的比例极为有限，因此其可能是与辽吉岩系基本类似的古元古代地体，从而与传统的胶-辽-吉带一起构成了中朝准克拉通在古元古代期间东南大陆边缘的巨型造山带——辽-吉-朝造山带（Wu et al.，2007a；吴福元等，2016）。

（二）元古宇

1. 古元古界

华北地区古元古界分布广泛，研究程度较高，其中尤以五台山地区新建立的滹沱系（Ht）为代表，其时限为2300~1800Ma。五台山地区滹沱系包括豆村亚群、东冶亚群及上覆郭家寨亚群，豆村亚群岩石组合为变质粗碎屑岩、石英砂岩、长石石英岩、板岩、变质钙质砂岩、结晶白云岩；东冶亚群以白云岩、变晶白云岩、板岩（千枚岩）夹石英岩、变基性火山岩为主；郭家寨亚群不整合在豆村亚群、东冶亚群之上，底部为变质砾岩，中上部为板岩、石英岩，具反旋回特点，属磨拉石建造。除此之外，还包括吕梁山地区的岚河群、野鸡山群、黑茶山群，中条山地区的绛县群包括横岭关亚群、铜矿峪亚群等。吕梁—五台—中条地区古元古代变质地层的时限为2300~1800Ma，原岩建造以碎屑岩为主，夹有基性、酸性火山岩和碳酸盐岩，可以作为区域对比标志；五台山地区的郭家寨亚群、中条山地区的担山石群均不整合在下伏变质地层之上，为区域性不整合。滹沱群、绛县群、中条山群、宋家山群等物质组成和沉积环境具有相似性，均为滹沱系产物。另外，华北地区已发育华熊—嵩箕地区的嵩山群，赞皇地区裂谷环境成因的甘陶河群和官都群，胶辽地区荆山群、粉子山群等。

华北地区北部边缘也出露有少量古元古界，包括乌拉山岩群、集宁岩群、红旗营子岩群等，其均为西北缘古元古代被动陆缘增生产物，其时限为2300~1900Ma。除此之外，还包括大同—凉城—集宁一带的集宁岩群、冀北丰宁一带的红旗营子岩群及狼山北段的宝音图群等。

胶-辽-吉带内的古元古代沉积地层自下而上包括底部富碎屑序列、下部双峰式火山岩序列、中部碳酸盐岩序列以及顶部富泥质序列，按照不同地区又具体可分为朝鲜境内的摩天岭群、吉林南部的集安群和老岭群、辽宁东部的南辽河群和北辽河群、山东东部的荆山群和粉子山群以及安徽省内的五河群（Li et al.，2005；Zhao et al.，2005，2012；刘福来等，2015；刘贻灿等，2015；廖鑫等，2016；刘超辉和蔡佳，2017；Liu et al.，2018）。根据这些沉积岩的岩石组合特征、空间分布和变质特征，胶-辽-吉带被中间的韧性剪切带分割为南、北两个亚带。其中，北亚带由变质程度较低的老岭群、北辽河群以及粉子山群组成,而南亚带由变质程度较高的集安群、南辽河群、荆山群以及五河群组成(Li et al.,2005;Zhao et al.,2005,2012)。特别需要指出的是,根据新近填图解剖结果,南亚带的所划地层可能为形成于古元古代的增生杂岩,其中还有不少的蛇绿混杂岩成分。

2. 中—新元古界

本区的中—新元古界是古元古代末克拉通化之后的第一套沉积盖层,其分布地区涉及晋冀鲁豫、辽吉、内蒙古等地。区内中—新元古界不整合于早前寒武纪结晶基底之上,其上被早古生代地层或更新地层不整合或平行不整合覆盖。

燕辽—晋冀地区长城系(Pt_2^{1a})分布于燕山、辽西、晋东北等地,自下而上包括赵家山组、常州沟组、串岭沟组、团山子组、大红峪组。长城系下部为硅质碎屑岩沉积,中上部为碎屑岩和碳酸盐岩混合沉积夹富钾火山岩,上部为碳酸盐岩沉积;底部与下伏太古宙变质岩系呈角度不整合接触,顶部被蓟县系高于庄组平行不整合覆盖。长城系形成时限为1700~1600Ma(陆松年和李惠民,1991;Lu et al.,2008;和政军等,2011;张拴宏等,2013;刘超辉和刘福来,2015;刘典波等,2019)。蓟县系(Pt_2^{1b})分布于整个燕辽地区,扩大至华北大部分地区,总体近东西向展布,自下而上包括高于庄组、杨庄组、雾迷山组、洪水庄组、铁岭组、下马岭组。蓟县系总体以碳酸盐岩沉积为主夹少量碎屑岩,底界平行不整合于长城系大红峪组之上,顶界被青白口系长龙山组平行不整合覆盖。根据各地层中的火山岩夹层同位素测年结果,地层的形成时限为1560~1300Ma(王松山等,1995;李怀坤等,2009,2010;苏文博等,2010)。青白口系(Pt_3^1)分布于整个燕辽地区,总体近东西向展布,包括龙山组和景儿峪组。青白口系总体以碎屑岩沉积为主,其次为碳酸盐岩;底界平行不整合于蓟县系下马岭组之上,顶界被寒武系昌平组平行不整合覆盖,至山西中部相变为望狐组—云彩岭组。

辽东地区的南华系(Pt_3^2)包括桥头组、康家组、长岭子组。岩性主要为灰色、灰白色、黄褐色石英砂岩夹黄绿色、灰黑色页岩及砂质页岩的岩石组合,产微古植物化石,上部为砾屑灰岩和白云岩。在太子河分区下部为石英砂岩夹页岩,上部为页岩、粉砂岩及砂岩。在大连分区下部为石英砂岩夹页岩、粉砂岩及砂质页岩,上部为黄绿色、灰色钙质千枚岩、钙质板岩、页岩、粉砂岩夹细砂岩、泥灰岩等,产微古植物化石、宏观藻类化石、蠕虫化石等。辽东地区的震旦系(Pt_3^3)在浑江地区包括万隆组、八道江组和青沟子组,为陆表海碳酸盐岩夹细碎屑岩沉积组合,产叠层石和微古植物化石。

阴山地区的中—新元古界主要分布在狼山-白云鄂博裂谷系中,主要地层单元为渣尔泰山群和白云鄂博群,其上为化德群、什那干群。渣尔泰山群为一套浅海相地层,遭受低绿片岩相变质和多期构造变形改造。原始沉积由向上变细再变粗的碎屑岩、页岩、碳酸盐岩组成。其下与古元古界乌拉山岩群、色尔腾山岩群呈不整合接触,其上推测被什那干群不整合覆盖。前人分别获得了玄武岩1743Ma(Li et al.,2007)、基性火山岩(钠长绿泥片岩)1200Ma(滕学建等,2016)、变质酸性火山岩805Ma和817Ma(彭润民等,2010)的中—新元古界成岩年龄。白云鄂博群分布在渣尔泰山群北部,与渣尔泰山群为同一时期海相沉积产物。该群自下而上分为6个组,即都拉哈拉组、尖山组、哈拉霍疙特组、比鲁特组、白音宝拉格组、呼吉尔图组。都拉哈拉组和尖山组的形成时代为1.8~1.7Ga或稍晚,哈拉霍疙特组和比鲁特组为1.7~1.4Ga,而白音宝拉格组和呼吉尔图组形成于大约1.4Ga之后(刘超辉和刘福来,2015)。化德群主要分布在河北康保、内蒙古化德—太卜寺旗一带,主要岩石组合为石英岩、变质石英砂岩、含石榴黑云石英片岩、绢云石英片岩、千枚岩、碳质板岩、钙硅酸盐岩、灰岩、大理岩。化德群时代属于中新元古界,经历了绿片岩相变质和褶皱变形改造。什那干群零星分布于内蒙古五原、固阳、武川、察哈尔右翼后旗(简称察右后旗)直至河北尚义等地,为以碳酸盐岩为主的沉积建造。什那干群下部为石英砂岩、砂岩和页岩,上部以燧石条带白云岩和硅质白云质灰岩为主夹含锰灰岩,最上部产叠层石,其与下伏乌拉山岩群呈不整合接触,其上为寒武系平行不整合覆盖。

鲁西地区中—新元古代岩石地层单位称为土门群、鲁东地区称为蓬莱群。土门群自下而上划分为黑山官组、二青山组、佟家庄组、浮来山组和石旺庄组。土门群下部为以含海绿石英砂岩、暗紫色页岩为主的岩石组合；向上分别为石英砂岩、淡青色薄层灰岩、钙质页岩和泥灰岩组合→砂岩（或藻灰岩）、页岩组合→以细砂岩-粉砂岩为主夹少量页岩及泥灰岩的岩石组合；顶部以砂质灰岩、白云质灰岩、白云岩为主，局部夹少量页岩。土门群沉积时代为新元古代（周光照，2019）。蓬莱群为一套以大理岩、千枚岩、板岩夹石英岩为主的岩石组合，底为砾岩，顶为灰岩，自下而上划分为豹山口组、辅子夼组、马山组、香夼组。蓬莱群与古元古界粉子山群或新太古界胶东（岩）群呈不整合接触，主要分布于栖霞、福山一带，在龙口、蓬莱及庙岛群岛亦零星出露。该群已轻微变质。碎屑锆石年龄结果限定其沉积时代为新元古代（王宏宇等，2021）。

鄂尔多斯地区中—新元古界集中分布于贺兰山中段、北段，其岩石地层单位自下而上为青白口系—南华系西勒图组、黄旗口组、王全口组，震旦系正目观组。西勒图组分布于贺兰山、桌子山一带，为不整合于色尔腾山岩群之上的石英砂岩、页岩等。黄旗口组指不整合覆于太古宙片麻岩之上，平行不整合伏于王全口组之下的一套岩石组合。黄旗口组岩性下部为铁红色石英岩、石英岩状砂岩和石英砂岩夹少量板岩、砂质板岩，上部则以厚层硅质白云岩（含燧石条带）为主夹石英砂岩、板岩等。黄旗口组在贺兰山北段及东南部全为碎屑岩；在王全口一带下部以碎屑岩为主，上部则以硅镁质碳酸盐岩为主。王全口组指平行不整合覆于黄旗口组之上的一套以含硅质条带、结核的白云岩为主的地层，其下部有少量石英砂岩、粉砂岩、钙质板岩及砾岩等，王全口组与其上正目观组呈平行不整合接触。正目观组与下伏王全口组平行不整合接触，其下部以浅灰色—深灰色块状钙质白云质角砾岩为主，为冰碛砾岩；上部由灰绿色、灰黑色砂质板岩、板岩夹少量砂岩组成，含微古植物化石。

（三）显生宇

1. 寒武系

华北及辽吉地区的寒武系为一套稳定的浅海相碳酸盐岩沉积，普遍缺失寒武系纽芬兰统和第二统最下部。寒武系第二统分布较广，包括华北南部中条山的芮城、鲁西、豫陕、徐淮和燕辽地区等，不同地区岩性差异较大。在华北南部地区寒武系第二统主要为一套陆源碎屑岩，以下部含磷而上部不含磷为特征；在豫陕地区，为一套碳酸盐岩沉积，局部夹石膏层；在燕辽地区，其也以碳酸盐岩为主，产丰富的动物化石。除最底部地层之外，其他地区寒武系岩性基本一致。第二统上段至第三统下段为一套粉砂岩、页岩和泥岩夹碳酸盐岩；第三统中部以灰岩、叠层灰岩和藻灰岩为主，夹薄层页岩，化石丰富；第三统上段—芙蓉统下段为碳酸盐岩与页岩互层，其中页岩中三叶虫化石丰富；芙蓉统上段由细碎屑岩（泥质粉砂岩、粉砂质页岩等）和碳酸盐岩（泥晶灰岩、虫孔灰岩等）组成。

朝鲜半岛地区的寒武系为滨浅海相的碳酸盐岩和陆源碎屑岩沉积，自下而上可分为4段：第一段下部为粉砂岩、页岩和白云岩，上部为石英岩、粉砂岩、页岩夹灰岩；第二段以陆源碎屑岩为主，夹少量碳酸盐岩，化石丰富；第三段下部为页岩夹灰岩，上部为含锰泥质灰岩和薄片状灰岩，含三叶虫和腕足类化石；最上段主要为碳酸盐岩。

2. 奥陶系

华北及辽吉地区的奥陶系整合在寒武系之上，普遍缺失上奥陶统沉积，总体上为一套浅海相碳酸盐岩沉积。下奥陶统为一套碳酸盐岩沉积，且富含三叶虫，笔石和腹足类化石，上段灰岩中含燧石结核或团块，而下段缺失。下—中奥陶统以白云岩化碳酸盐岩为主，与上覆中奥陶统为不整合接触。中奥陶统为一套以厚层灰岩为主的碳酸盐岩地层，具穿时性。中奥陶统自下而上显示了由泥质白云岩段-灰岩段、泥质白云岩、白云岩与灰岩互层段组成的3个组8个段特征（河北省、天津市区域地层表编写组，1979），本层含有丰富的头足类、腹足类、腕足类及三叶虫等化石。

朝鲜半岛地区同样普遍缺失上奥陶统,下—中奥陶统整体也为一套滨浅海相碳酸盐岩和陆源碎屑岩沉积。在平南盆地南部,下奥陶统依据硅质白云岩可分为3段:下段主要由白云岩组成,局部存在黄色泥岩和灰岩;中段为硅质白云岩;上段为浅灰色晶质白云岩夹泥质白云岩、钙质白云岩、泥灰岩和灰岩等,向盆地北部延伸上段变化为灰岩、白云岩和泥灰岩互层,产头足类化石。在狼林地区,下奥陶统岩性主要由块状灰岩、白云岩、泥灰岩和层状灰岩组成,产化石。中奥陶统在不同地区的岩性略有差别。在平南盆地地区可分为下部灰岩段和上部白云岩段:灰岩段由灰黑色斑点白云质灰岩、硅质灰岩、层状黏土质灰岩和灰岩组成,产头足类、苔藓虫、腕足类和腹足类化石;白云岩段主要由钙质白云岩、层状白云岩和白云质灰岩组成。在狼林地区,楚山—古丰地区中奥陶统主要由灰黑色厚层—块状灰岩组成;江界—满浦地区主要由灰岩、白云质灰岩、钙质灰岩及白云岩组成,产头足类、腹足类和腕足类化石;和平地区由块状—厚层灰岩和白云岩组成。

3. 泥盆系

本区泥盆系出露较少,在华北及辽吉地区全部缺失,仅在朝鲜半岛上存在少量泥盆系,大致可分为东、西两个区域。

东部地区的泥盆系分布在礼成江口—开城—铁原附近,为一套连续的火山-沉积地层。下泥盆统主要为钙质片岩、绿泥石片岩、砂屑砾岩、石英岩和灰岩等,向上转变为灰黑色灰岩,含海百合、腹足类等化石。中泥盆统自下而上可分为3段:下段由黑色泥质灰岩、硅质千枚岩、页岩、石英岩和砾岩组成,含轮藻类、介形类和双壳类化石;中段由粉砂岩、石英岩、页岩和硅质岩组成,偶夹灰岩;上段为粉砂岩和页岩互层,含海百合和轮藻类等化石。上泥盆统下段为深灰色千枚岩、粉砂质页岩、含砾千枚岩、石英岩和钙质片岩等,含腕足类、海百合等化石;上段由块状粉砂岩、角岩、石英岩和少量灰岩组成。

西部地区的泥盆系分布在康翎、翁津和百川等地。下泥盆统主要由浅黄色石英岩、粉砂岩、千枚岩和砾岩组成。中泥盆统主要由千枚岩、硅质千枚岩、钙质千枚岩、石英岩和含砾石英岩组成,含海百合、腹足类、轮藻类和珊瑚等化石。上泥盆统可分为3段:下段为灰黑色千枚岩、页岩、砂岩、粉砂岩、细碧岩、角斑岩和灰岩组成,含海百合化石;中段为硅质千枚岩、角岩和绢云母片岩互层,偶见灰岩夹层;上段为黑云母斑点硅质片岩、千枚岩、细碧-角斑岩、灰岩和石英岩等。

4. 石炭系

华北及辽吉地区普遍缺失下石炭统。上石炭统主要为一套海陆交互相含煤沉积,下部表现为杂色页岩、砾岩、砂岩、黏土岩、灰岩夹煤线,含植物化石及珊瑚、腕足类等动物化石。上石炭统上部至下二叠统可分为两段:下段为页岩和细砂岩,夹灰岩和薄层煤线夹层;上段以砂岩和页岩为主,夹煤层,产植物化石和珊瑚、蜒科、腕足类等动物化石,沉积厚度由北东向南西逐渐减薄,灰岩层也逐渐减少。

朝鲜半岛也普遍缺失下石炭统。上石炭统主要分布在平南盆地内的平壤向斜、介川向斜和高原向斜等地。下段岩性主要由页岩、粉砂岩和灰岩组成,底部发育有红紫色赤铁矿粉砂岩,顶部见页岩和灰岩互层,局部底部可见砾岩,含植物化石和珊瑚、腕足类动物化石;上段岩性为灰黑色页岩、粉砂质页岩、粉砂岩、灰岩和无烟煤层等,含植物化石和腕足类等动物化石。

5. 二叠系

华北及辽吉地区的二叠系为一套陆相-海陆交互相陆源碎屑岩-碳酸盐岩沉积(谷永昌等,2019)。中二叠统下部为灰白色石英砂岩、黑色粉砂岩和页岩互层夹煤层和灰岩层,含植物化石及珊瑚、腹足类和腕足类化石。中部岩性可分为3段:下段为岩屑砂岩夹页岩和煤线;中段为页岩夹锰铁层及煤层;上段为页岩和砂岩互层,含植物化石。中二叠统上部至上二叠统下部岩性为紫红色泥岩、页岩、粉砂岩和砂岩互层，局部见锰铁层和燧石条带，含植物化石。上二叠统上部为紫红色泥质粉砂岩、中—细粒长石砂岩，底部为含砾砂岩。

朝鲜半岛地区下二叠统岩性组合为灰白色中粗粒石英砂岩、砂岩、粉砂岩、粉砂质页岩、含煤页岩、无烟煤和铝土质岩石，可分为3个沉积旋回，每个旋回自下而上分别为砂岩、粉砂岩、页岩和无烟煤，普遍含动植物化石。向北延伸岩性变化为粗粒砂岩和粉砂岩，煤层和页岩层消失。中二叠统整合在下二叠统之上，为一套灰白色含砾砂岩、砂岩、粉砂岩和少量含煤粉砂岩、页岩及不连续无烟煤，局部底部见中细粒石英砂岩或发育斜层理的粗砂岩等，含植物化石。上二叠统多被剥蚀或覆盖，仅零星出露，下部多为含灰岩结核的粗粒砂岩，中部为粉砂岩和页岩互层，上部以页岩为主，局部可见下部粗粒砂岩渐变为砾岩。

三、中亚地层大区

本大区划分为3个地层区，分别为萨彦-额尔古纳地层区、天山-兴安地层区和蒙古-鄂霍次克地层区。

一)萨彦-额尔古纳地层区

本地层区划分2个地层小区，分别为中蒙古-额尔古纳地层小区和萨彦-贝加尔-斯塔诺夫地层小区。

（一）中蒙古-额尔古纳地层小区

1. 古元古界

兴华渡口岩群分布在额尔古纳地区的呼玛县、塔河县、漠河县等地，与同期变质深成侵入体伴生，岩群遭受多期构造作用改造，难以进行层序划分和对比。下部主要岩性为斜长角闪岩、钠长绿泥片岩、片麻岩夹变粒岩；上部以透辉透闪大理岩、石墨大理岩夹少量片岩、片麻岩为特征。韩家园子地区的黑云二长片麻岩年龄为(1837 ± 5)Ma(孙立新等，2013a)。

2. 中—新元古界

佳疙疸组主要零星分布在大兴安岭北段，以黑云母片岩、黑云石英片岩、二云石英片岩、斜长角闪片岩为主，夹阳起石片岩、片理化石英片岩，其下部出现斜长角闪片岩、次闪斜长片岩。该组变质岩属低绿片岩相，原岩为一套中基性火山岩和碎屑岩建造。其中，变安山岩单颗粒锆石U-Pb蒸发年龄为(723 ± 42)Ma，其地质时代应为新元古代(王忠等，2003)。

额尔古纳河组主要分布在满洲里—莫尔道嘎一带，以白色条带状大理岩夹各种角砾岩和硅质大理岩透镜体为主。岩石多具矽卡岩化，其下与佳疙疸组断层接触，上界不清，形成时代在738～714Ma之间(张一涵，2014)。

3. 寒武系

本区内寒武系主要分布在中国黑龙江省呼玛县的兴隆地区和俄罗斯外贝加尔地区，仅出露少量纽芬兰统，为一套碳酸盐岩和陆源碎屑岩地层。兴隆地区出露的纽芬兰统为一套由千枚岩、板岩、大理岩、白云岩和中酸性火山岩及凝灰岩组成的岩石组合(付俊彧等，2019)，含微体化石 *Lophosphaeridium* sp.，*Estiastra* sp. 和 *Micrhystridium* sp. 和 *Leiosphaeridia* sp. 等(黑龙江省地质调查研究总院，2007)。外贝加尔地区的纽芬兰统自下而上可分为3段：下段主要为石英片、绿泥片岩夹碳质片岩和粉砂岩；中段以碳酸盐岩为主,包括灰色大理岩和白云岩,夹片岩和千枚岩等,含古杯类和三叶虫化石;上段以片岩为主。

4. 奥陶系

本区奥陶系主要为一套陆源碎屑岩夹碳酸盐岩沉积。下奥陶统表现为砂岩、粉砂岩、板岩夹凝灰岩和灰岩等碳酸盐岩,含腕足类 *Harknessella* sp.,*Leptaena* sp. 和三叶虫 *Ceratopyge - Apatocephalus* 组合,属陆缘临滨-浅滨相沉积;中奥陶统为砂岩、板岩夹少量中性火山岩;上奥陶统为砾岩、砂岩、粉砂岩夹薄层灰岩等。奥陶系整体表现为北侧为活动陆缘沉积(杨文麟等,2014),而南侧为弧后盆地沉积(王友勤等,1997)的特征。

5. 志留系

本区内缺失志留系兰多维列统—温洛克统,罗德洛统—普里道利统为一套碎屑岩沉积。上志留统下部由长石石英砂岩、粉砂质泥岩等组成,含腕足类 *Tuvaella gigantea*,*T. rackovski* 等;上部主要为含粉砂泥岩(李宁和王成文,2017)。

6. 泥盆系

区内的下—中泥盆统为一套滨浅海相碎屑岩夹碳酸盐岩薄层或透镜体,局部见少量火山岩,含三叶虫 *Reedops*,珊瑚类 *Favositemultipicatus* Yanet,海绵 *Recpptaculites* gen. et sp. indit(陈海霞等,2014),牙形刺 *Pseudooneotodus beckmanni* 和 *Belodella resima*,介形虫 *Tricornina* sp. 和 *Praepilatina* sp.(武利文等,2010)等。上泥盆统为一套海相中基性、酸性火山岩,火山碎屑岩及碎屑岩、碳酸盐岩及硅质岩、放射虫硅质岩等,与下伏地层平行不整合接触,含丰富的牙形刺 *Palmatolepis hassi*,*Pal. ljashenkovae*,*Ancyrodella binodosa*,*Ancyrodella nodosa* 等(郎嘉彬和王成源,2010a),其中在玄武岩中获得 SHRIMP 锆石 U-Pb 年龄为(373±5)Ma,时代为晚泥盆世(赵芝等,2010a)。

7. 石炭系

石炭系在本区内发育较少且不完整,主要分布在蒙古中部的杭盖山、中戈壁地区和中国东北的额尔古纳地区。杭盖山地区发育的下石炭统主要由砾岩、砂岩、粉砂岩和页岩组成,下部夹碧玉和中性火山岩,含腕足类和苔藓虫化石,上石炭统不清。中戈壁地区的下石炭统为杂色砂岩、粉砂岩,含植物化石,上石炭统为砾岩、砂岩、粉砂岩和页岩,局部夹安山岩和礁灰岩,产腕足类化石。额尔古纳地区的下石炭统为一套滨浅海相陆源碎屑沉积,表现为由杂砂岩、砂板岩、碳酸盐岩夹凝灰岩组成,含 *Camaroeoechiarowleyi*,*Imbrexia* aff. *Clathrata*,*Schellwienella* sp. 和 *Fusella tornacensis* 等化石。上石炭统为一套陆相或海陆交互相的碎屑岩组合,含典型的安加拉型植物化石 cf. *Angaridium* sp.,*Noeggerathiopsis* sp. 等(付俊彧等,2019)。

8. 二叠系

本区内二叠系仅出露在蒙古中部的杭盖山地区,为陆源碎屑岩夹火山岩。下二叠统为砂岩、流纹质凝灰角砾岩、流纹英安质熔岩角砾岩等,含植物化石。上二叠统为砾岩、砂岩、粉砂岩和页岩,产植物化石。

(二)萨彦-贝加尔-斯塔诺夫地层小区

1. 太古宇

本区的古老变质基底为沙雷札盖群、康斯克群,可能还有比留辛斯克群属于太古宇。沙雷札盖群在东萨彦东部形成地垒,由黑云角闪片麻岩、角闪石片麻岩、斜长角闪岩和紫苏辉石石榴黑云片麻岩等组成。该群遭受两次变质改造,在古太古代时期变质条件为麻粒岩相,在新太古代受到角闪岩相退变质叠加,变质程度向北西方向增强。康克斯克群出露于康克斯克隆起,由石榴石辉石片麻岩、麻粒岩和紫苏花岗岩等组成,其上部为富铝堇青石、矽线石及蓝晶石,石榴石黑云片麻岩、石英片麻岩和斜长角闪岩,厚度大于8km,变质作用为麻粒岩相-角闪岩相,变质作用形成时代为2.7～2.5Ga。比留辛斯克群在东萨彦西北部形成地垒,其下部麻粒岩相变质岩残余属于太古宇,主要成分为黑云角闪、黑云石榴片麻岩,麻粒岩,紫苏角闪片麻岩。

2. 古元古界

贝加尔地区古元古界属活动型沉积,以奥廖克马-维季姆高地乌多坎群为代表,自下而上分成3个亚群11个组。

(1)科达尔亚群:①瑟格赫东组,为变质长石砂岩夹页岩、结晶灰岩;②奥尔图里亚赫组,为云母千枚岩或石墨千枚岩,夹变质砂岩及粉砂岩;③鲍鲁里亚赫组,为石英岩夹云母石英片岩,有时夹石墨片岩;④伊卡比组,为碳质片岩及千枚岩,下部夹大理岩,少量石英岩及变质砂岩;⑤阿扬组,为薄层状变质砂岩及粉砂岩,夹少量石英岩。

(2)奇涅伊亚群:①伊内尔组,为厚层状长石砂岩;②切特坎金组,下部为变质长石砂岩及粉砂岩,中部为变质长石砂岩及石英砂岩,上部为细粒及中粒石英岩或长石砂岩;③阿列克桑德洛夫组,主要是砂质白云岩与变质砂岩和粉砂岩互层,具波痕及龟裂纹;④布童组,为粉砂岩夹白云岩及白云质灰岩,含叠层石 *Conophyton garganicus* 等。

(3)克缅亚群:①萨库坎组,下部为变质砂岩,含千枚岩、变质砾岩,底部夹透镜状砾岩,上部为厚层状变质长石砂岩及砂岩,具交错层及波痕;②纳明格组,为变质粉砂岩夹千枚岩及砂岩。

在贝加尔高地北部楚亚-帕托姆带的古元古界称楚亚层,相当乌多坎群,由变质砂岩、粉砂岩、千枚岩及云母片岩组成。在深变质带,古元古界则为各种片麻岩夹石英岩、角闪岩。片麻岩中所夹的白云岩层亦含布童组的叠层石。

东萨彦的古元古界为苏勃卢克群,划分成4个组:①沙勃利克组,由绿泥-绢云片岩、长石砂岩、安山粉岩、石英岩、英安斑岩的凝灰岩组成,厚1270m;②鲍利舍列钦组,由变质砂岩、变质粉砂岩及各种片岩组成,有时有角闪石岩和斜长片麻岩,厚800～900m;③达勒达尔明组,为砾岩、砂岩、千枚状片岩、灰岩、杏仁状玢岩、石英斑岩及凝灰岩组成,夹有铁质石英岩透镜体,厚2500～2700m;④乌里克组,由砾岩、砂岩、片岩、灰岩和白云岩组成有规律互层,厚3200m。

3. 中—新元古界

在北蒙古的达尔哈特-呼勒苏古尔地堑状坳陷中,中—新元古界达尔哈特群不整合超覆在太古宙—古元古代片麻岩-片岩基底之上。该群为碎屑岩-火山岩磨拉石建造,为砾岩、圆砾岩、石英-长石质砂岩和粉砂岩以及次要的双峰式组合的陆相火山岩——高钾玄武岩和流纹岩。该群向上有沉积间断痕迹,产出新元古界埃迪卡拉系呼勒苏古尔群的白云岩夹硅质岩类和层状磷块岩大型矿体(米兰诺夫斯基,2010)。

4. 石炭系

本区内石炭系主要分布在蒙古北部和肯特山地区。蒙古北部下石炭统为海相碎屑岩地层,偶见滨海相和陆相,由砂岩、粉砂岩和泥岩组成。上石炭统主要由砂岩和粉砂岩组成,产植物化石。在肯特山地区,下石炭统为海相碎屑岩和碳酸盐岩沉积,包括砾岩、砂岩、板岩、泥岩和灰岩,产腕足类化石;上石炭统为一套陆相火山熔岩和火山碎屑岩,由霏细斑岩、石英斑岩和凝灰岩等组成。

5. 二叠系

二叠系广泛发育在本区蒙古北部、东北部和肯特山地区。蒙古北部的二叠系为一套巨厚火山岩地层,包括玄武岩、安山岩、英安岩、粗面熔岩、流纹岩及火山碎屑岩,产植物化石。在肯特山地区,下二叠统为一套海相碎屑岩、酸性喷出岩和凝灰岩,产腕足类化石;中—上二叠统为海相砾岩、砂岩和板岩,产腕足类化石。在蒙古东北部,下二叠统为陆源碎屑岩(砂岩、粉砂岩等)和中性—酸性火山岩(流纹斑岩、安山玢岩等),产植物化石;下—中二叠统由流纹斑岩、安山玢岩和凝灰岩组成,产植物化石;中二叠统为砾岩、砂岩和粉砂岩,产腕足类化石;上二叠统由细砂岩和粉砂岩组成,产腕足类化石。

二)天山-兴安地层区

本地层区划分5个地层小区,分别为南蒙古-兴安地层小区、华北北缘地层小区、内蒙古-吉黑地层小区、小兴安岭-张广才岭地层小区和布列亚-佳木斯-兴凯地层小区。

(一)南蒙古-兴安地层小区

1. 古元古界

兴华渡口岩群主要分布在大兴安岭中部扎兰屯一带,与同期变质深成侵入体伴生,岩群遭受多期构造作用改造,难以进行层序划分和对比。兴华渡口岩群下部主要岩性为斜长角闪岩、钠长绿泥片岩、片麻岩夹变粒岩;上部以透辉透闪大理岩、石墨大理岩夹少量片岩、片麻岩为特征。

2. 中—新元古界

倭勒根岩群主要分布在呼玛倭勒根河流域及新林区大乌苏河流域,为浅变质岩系,由一套细碎屑沉积的原岩组成,夹有火山岩。吉祥沟岩组主要为(二云)石英片岩、千枚岩、板岩、微晶灰岩、含石墨灰岩、微晶片岩;大网子岩组为片理化角斑岩、细碧岩、变中基(酸)性熔岩夹硅质页岩、板岩。

落马湖岩群分布在呼玛县落马湖—宽河一带及德都县库伊河流域,为一套变质杂岩系。下部铁帽山岩组为矽线(含石榴石)黑云斜长变粒岩、黑云十字变粒岩、矽线(十字)二云片岩、矽线黑云(二云)变粒岩及大理岩;中部嘎拉山岩组为含十字石、石榴石二云石英片岩,绢云片岩,二云片岩,白云片岩,变粒岩;上部北宽河岩组为绢云板岩、千枚岩、凝灰砂岩、变质砂岩、含石榴微晶片岩、片理化(变质)中酸性火山岩。

3. 寒武系

本区内仅少量出露纽芬兰统,分布在中国内蒙古科尔沁右翼前旗(简称科右前旗)和中蒙边界胡得仁高京地区,为一套浅海相碳酸盐岩夹细碎屑岩沉积。岩性组合为结晶灰岩夹少量页岩,顶部发育大量古杯类 *Ajacicyathus*,*Densosyathus*,*Robuctocyathus*,*Archaeocyathus*,*Ethomophyllum*,*Protophaeretra*,*Syringocyathus* 及三叶虫化石碎片,其层位相当于纽芬兰统勒拿阶(段吉业和安素兰,2001)。

5. 奥陶系

奥陶系在本区内比较发育且连续。下奥陶统为凝灰质泥砂质细碎屑岩夹火山沉积,向上火山沉积逐渐增加,表现为一套由板岩、粉砂岩、杂砂质砂砾岩、杂砂质长石砂岩和中酸性火山岩等构成的复理石或火山复理石建造,产笔石(*Glyptograptus* sp.,*Dicellgraptus*)、腕足类(*Christiania subquadrata*)和三叶虫(*Remorpleurides* sp.)(黑龙江省地质矿产局,1997)。凝灰岩夹层锆石LA-ICP-MS U-Pb年龄为(459±3)Ma(于洋等,2017),沉积环境为活动大陆边缘环境(李仰春等,2013;于洋等,2017)。中奥陶统为一套岛弧火山-沉积岩地层,岩性组合主要为玄武岩、安山岩、英安岩、流纹岩及凝灰岩,局部夹砂岩、泥质粉砂岩、泥质板岩等。其中,中基性火山岩锆石 U-Pb 年龄为 506~447Ma(Wu et al.,2015;邵学峰,2018;Zhao et al.,2019),与之伴生的花岗闪长岩锆石 U-Pb 年龄为 485~475Ma(葛文春等,2005a)。晚奥陶世时期,火山活动逐渐减少,正常沉积物开始出现并增加(王友勤等,1997)。上奥陶统为一套滨浅海碎屑岩夹碳酸盐岩组合,表现为砂岩、粉砂岩、杂砂岩、板岩及凝灰岩等,自下而上粒度逐渐变细,显示海进韵律(杨文麟等,2014)。

6. 志留系

本区从奥陶纪末一直至志留纪普里道利世为连续沉积,总体为一套高水位的海退层序,形成以陆源碎屑岩为主的沉积地层(王友勤等,1997)。兰多维列统为一套泥砂质细碎屑岩组合,岩性组合为泥质板岩、绢云板岩夹粉砂岩等,产三叶虫 Eudolatites sp.,腕足类 Rostricellalla sp. 等化石。其中,兰多维列统变质砂岩中碎屑锆石的 U-Pb 年龄限定了其沉积下限为 431Ma(刘涛等,2015);温洛克统为一套浅海相碎屑岩,表现为杂砂岩、细砂岩、粉砂岩和凝灰质砂岩等,局部夹中基性火山岩,产腕足类化石 Tuvaella rackovskii Tschern,Chonetoidea luoheensis Su,Tchernychev 等(黑龙江省地质矿产局第一区域地质调查大队,1981);罗德洛统为一套浅海近岸沉积,表现为砂岩、粉砂岩、泥质粉砂岩夹板岩,以产腕足类化石图瓦贝 Tuwaella 为特征,除此之外还包括三叶虫 Phacops sp.,珊瑚 Streptelasma 和 Enterolasma,海绵 Microspongia sinensis 等化石(付俊彧等,2019)。

7. 泥盆系

本区的普里道利统(顶志留统)—泥盆系与中蒙古-额尔古纳地层小区类似,也为一套浅海相碎屑岩夹碳酸盐岩,表现为长石石英砂岩、细砂岩、粉砂岩、泥质粉砂岩夹生物碎屑灰岩等,产腕足类、三叶虫、单体珊瑚、四射珊瑚、床板珊瑚等化石。地球化学特征显示,其沉积体系为扇三角洲及滨浅海相(张海华等,2014)。中泥盆统下部为一套浅海相碎屑岩建造,岩性组合为杂砂岩、板岩夹凝灰砂岩及灰岩透镜体;上部为一套海相火山-碎屑岩组合,包括玄武岩、安山岩、流纹岩、砂岩、硅质岩和灰岩透镜体,产腕足类 Tridensilisgrandis Su、T. multicosta Su、Cupularostrum? sp. 等化石(张渝金等,2015),其中安山岩锆石 LA-ICP-MS U-Pb 年龄为(362±3)Ma(张渝金等,2016b)。上泥盆统为一套海陆交互相沉积建造,表现为砂砾岩、杂砂岩、板岩及粉砂岩夹碳质板岩组合,产植物及腕足类化石(付俊彧等,2019)。

8. 石炭系

本区下石炭统下部为一套海陆交互相碎屑沉积,由砾岩、凝灰砂岩、板岩和泥质板岩组成,产安加拉型植物化石 Cardiopteridium sp.,Sphenophyllum cf. tenerrimum,Angaropteridium sp.,Rhodea sp. 等(付俊彧等,2019);上部为一套海相富钠火山岩地层,岩性组合为玄武岩、细碧岩、安山岩、英安岩、流纹岩及凝灰岩,局部夹灰岩透镜体,产腕足类 Athyris sp. 和珊瑚类 Rotiphyllum sp. 等化石(匡永生等,2005),其中酸性火山岩锆石 U-Pb 年龄为 353~352Ma(赵芝等,2010b)。

9. 二叠系

本区上石炭统—下二叠统为一套陆相中酸性火山熔岩、火山碎屑岩和正常沉积碎屑岩相间或交互出现地层,产 Neuropteris otozamioides Sze et Lee(耳状脉羊齿)、Calamites sp.(芦木)、Noeggerathiopsis sp.(匙叶)、Neo. lotifolia Neuburg(牛角状匙叶)、Neo. cf. candalepensis Zal.(坎德尔匙叶相似种)(辛后田等,2011)。火山岩中的锆石 U-Pb 年龄为 320~297Ma(赵芝等,2010b;辛后田等,2011;李可等,2014)。下二叠统下部为一套陆源碎屑岩沉积,表现为细砂岩、粉砂岩、泥质粉砂岩、板岩、泥质板岩和晶屑凝灰岩;上部为一套海相火山-碎屑岩,岩性组合包括变流纹岩、流纹质凝灰岩、安山岩、玄武安山岩、玄武岩及粉砂岩、粉砂质板岩和泥质板岩等。下二叠统火山岩的锆石 U-Pb 年龄为 295～284Ma（Yu et al.,2017;Zhou et al.,2018a;那福超等,2021），显示其可能形成于陆内伸展背景（那福超等,2021）。中二叠统为一套浅海相碳酸盐岩-碎屑岩沉积，表现为细砂岩、粉砂岩、板岩、生物碎屑灰岩，局部夹灰岩透镜体，富含腕足类、珊瑚、蜓类等化石，代表一种冷、暖水混合型生物组合（付俊彧等,2019）。上二叠统为一套湖相、潟湖相沉积，以板岩、泥质板岩为主，夹少量粉砂、细砂岩和长石岩屑砂岩等，产典型的晚二叠世安加拉型植物化石 *Paracalamites* sp.（副芦木）（贺宏云等,2019）。值得指出的是，在内蒙古东乌珠穆沁旗（简称东乌旗）满都胡宝拉格地区发现了含早—中二叠世华夏植物群的红层沉积，其下部为一套深灰色薄层状粉砂质泥岩，含丰富的植物化石；上部为紫红色薄层状泥质粉砂岩夹灰色薄层状泥质粉砂岩，亦含丰富的植物化石。其中，富含的华夏植物群化石已鉴定出 7 属 11 种，可与华北板块同期植物群进行对比，时代确定为早—中二叠世（周志广等,2010）。

（二）华北北缘地层小区

1. 寒武系

本区内寒武系—奥陶系下段为含铁石英岩、变基性火山岩等，上段以绢云石英片岩和石英岩为主，局部夹碳酸盐岩沉积。该组底部蛇绿岩组分的斜长花岗岩和变辉长岩的年龄分别为（490±7）Ma 和（480±2）Ma（Jian et al.,2008），整体的发育时间为 500～415Ma（Jian et al.,2008;李承东等,2012;徐备等,2016）。寒武系芙蓉统为一套变砂岩、板岩、千枚岩和泥质结晶灰岩组合，含腕足类化石，其中绿泥斜长片岩和绿泥阳起斜长片岩的锆石 U-Pb 年龄分别为（493±3）Ma、（489±2）Ma（Zhou et al.,2017b）。

2. 奥陶系

本区下—中奥陶统为一套中基性、中酸性火山-碎屑岩、泥砂质岩和碳酸盐岩，表现为玄武岩、安山岩、安山质凝灰岩、英安质凝灰岩、流纹岩、砂岩、粉砂岩、泥质粉砂岩、板岩、绢云母石英片岩及大理岩，其中火山岩的锆石 U-Pb 年龄为 474～417Ma（聂凤军等,1995;Zhang et al.,2013;柳长峰等,2014;Li et al.,2015;钱筱嫚等,2017;杨泽黎等,2019），显示其形成于岛弧或活动大陆边缘（柳长峰等,2014;杨泽黎等,2019）。

3. 志留系

本区兰多维列统以粉砂质板岩、泥质板岩和页岩为主，夹细砂岩和中酸性火山岩；温洛克统为一套砂岩、粉砂岩、千枚岩、板岩、结晶灰岩、泥灰岩和变中酸性火山岩，含丰富的珊瑚、腕足类和三叶虫等化石，可能为一套弧后盆地沉积（胡骁,1988;张金凤等,2017）。其中，变质英安质晶屑凝灰岩锆石的加权平均年龄约 440Ma（张金凤等,2017）。罗德洛统下段为变砂岩、粉砂岩与碳酸盐岩互层，中段为中酸性火山岩夹板岩和结晶灰岩等，上部为砂岩、粉砂岩、粉砂质板岩和结晶灰岩。普里道利统至下泥盆统为一套滨浅海相类磨拉石沉积，底部发育一套砾岩，下段为粗砂岩夹灰岩，中段为碎屑岩和灰岩，上段为钙质砂岩、灰岩、泥灰岩和礁灰岩，含四射珊瑚、腕足类、层孔虫、牙形刺 *Ozarkodina uncrispa* sp. 和 *Ancyrodelloides* sp.（王平,2005）等化石。这套岩石组合广泛角度不整合在先成的蛇绿混杂岩、岛弧火山岩、加里东期花岗岩和弧后盆地复理石沉积之上（张允平等,2010）。

4. 泥盆系

本区下泥盆统为一套杂砂岩、千枚状板岩、粉砂质板岩夹灰岩和基性火山岩，产珊瑚和腕足类化石。中泥盆统为长石砂岩、粉砂岩、灰岩、生物碎屑灰岩和生物礁等，产腕足类、珊瑚和有孔虫化石。上泥盆统为一套海相火山-复理石建造，表现为由变基性—中酸性火山岩夹绢云片岩和灰岩透镜体组成，其中酸性火山岩的锆石U-Pb年龄为360~359Ma，形成于伸展环境(Wang et al.，2015d；孙立新等，2017a)。

5. 石炭系

本区下石炭统为一套海陆交互相火山-沉积地层，表现为灰岩、泥灰岩、生物碎屑灰岩、细砂岩、粉砂岩、砂质页岩和变基性—中酸性火山岩等，含丰富的珊瑚、腕足类 *Striatifera* sp.，*Linoproductus* cf. 等动物化石(汪明洲，1978)和植物化石，其中变火山岩的锆石U-Pb年龄为341~337Ma，形成于一种伸展环境(王志伟等，2013；Wang et al.，2015c)。上石炭统为一套长石砂岩、杂砂岩、细砂岩、板岩、厚层灰岩、含燧石结核灰岩、砂屑灰岩和亮晶灰岩，偶夹硅质岩和火山岩，含牙形刺 *Idiognathoides sinuatus*，*Coeeugatus*，*Idiognathodus sinuosus*(郎嘉彬和王成源，2010b)，*Declinognathodus bernesge*(李东津等，2012)等化石。

6. 二叠系

本区下二叠统为一套海陆交互相火山-碎屑沉积地层，由杂砂岩、长石砂岩、粉砂质板岩、泥岩、生物碎屑灰岩和中酸性火山岩组成，其中中酸性火山岩年龄为302~268Ma(唐大伟等，2020；达朝元等，2021；Yu et al.，2014)。中二叠统为砾岩、砂岩、板岩、厚层生物碎屑灰岩、凝灰质砂岩夹少量火山岩，产蜓类(黄本宏，1993；内蒙古自治区地质矿产局，1996)、腕足类(李莉和谷峰，1980)、双壳类(郑月娟，1993)等动物化石及 *Gigantonocleahallei* Asama 和 *Fascipteris sinensis* Stockm. et Math. 等众多华夏植物群化石(孙跃武等，2016)。上二叠统为一套砂岩、板岩夹含砾砂岩，局部夹灰岩和泥灰岩透镜体，产双壳类和植物化石。

(三) 内蒙古-吉黑地层小区

1. 古元古界

锡林浩特岩群分布在林西—西乌珠穆沁旗(简称西乌旗)一带，遭受多期构造改造。下部为绿泥片岩、石英岩夹含铁石英岩，上部为石榴石石英片岩、石英蓝晶二云片岩、石英岩、大理岩。

2. 中—新元古界

艾勒格庙组为"锡林浩特-艾勒格庙古陆块"的陆缘沉积，主要分布在索伦山西部、艾勒格庙等地，与锡林浩特岩群关系不明，推测为角度不整合接触。主要岩性组合为灰白色大理岩、结晶灰岩、石英片岩、变质粉砂岩、板岩，碎屑岩-碳酸盐岩构成多个沉积旋回。该组经历了轻微变质和褶皱改造。

3. 寒武系—奥陶系

本区寒武系—奥陶系为一套海相火山-沉积含铁建造。岩石组合为绢云石英微晶片岩、绿泥微晶片岩、绢云绿泥石英片岩、含铁石英岩、大理岩等。

4. 泥盆系

本区上泥盆统—下石炭统为一套复成分砾石、杂砂岩、长石石英砂岩夹中酸性火山碎屑岩和灰岩，产法门阶凹陷纳利夫金珊瑚 *Nalivkinella profunda* 和腕足类 *Cyrtospirifer sulcifer* 等化石，及下石炭统杜内阶—维宪阶珊瑚 *Sugigamaella*，*Siphonophyllia* 和腕足类 *Sipirise*，*Syringothyris* 化石(内蒙古自治区地质矿产局，1996；王树庆等，2021)。其中，凝灰岩锆石年龄为336~333Ma(王树庆等，2021)，可能代表了一套前陆盆地的磨拉石沉积建造(Xu et al.，2013a；Zhao et al.，2016a；贺跃等，2018)。

5. 石炭系

本区缺失下石炭统。上石炭统主要由长石砂岩、粉砂岩、板岩、砂质灰岩、生物碎屑灰岩、白云质灰岩、玄武岩和中酸性火山岩组成,产珊瑚 Sinophyllum sp.,苔藓虫 Cystoporids,海百合茎 Pentagonocyclicus sp. 等化石(姜振宁和孟都,2016)。其中,中酸性火山岩的锆石 U－Pb 年龄为 336～301Ma(刘建峰,2009;汤文豪等,2011;郭晓丹等,2011;潘世语,2012;李瑞杰,2013;杨海星等,2020)。

6. 二叠系

本区下二叠统为一套海陆交互相火山-沉积地层,表现为含砾砂岩、粉砂岩、泥质粉砂岩、粉砂质板岩、泥质板岩、灰岩和中基性-中酸性火山岩,产珊瑚、海百合茎、腕足类等浅海相动物化石,以及 Zoophycos, Scolicia, Planolites, Taenidium, Chondrites, Helminthoida, Helminthopsis 等遗迹化石,反映了半深海环境的大陆斜坡沉积(黄欣等,2013),局部砂岩中富含植物化石 Calamites sp.(鲍庆中等,2005)。中酸性火山岩的锆石 U－Pb 年龄为 292～271Ma(Zhang et al.,2008,2011a,2017b;梅可辰等,2015;樊航宇等,2014;陈彦等,2014;李红英等,2016;张晓飞等,2018a)。中二叠统为一套碎屑岩和灰岩交替产出的滨浅海相地层,向上逐渐向陆相地层演变,表现为砾岩、砂岩、粉砂岩、灰岩夹泥岩和生物碎屑灰岩,含大量腕足类、双壳类、苔藓虫、珊瑚和腹足类螺等动物化石(方俊钦等,2014;杨兵等,2017)和植物化石(徐严等,2018),代表了晚古生代末期的一套裂谷盆地沉积(徐严等,2018)。上二叠统为一套长石石英砂岩、细砂岩、粉砂岩、板岩、页岩和厚层灰岩,产苔藓虫、双壳类等浅海相动物化石和海百合茎化石(张永生等,2013;翟大兴等,2015;张渝金等,2018c)。

(四)小兴安岭-张广才岭地层小区

1. 中—新元古界

本区东风山岩群分布在小兴安岭东南部东风山一带。下部亮子河岩组为云母石英片岩、磁铁石英岩及大理岩;中部桦皮沟岩组为云母石英片岩、绿泥二云片岩、电气石英岩及大理岩;上部红林岩组为云母石英片岩、大理岩、变粒岩。东风山岩群形成时代为新元古代(颜秉超等,2016)。

张广才岭群仅分布于张广才岭地区,岩性主要为灰色—灰黑色千枚岩、泥质板岩,灰绿色角岩化变质粉砂岩,灰色角岩化泥质细砂岩、中细粒砂岩,深灰色黑云斜长变粒岩,灰色—灰绿色黑云(二云)片岩、石英岩及浅灰色角岩化变质石英砂岩等。张广才岭群发育鲍马层序,为一套复理石沉积建造。近年区域地质调查(马江水等,2016)在其中发现大量疑源类化石,其时代相当于新元古代—寒武纪纽芬兰世。此外,前人还在海林市西南岔林场、永安林场西等地也曾发现 Bracholaminalia－Trachysphaeridium 组合、Laminarites－Retinarites 组合和 Protosphaeridium－Bavlenella 组合。这些化石组合与北兴安地层区倭勒根岩群中发现的凝源类化石组合可进行类比。

2. 寒武系

本区内仅出露少量纽芬兰统,下部为白云质灰岩和灰岩夹页岩和粉砂岩,中部为粉砂质板岩、硅质泥质板岩和细砂岩等,上部为白云岩、结晶灰岩、泥灰岩和条带状大理岩夹少量中酸性火山岩及碳质板岩等,产丰富的三叶虫 Neocobboldi yichunensis, Kootenia yichunensis, Inouyina yichunensis, Jangudaspis cf. princeps 等和腕足类及软舌螺类化石(郭鸿俊和段吉业,1979;段吉业和安素兰,2001),时代相当于勒拿期。

3. 奥陶系

本区中—上奥陶统下部为板岩、碳质板岩和中酸性火山岩夹灰岩,中部为钙质细砂岩、含砾砂岩、细砂粉砂岩、厚层状大理岩、条带状大理岩夹火山岩,产腕足类 *Vellamo trentonensis*, *Orthambonites rotundiformis*, *Hesperorthis* cf. *sinica*, *Dolerorthis xiaojingouensis*, *Glyptomena* cf. *trippi* 化石(朱慈英和赵武锋,1989)。火山岩夹层中流纹岩的锆石 U-Pb 年龄为 451Ma(Wang et al.,2012a)。上部主要为一套火山岩夹碎屑岩,表现为安山岩、英安岩夹变质粉砂岩、凝灰砂岩等。

4. 泥盆系

本区下泥盆统为一套浅海相沉积,岩性组合为砂砾岩、砂岩、凝灰砂岩、板岩、结晶灰岩和中酸性火山岩,产腕足类、珊瑚、双壳类等化石。中泥盆统下部为砂砾岩、角砾岩、砂板岩夹灰岩,产腕足类、苔藓虫和海百合茎等化石;上部由砂岩、板岩、砂砾岩和少量霏细岩组成,产植物化石 *Lepidodendropsis* cf. *scobiniformis*, *Angarodendron*? sp., *Taeniocrada decheniana* 等(付俊彧等,2019)。中—上泥盆统为一套火山岩夹碎屑岩地层,表现为流纹质凝灰熔岩、凝灰岩夹板岩等,底部见石英岩、片理化酸性熔岩、石英角斑岩等,其中流纹岩的加权平均年龄为 392～383Ma,地球化学特征显示其形成于陆内伸展的构造背景(孟恩等,2011a,2011b;何雨思等,2019)。

5. 石炭系

本区缺失下石炭统。上石炭统—下二叠统下部以片理化酸性、中酸性火山岩为主,夹少量中性火山岩和正常碎屑沉积岩,其中中酸性火山岩的锆石 U-Pb 年龄为 300～292Ma(Meng et al.,2011;郝文丽等,2014;王兴等,2016);上部为砂质板岩、粉砂质板岩夹砾岩和火山熔岩,产丰富的安加拉型 *Neuropteris - Angaridium - Zamiopteris* 植物组合化石(付俊彧等,2019)。

6. 二叠系

本区下二叠统以一套中性—基性火山岩为主,夹凝灰砂板岩组合,岩性主要为安山玢岩、玄武安山岩、玄武岩夹凝灰砂岩和凝灰板岩等,火山岩的锆石 U-Pb 年龄为 294～286Ma(Meng et al.,2011)。中二叠统为一套海陆交互相沉积,表现为以大理岩、砂岩砂板岩为主,夹凝灰岩、凝灰砂岩等,富产动、植物化石。上二叠统下部由砾岩、砂岩和板岩组成,富产安加拉型植物群,上部以中性火山岩为主,夹中酸性火山岩及正常沉积岩,产植物化石。值得指出的是,在吉林延边地区的汪清县大兴沟镇和胜村地区发现含早二叠世华夏植物群化石的一套陆相地层,由以灰色、灰黑色砾岩、含砾砂岩、粉砂岩及粉砂质泥岩为主的陆相沉积组成,含丰富的华夏植物群化石,已鉴定出 18 属 30 种(李明松等,2011;孙跃武等,2012)。

(五)布列亚-佳木斯-兴凯地层小区

1. 太古宇

该区太古宙杂岩主要分布在西伯利亚东南缘,由黑云母片麻岩、黑云角闪片麻岩、花岗堇青矽线片麻岩、石英岩、大理岩组成,变质程度为角闪岩相-麻粒岩相,可与阿尔丹杂岩对比。

2. 古元古界

麻山岩群主要分布在佳木斯地区,岩性分 3 个部分:下部西麻山岩组为紫苏麻粒岩、黑云变粒岩、角闪透辉斜长变粒岩、黑云斜长片麻岩、矽线石片岩(片麻岩);中部余庆岩组为片麻岩、变粒岩、麻粒岩、大理岩、石墨片岩；上部大马河岩组为云母石英片岩、变粒岩、大理岩。

3. 中—新元古界

兴东岩群分布在黑龙江省萝北、勃力、林口等地。下部大盘道岩组主要为大理岩及多层云母石英片岩、变粒岩和含铁石英岩；上部建堂岩组为黑云片岩、石墨钠长浅粒岩、斜长角闪岩、变粒岩、大理岩。赵立国等(2015)获得兴东岩群大盘道岩组中的火山岩年龄应大于1000Ma，时代应属中—新元古代。

4. 寒武系

本区内仅出露少量寒武系第二统，可分为下部碳酸盐岩段和上部砂板岩段。碳酸盐岩段为大理岩、条带状大理岩、碳质大理岩及透辉大理岩等；上部砂板岩段为粉砂质千枚状板岩、粉砂质板岩等夹大理岩等，局部产古杯类 *Archaeolynthus*，*Ajacicyathus*，*Lochlocyathus* 等化石，以及三叶虫 *Serrodiscus*，*Caloliscus* 等化石(段吉业和安素兰，2001)。

5. 奥陶系

本区内下—中奥陶统为一套变质的海相细碎屑岩夹碳酸盐岩，经历了接触变质，表现为千枚状含红柱石碳质板岩、含红柱石(石榴石)碳质千枚岩、十字(二云)白云片岩夹多层结晶灰岩、大理岩、斜长角闪片岩、石英片岩、变质长石石英砂岩等(付俊彧等，2019)。

6. 泥盆系

本区内下—中泥盆统为一套碳酸盐岩-碎屑岩，可分为下部砂砾岩段、中部碳酸盐岩段和上部砂板岩段。砂砾岩段由花岗质砂岩、砂砾岩、粉砂板岩组成，碳酸盐岩段由砂质灰岩、泥质岩、薄层灰岩等组成，砂板岩段由杂砂岩、钙质砂岩与板岩互层夹凝灰砂岩组成，富含腕足类、苔藓虫、三叶虫、牙形刺和床板珊瑚等化石(邓占球，1966；王成源等，1986)，其中腕足类化石可分为 *Costispirifer heitaiensis* 和 *Euryspirifer grabaui* 两个组合(李宁，2008)。中—上泥盆统为一套火山岩-碎屑岩组合，表现为流纹质岩、玄武岩、粗面玄武岩、板岩、砂岩及硅质板岩等。其中，火山岩以双峰式火山岩组合为特征，酸性火山岩的锆石U-Pb年龄为392～388Ma，其形成与被动陆缘内的伸展环境有关(孟恩等，2011a，2011b)。上泥盆统以凝灰质板岩、细砂粉砂岩为主，夹中酸性凝灰岩和凝灰熔岩等，产藻类化石碎片和植物化石。

7. 石炭系

本区内下石炭统为安山岩、英安质凝灰岩、凝灰质板岩、粉砂岩、细砂岩等，产腕足类化石。上石炭统底部为砾岩，下部以杂砂岩为主，夹凝灰质板岩及凝灰岩，上部为凝灰质板岩与杂砂岩互层。凝灰质板岩产安加拉型植物化石 *Angaridium* sp.，*Nephropsis*? sp. 等(付俊彧等，2019)。上石炭统—下二叠统为一套三角洲相-湖泊相沉积，表现为砂岩、粉砂岩、碳质泥岩和泥岩夹煤层，发育安加拉型植物群(黄本宏等，1982；苑立青，1994)，并混生华夏植物群分子(付俊彧等，2019)。

8. 二叠系

区内下二叠统为一套中基性火山岩夹碎屑岩组合，岩性以安山岩、粗安岩英安岩及火山碎屑岩为主，夹粉砂质板岩薄层，其中火山岩的锆石U-Pb年龄为293～275Ma(Meng et al.，2008；Bi et al.，2017；Li et al.，2020a)。中二叠统为火山岩夹沉积岩组合，以酸性、中酸性火山岩为主夹少量中性—基性火山岩和正常沉积碎屑岩，其中中酸性火山岩的锆石U-Pb年龄为269～263Ma(Meng et al.，2008；

Bi et al.，2017）。上二叠统以碎屑岩为主，夹少量火山岩，岩性主要为砾岩、砂岩、粉砂岩、板岩和泥质板岩等，含煤层。上述二叠系均含安加拉型植物化石。

三）蒙古-鄂霍次克地层区

1. 奥陶系

本区内缺失下奥陶统。上奥陶统自下而上分别为红色砂岩夹砾岩、生物碎屑灰岩、砾岩、砂质灰岩夹泥质灰岩、石英砂岩夹砂质灰岩透镜体。其中，生物灰岩层含腕足类、珊瑚、苔藓虫和层孔虫化石，砂质灰岩层含层孔虫、腕足类、苔藓虫和牙形刺，石英砂岩层含牙形刺等化石。上奥陶统岩石组合中几乎包含构成巴彦洪戈尔蛇绿岩的所有岩石碎屑（包括糜棱岩）。这些特征揭示了上奥陶统与下伏地层及蛇绿岩带之间应为角度不整合关系。

2. 志留系

本区志留系下部为火山熔岩、凝灰岩和凝灰角砾岩互层，上部为千枚岩、绿泥绢云板岩夹灰岩透镜体。

3. 泥盆系

本区泥盆系较为发育。下泥盆统为一套海陆交互相火山-碎屑沉积岩，表现为流纹岩、英安岩、英安质凝灰岩、玄武质安山岩、玄武岩、细碧岩、砂岩、粉砂岩和页岩等，含植物化石。中泥盆统下部为砾岩、砂岩、粉砂岩、硅质岩和玄武岩夹灰岩，含蜂巢珊瑚，上部为砾岩、砂岩和粉砂岩，夹少量玄武岩。上泥盆统为砾岩、砂岩、粉砂岩和硅质泥岩，夹赤铁矿和磁铁矿矿层，含苔藓虫化石。

在乌兰巴托附近的高尔基组红色燧石中，发现了早泥盆世放射虫。因此，本书认为乌兰巴托附近的所谓3个地层单元实为同一个构造地层单元，确认了砂岩基质中含燧石巨块（Yuki et al.，2012）。

4. 石炭系

本区下石炭统为浅海相砂岩、粉砂岩和灰岩，含腕足类化石。上石炭统为砾岩、砂岩、粉砂岩、页岩和灰岩，产腕足类化石。

5. 二叠系

本区二叠系较为发育，其中又以博尔集地区保存较为完好。博尔集地区下二叠统岩性组合为灰岩、砾岩、粉砂岩夹凝灰岩，产腕足类和蜓类化石。中二叠统为砂岩、粉砂岩和凝灰质砂岩夹砾岩、凝灰岩和硅质岩层，产腕足类和双壳类化石。上二叠统为砂岩和粉砂岩夹凝灰岩和砾岩，产介形虫化石。同时，在Onon地区的下二叠统浅海相碎屑岩不整合在石炭系浅海沉积和Onon岩套之上（Parfenov et al.，2001）。

第二节　中—新生界

自三叠纪开始，中国东北部及邻区大地构造格局发生了根本转变，在受前期古亚洲洋构造域格架的持续作用影响下，主要受太平洋构造域的叠加与控制。中国东北部及邻区的构造演化是在基底构造演化的基础上开始了上叠盆地的演化阶段。近年来，学者尤其对中国东北部及邻区盆地的地层层序、沉积特征、岩相古地理，原型盆地恢复、性质及演化、对比分析、同位素年代学、地球物理特征及盆地动力学等方面形成了一些认识。中国东北部及邻区中—新生代构造-岩浆作用及盆地演化受控于周边板块相互作用和深部构造作用。早侏罗世,中国东部地区板块碰撞作用逐渐增强,这揭示了古太平洋板块俯冲的开始,在东部地区开始发生局部造山伸展塌陷,在阴山—燕山地区形成裂谷盆地。中—晚侏罗世,中国东部持续受到晚古生代以来古太平洋板块俯冲作用和由北部鄂霍次克海洋盆向北发生俯冲碰撞产生的指向南东向或南南东向的挤压作用,中国华北和东北地区再次发生陆内挤压逆冲变形,受其控制形成前陆盆地。晚侏罗世—白垩纪加厚的岩石圈伸展、塌陷、深部底侵、拆沉作用和古太平洋边缘走滑式俯冲可能是中国东北部中—新生代构造格架形成的主要动力。

一、西伯利亚地层大区

本大区划分3个地层区,包括乌兰乌德-莫戈恰地层区、斯塔诺夫地层区、雅库提地层区。

(一)乌兰乌德-莫戈恰地层区

1. 侏罗系

侏罗系下部为粗面岩、粗面玄武岩、硅泥质页岩,含双壳类、昆虫、植物化石等,厚200～1200m。上部为粉砂岩、页岩、砂岩互层夹煤层,含双壳类、叶肢介和介形虫化石,厚500m。

2. 白垩系

下白垩统为厚层粉砂岩、页岩夹砂岩、砂岩、砂砾岩、页岩、粉砂岩夹煤层,局部夹安山玄武岩、玄武岩、粗面安山岩、粗面玄武岩,含植物、双壳类、介形虫、叶肢介以及鱼化石,厚150～2000m。上白垩统为巨砾岩夹砂泥岩,含孢粉,厚50～70m。

3. 古近系

古近系出露较少,仅见于贝加尔湖周边及东北方向的上游水系。沉积物多为砂与黏土,砾石较少,厚约数百米。

4. 新近系

新近系多见于贝加尔湖地堑带,有较厚的新近系黏土页岩、砂岩及玄武岩(亚洲地质图编图组,1982)。

5. 第四系

第四系多见于贝加尔湖地堑带,主要组成与新近系类似,也为陆源碎屑岩和玄武岩。在贝加尔湖东北的巴尔古津,钻孔中可见厚逾630m的第四系冲积、洪积黏土和砂层,覆于上新统上部黏土页岩和砂岩之上。在湖西南的通卡钻孔中,第四系厚度在500m左右。这些巨厚的第四系是在贝加尔地堑不断下沉的过程中,由自山区冲刷而下的泥砂与地堑裂隙喷发物不断充填形成的。区内第四纪北方动物群典型代表是猛犸象(*Mammuthus*)、巨河狸(*Trogontherium*)和转角羊(*Spiroceros*)及梅氏犀(*Rhinoceros mercki*)等(亚洲地质图编图组,1982)。

(二)斯塔诺夫地层区

1. 三叠系

在阿尔丹-斯塔诺夫隆起上,平行古造山带的盆地中充填了侏罗系和下白垩统含碳酸盐岩的陆源磨拉石建造。西伯利亚板块的外贝加尔-斯塔诺夫隆起带南缘发育宽阔的三叠纪—早侏罗世钙碱性岩浆岩带(Karsakov et al.,2008),揭示了蒙古-鄂霍次克洋盆在三叠纪—早侏罗世期间连续地向北俯冲。

2. 侏罗系

中—晚侏罗世时段的磨拉石沉积被俄罗斯学者称为碰撞作用(Tomurtogoo et al.,2005),此次碰撞与蒙古-鄂霍次克海湾的闭合有关(张允平等,2016)。

3. 古近系—新近系

本区古近系—新近系分布零星,多沿斯塔诺夫山脉(外兴安岭)南麓结雅河中上游山间谷底出露。古近系多为内陆湖泊-沼泽相沉积,主要由细砂岩、泥岩、砂质泥质页岩组成。新近系多为河床、河漫滩沉积,以粗碎屑岩为主,主要为砂砾岩夹泥岩(亚洲地质图编图组,1982)。

4. 第四系

第四系主要分布于斯塔诺夫山脉(外兴安岭)以南,沿结雅河中上游与乌第河流域呈近东西向展布,主要发育河流冲洪积物及湖泊沉积物。

(三)雅库提地层区

1. 侏罗系

雅库提沉积盆地位于阿尔丹-斯塔诺夫地盾的阿尔丹麻粒岩-片麻岩地区南部,包括Chulman、Ytymdzha和Toko三个裂谷坳陷,厚3500～4500m,不整合于太古宇—元古宇—寒武系之上,其南侧发育向北的晚中生代逆冲构造,形成侏罗纪含煤断陷沉积盆地和岩浆作用(张允平等,2016)。

2. 白垩系

阿尔丹-斯塔诺夫褶皱带南雅库斯克的早白垩世陆相含煤沉积,不整合于太古宇—元古宇—寒武系之上,其南侧发育向北的晚中生代逆冲构造,形成早白垩世含煤断陷沉积盆地和岩浆作用(张允平等,2016)。盆地南缘附近可见到盖层最大厚度,不整合在太古宙—元古宙复合体结晶基底和里菲纪—寒武纪岩层之上。盆地为箕状,南部有陡峭的近断层边缘,北部有平缓的沉积边缘。

3. 古近系—新近系

本区古近系—新近系零星出露于雅库提盆地的外围边缘部位。与斯塔诺夫地层区相近,古近系主要为内陆湖泊-沼泽相沉积。新近系多为河床、河漫滩沉积。

4. 第四系

第四系零星出露于雅库提盆地的东部边缘,多发育河流冲洪积物。

二、蒙古-兴安-吉黑地层大区

本大区划分9个地层区,包括小兴安岭-张广才岭地层区、大兴安岭地层区、东蒙古地层区、三江-中阿穆尔地层区、结雅-嘉荫地层区、松辽地层区、漠河地层区、呼伦贝尔地层区和二连地层区。

(一)小兴安岭-张广才岭地层区

1. 三叠系

早三叠世,受古亚洲洋闭合后整体构造格架的宏观控制,下三叠统为一套以陆相沉积环境,表现为下部为砾岩、杂砂岩、粉砂岩,中部为砂岩、粉砂岩夹泥岩,上部以砂岩、粉砂岩、泥岩为主,夹少许泥灰岩和石膏(付俊彧等,2019)。晚三叠世,本区主体为伸展构造背景,为断陷盆地演化阶段。上三叠统以正常碎屑沉积层和中酸性火山岩建造特征,表现为以安山岩为主,夹少量的正常碎屑沉积层,含植物化石,该期火山岩同位素年龄为234.8~201Ma(Xu et al.,2009;Wang et al.,2011;付俊彧等,2019),与下伏下三叠统为角度不整合接触。

2. 侏罗系

下侏罗统岩性以灰绿色、灰黑色安山岩为主,夹其火山碎屑岩,厚210~2976m,其K-Ar法同位素年龄值为176.9Ma、187.91Ma(付俊彧等,2019)。中—晚侏罗世,本区主体为挤压构造背景,整个区域沉积了以类磨拉石建造为主的碎屑岩系和火山岩建造(张允平等,2018),具体表现为:中侏罗统下部以砾岩为主,夹酸性火山岩;上部以酸性熔岩为主,夹沉积岩层,含植物和昆虫等化石。因此,上侏罗统下部以深灰色、灰黑色粉砂岩为主,夹凝灰岩;上部为灰色、灰绿色、灰白色细粒砂岩,夹薄层凝灰岩,含双壳类、菊石、箭石和沟鞭藻化石。

3. 白垩系

下白垩统广泛分布火山-沉积含煤地层。下白垩统以中酸性火山夹火山碎屑岩及河湖相沉积为主,主要岩性为中酸性及其火山碎屑岩夹凝灰质砾岩、砂岩及煤层等,含热河生物群动物群分子。具体表现为:下部岩性主要有黄褐色砾岩、巨砾岩、含砾粗砂岩夹粉砂岩、含砾岩、细砂岩和煤线,火山岩为灰色中酸性、酸性凝灰熔岩、流纹岩及深灰色、灰绿色、灰紫色安山岩,灰色安山质凝灰熔岩夹火山碎屑岩,具有富Si、富碱、低Ca的特点,含双壳类、腹足类、鱼类、植物、孢粉等化石;上部岩性为灰黄褐色细砾岩、含砾或不含砾长石砂岩、细砂岩与灰黑绿色中薄层粉砂岩互层,顶部夹煤线,含鱼类、双壳类、植物和孢粉化石,与下伏地质体之间为角度不整合接触关系。上白垩统为一套杂色砂砾岩与粉砂岩组合,下部主要为黄褐色砾岩、细砾岩夹含砾砂岩和青灰色薄层粉砂岩,含鱼类、双壳类、介形类、植物和孢粉化石;上部为黄褐色砂砾岩、含砾长石砂岩和灰白色凝灰质砂岩、青灰黑色粉砂岩、页岩、油页岩,含鱼类(*Pulingia baojiatunensis*,*Jiaohichthys pulchellus*)、双壳类、介形类(*Vlakomia jilinensis*)、植物和昆虫化石,与下伏地质体之间为角度不整合接触关系(付俊彧等,2019)。

4. 古近系—新近系

小兴安岭地区发育古新统—始新统湖沼相碎屑岩含煤建造,由浅灰色、棕褐色砂砾岩、泥岩组成,夹褐煤层,含植物等化石(李云通,1984;黑龙江省地质矿产局,1993,1997)。区内可能缺失始新统上部至渐新统中、下部。渐新统发育河湖相沉积,由砂砾夹泥岩组成,局部砂砾岩铁质较高,与下伏地层呈不整合或假整合接触。

张广才岭地区缺失古新统。始新统—中新统由灰绿色、灰黄色碎屑岩组成,有玄武岩夹层,局部含煤。新近系多为河流相沉积,并有不同时期的玄武岩出露(侯素宽等,2021),主要组成为灰色、灰黄色砂砾岩,夹薄层状泥岩,局部含铁质结核,一般厚度由南西向北东有逐渐增加的趋势(李云通,1984)。

5. 第四系

第四系主要分布在河谷中，沉积物主要为亚黏土、黄土状土、碎石、砂、砾石和玄武岩。河谷两侧及山麓边坡多发育有冲洪积层，高河漫滩冲洪积物岩性主要为砂、砾石夹亚砂土，多具二元结构，厚度变化较大；低河漫滩及河床冲洪积层多为深色细砂、黏土、亚黏土、砂砾石及泥炭层等，厚度较小。此外，小兴安岭地区及兴凯湖平原还发育冲积-湖积层，岩性为粉砂、粉砂质黏土、粗砂及砂砾石层。第四纪玄武岩主要发育在牡丹江市—镜泊湖间的牡丹江河谷及支谷上游山地中，岩性为橄榄粗玄岩、橄榄辉石玄武岩、橄榄玄武岩及玄武质火山碎屑岩（李云通，1984；黑龙江省地质矿产局，1993，1997）。

（二）大兴安岭地层区

1. 三叠系

早三叠世，受古亚洲洋闭合后整体构造格架的宏观控制，下三叠统为一套以陆相为主的沉积环境（付俊彧等，2019；张渝金等，2021），表现以红杂色泥岩、粉砂岩、砂岩、砂砾岩为主，夹或不夹中性或中酸性火山岩，含早三叠世孢粉 *Calamospora - Lundbladispora - Alisporites* 及 *Verrucosisporites - Lundbladispora - Chordasporites* 组合，叶肢介 *Huanghestheria - Cornia - Palaeolimnadia* 组合及介形 *Darwinula triassiana - D. rotundata* 组合等化石组合（杨雅军等，2012），与下伏地层为整合接触。上三叠统为正常碎屑沉积层和中酸性火山岩建造，表现为以安山岩为主，夹少量的正常碎屑沉积层，含植物化石。该期火山岩同位素年龄为(231.4±1.2)Ma 和(234.8±3.2)Ma（付俊彧等，2019），与下伏下三叠统为角度不整合接触，缺失中三叠统沉积（杨雅军等，2012）。

2. 侏罗系

下侏罗统下部为变中性火山熔岩、变火山灰凝灰岩、变酸性熔岩，其锆石年龄为 199Ma（付俊彧等，2019）；上部以灰白色砾岩、砂岩、粉砂岩、泥岩夹多层可采煤层。中—晚侏罗世，本区主体为挤压构造背景，整个区域沉积了以类磨拉石建造为主的碎屑岩系和火山岩建造（张允平等，2018）。具体表现为：中侏罗统下部以灰色、灰白色、灰绿色砾岩、凝灰岩，黑色泥岩，灰色—灰黑色砂岩和粉砂岩夹凝灰岩及煤层，含 *Coniopteris - Phoenicopsis* 植物群组合、孢粉 *Cyathidites - Asseretospora - Cycadopites* 组合及双壳 *Ferganoconcha tomiensis - Tutuellairadae* 化石组合；上部为一套中基性火山熔岩、火山碎屑岩夹沉积岩组合，同期玄武岩锆石 U-Pb 加权平均年龄为 166~161Ma（张渝金等，2018a，2021；付俊彧等，2019）。上侏罗统下部岩性在北部地区以砂砾岩、含砾砂岩、砂岩及粉砂岩为主，在南部地区为一套巨厚的以紫色为主夹绿灰色、褐黄色砾岩、砂砾岩、砂岩和粉砂岩的沉积组合；中部岩性为流纹质凝灰岩、流纹质熔结凝灰岩、流纹岩、英安岩夹凝灰质砂岩、凝灰质砾岩、沉凝灰岩、火山角砾岩，局部见粉砂岩、砂砾岩、页岩等，产叶肢介、双壳类、植物等化石；上部以中性火山岩为主，夹少量的沉积岩，岩性主要为安山岩、英安岩、凝灰岩、粗安岩、凝灰质砂岩和沉凝灰岩，偶见石英粗面岩和少量酸性火山岩。同期中性火山岩 U-Pb 年龄为 158~146Ma（付俊彧等，2019）。这套红层沉积、火山-沉积建造所展示的构造格架与蒙古-鄂霍次克造山系构造线走向一致，其形成时段与蒙古-鄂霍次克造山系造山过程"准同期"。同期，在上黑龙江前陆盆地发育逆冲推覆构造，揭示了主造山期造山运动过程的连续性（张允平等，2018）。

3. 白垩系

下白垩统，广泛分布火山-沉积含煤地层（付俊彧等，2019）。早白垩世早期以中酸性火山夹火山碎屑岩及河湖相沉积为主，主要岩性为流纹岩、英安岩、安山岩、玄武岩及火山碎屑岩夹凝灰质砾岩、砂岩及煤层等,含早—中期热河生物群分子(张渝金等,2016a,2018b),早白垩世晚期含煤地层分布局限,主要分布在海拉尔盆地、西岗子盆地及霍林河盆地,以河湖相砾岩、砂岩、泥岩为主夹煤层,同期厘定出大量的早白垩世早期(145～130Ma)火山岩,发现其与早白垩世晚期(130～100Ma)火山岩带均呈北北东向展布,具有很好的共生关系,火山岩的时代由北西向南东变新趋势明显(杨晓平等,2019),与下伏地质体之间为角度不整合接触关系。上白垩统为一套杂色砂砾岩与紫红色、绿灰色泥岩组合,含孢粉、介形类及轮藻等化石,同期火山岩零星分布,成岩年龄为104～91.9Ma(付俊彧等,2019),与下伏地质体之间为角度不整合接触关系。

4. 古近系

本区古近系以河湖相碎屑沉积为主(王元青等,2021)。主要发育棕红色、灰绿砂泥岩和粉砂岩。脊椎动物化石最富,古新统产 Sarcodon,始新统有 Microtitan,渐新统产 Metatitan,Amynodon 和 Embolotherium(李云通,1984;内蒙古自治区地质矿产局,1991)。

5. 新近系

本区新近系发育河湖相沉积,岩性为砖红色泥岩、砂质泥岩、粉砂岩、砂岩、砂砾岩,含三趾马(Hipparion)化石,岩石固结较差,主要在阿巴嘎旗、西乌珠穆沁旗以及多伦、赤峰西北等地分布,厚度因地而异。区内沿陆相裂隙发育喷溢相基性火山岩,总体呈北西-南东向展布,形成玄武岩台地,主要分布于阿尔山—科尔沁右翼前旗—霍林郭勒以北地区,向西延入蒙古以及赤峰至克什克腾旗一带(李云通,1984;内蒙古自治区地质矿产局,1991)。

6. 第四系

大兴安岭北段较大的河流阶地顶部发育更新统冲积物,岩性为灰黄色、褐红色、褐黄色粉砂至粗砂、含砾黏土和砂砾石,局部含铁锰结核;大兴安岭东坡发育更新统冰碛-冰水堆积,岩性为棕黄色、棕红色、灰白色含砂泥砾、砾石、砂砾石、粉细砂、粉砂质黏土;内蒙古敖汉旗—翁牛特旗零星出露更新统冰碛物,岩性主要为灰绿色、绛红色泥砾,其次为粉砂质黏土;大兴安岭中—北段发育有更新统火山堆积,岩性主要为灰黑色、灰黄色块状玄武岩、气孔状玄武岩;赤峰地区丘陵、山麓及山间河谷地带发育更新统风积和坡洪积,岩性为红色黏土、棕黄色粉砂质黏土夹砂砾石;全新统冲洪积广泛分布于区内各河流河谷及内山间沟谷内,岩性为黏土质粉砂、粉砂质黏土、砂、砾石。内蒙古中部高原区主要发育湖相沉积与黄土堆积。下更新统以黄红色黄土为特征,胶结硬,具钙质结核层和古土壤层,含中国长鼻三趾马化石;中更新统为淡棕黄色黄土,具红褐色古土壤层,含丁氏田鼠及肿骨鹿化石;上更新统为黄灰色黄土,具古土壤层;全新为风成沙及类黄土。秦岭以北的西部山系及盆地地区的内陆山间盆地多发育沙漠,并有盐类沉积。

全新统湖积物广泛分布于全区内现代大小湖泊及积水洼地中,岩性主要为细砂、粉砂,粉砂质黏土,局部含盐类。全新统沼泽堆积物广泛分布于内蒙古东部各河流河漫滩及湖泊旁,在平缓的山坡、山顶和鞍部也有分布,岩性主要为灰黑色、灰黄色黏土、含砂黏土、含砾黏土,局部含泥炭。全新统火山堆积物主要分布于大兴安岭北段哈拉哈河流域,岩性主要为灰黑色、红褐色玄武岩。

(三)东蒙古地层区

1. 侏罗系

中侏罗统砾岩、砂岩、砂页岩与碳质页岩互层夹褐煤,含铁质结核硅化木与费尔干蚌化石。上侏罗统为陆相碎屑沉积岩,含化石。

2. 白垩系

下白垩统为砂泥岩、页岩夹石灰岩,中基性火山岩,含硅化木化石,厚4100m。上白垩统为砾岩、砂岩、粉砂岩、泥岩与砂砾岩互层,或与泥岩互层,局部见玄武岩,含硅化木和介形虫化石,厚170～700m。在东戈壁裂陷盆地中同期火山岩夹层获得 $^{40}Ar/^{39}Ar$ 同位素年龄为 (126 ± 1) Ma 和 (131 ± 1) Ma(Graham, et al., 2001)。

3. 古近系

古近系主要发育内陆河湖相沉积,多发育于蒙古东南部,为典型的游移湖盆沉积区,组成为红色和杂色的砂、黏土,巨砾和砾石较少,含 *Palaeostilops*,*Amblipoda*,*Cadurcodon*,*Tsaganomys* 化石,厚 200～300m(亚洲地质图编图组,1982)。

4. 新近系

新近系主要发育河湖相沉积,沉积物多呈灰绿色,有时夹红紫色层,形成杂色碎屑岩组合,含三趾马动物群化石(亚洲地质图编图组,1982)。

5. 第四系

区内第四系主要发育冲洪积物,由角砾、砾石及亚黏土组成,含 *Succinea* sp. 等化石。肯特山、杭爱山等地发育有冰碛层和湖冲积层,由亚黏土夹漂砾组成,湖冲积层中含 *Equus caballus*,*Mammuthus* cf. *frogontherii* 等化石。全新统一般为现代冲积、湖积层(亚洲地质图编图组,1982)。

(四)三江-中阿穆尔地层区

1. 侏罗系

该地区缺少下侏罗统。中—上侏罗统在区域上主要为一套海相沉积,具体表现为:中侏罗统以深灰色—黑灰色粉砂岩及绿灰色细粉砂岩为主,在底部有少量灰色细砂岩,有大量各种形态的遗迹化石及海相双壳类、腹足类和大量沟鞭藻化石等。上侏罗统下部以深灰色—黑灰色粉砂岩为主,夹少量灰色细粒砂岩,水平纹层发育,且有各种遗迹化石,属滨海-浅海环境沉积,含海相双壳类化石、菊石以及各种遗迹化石(黄冠军,1990)。

2. 白垩系

下白垩统广泛分布沉积含煤地层。下白垩统底部主要为一套冲积扇-河流相砾岩、砂岩、粉砂岩夹煤层;中部为一套滨浅湖(沼泽)相砂岩、粉砂岩、泥岩夹多层工业煤层、菱铁矿结核层;上部为滨浅湖(沼泽)相砂岩、粗—中细粒粉砂岩与粉砂岩、泥岩韵律性互层,含有菱铁矿结核,夹工业煤层。下白垩统产有丰富的 *Ruffordia-Onychiopsis* 植物群、海相双壳类、腹足类、沟鞭藻类等化石。下白垩统中发育10～40层煤(线)、4～20层可采煤层,煤层主要发育中下部,局部煤层厚度大于10m(具然弘等,1981;孙革,1999;孙革和郑少林,2000;李仰春等,2006)。

上白垩统在本区为湖沼相沉积,由紫红色、灰绿色泥岩夹粉砂岩及砾岩构成,仅含孢粉化石,与下伏地层呈不整合接触,与上覆地层呈假整合关系。本组孢粉组合中,裸子植物花粉占 73%～79%,蕨类孢子占 2.5%～19%,被子植物花粉已有较高含量,单个样品最高可达 19.5%,鹰粉属有一定含量,时代为晚白垩世(赵传本,1985)。

3. 古近系

区内古近系发育河湖-湖沼相粗—细碎屑含煤沉积建造,多出露于盆地边缘。古近系下段以河流相沉积为主,岩性主要为砂砾岩、泥岩;中段为湖相沉积,岩性主要为泥岩、粉砂质泥岩、粉砂岩及细砂岩、砾岩;上段为湖沼相沉积,岩性主要为泥岩、粉砂质泥岩、砂岩、砂砾岩含褐煤,局部产 *Acer xaikcehsis*, *Alnus kefersteinii*, *Liguidambar miosinica*, *Seguoia* sp. 植物化石(李云通,1984;黑龙江省地质矿产局,1993,1997)。

4. 新近系

新近系陆相细碎屑岩主要为一套河湖相碎屑沉积建造,岩性主要为黄褐色、灰色、灰绿色砂砾岩,粉砂岩和泥岩,泥砂质弱胶结,低成岩的松软岩石,产丰富的孢粉及动物、植物化石,局部夹黏土矿及劣质褐煤。新近纪陆相玄武岩主要出露于哈巴罗夫斯克(伯力)东北的盆山结合部,岩性为橄榄玄武岩和伊丁石玄武岩。

5. 第四系

三江平原更新统主要发育湖相及冲积扇-三角洲沉积建造,岩性为亚黏土、淤泥质亚黏土、粉细砂及中粗砂、砂砾石,含桦、栎、杉、柞等植物残体。沿黑龙江(阿穆尔河)、松花江两岸发育全新统高漫滩冲积-洪积层,由褐黄色亚黏土、浅黄色粉细砂和砂砾石构成,结构松散,具水平斜交层理,厚1～15m,呈狭长条带状分布;沿江低地及支流发育全新统低漫滩冲积-洪积,岩性为浅黄色粉砂、细砂及砂砾石,夹有深色淤泥质亚黏土或亚砂土透镜体,具水平或斜交层理,厚1～10m;部分低河漫滩洼地形成沼泽沉积,岩性为灰色淤泥质亚黏土和亚砂土,局部含有泥炭,厚0.3～1.5m(黑龙江省地质矿产局,1993,1997)。

(五)结雅-嘉荫地层区

1. 白垩系

下白垩统广泛分布中酸性和中基性火山岩夹碎屑岩。下白垩统下部以灰黑色、灰紫色、灰绿色安山岩及安山质凝灰熔岩为主,夹安山质火山碎屑岩及英安岩,安山岩锆石 LA-ICP-MS U-Pb 年龄为(109.13±1)Ma(黑龙江省区域地质调查所,2018)。中部为一套陆相酸性火山岩和含凝灰质的陆源含煤碎屑沉积,下段以灰紫色酸性熔岩、凝灰熔岩、凝灰岩为主,夹珍珠岩及沉积岩,产 *Neozamites verchozanensis*, *Onychiopsis elongata*, *Podozamites lanceolatus*, *P. lanceolatus* cf. *ovalis*, *Coniopteris* sp., *Ginkgoites* sp. 等植物化石,流纹质凝灰熔岩锆石 LA-ICP-MS U-Pb 年龄为(106.57±1)Ma(黑龙江省区域地质调查所,2018);上段为一套含凝灰质的陆源含煤碎屑沉积,具韵律沉积特点,产 *Cladophlebis denticulata*, *Asplenium* sp., *Pterophyllum* sp., *Nilssonia* sp., *Podozamites* sp., *Ginkgo* sp. 植物化石和 *Cicatricosisporites-Cyathidites-Osmundacidites* 组合孢粉化石(薛云飞等,2019)。上部为一套陆相中基性火山岩和陆相碎屑岩组合,下段以基性—中基性火山岩为主,岩石类型主要为橄榄石辉石玄武安山岩、安山岩、橄榄玄武岩夹安山质火山角砾岩及其凝灰熔岩和粗面岩;上段以粗碎屑岩为主夹少量凝灰岩,产丰富的植物化石,以 *Ruffordia-Onychiopsis* 植物群分子为主。顶部为陆相酸性火山岩组合,岩性主要为灰色、灰绿色、灰褐色流纹岩及其凝灰岩夹珍珠岩,流纹岩锆石 LA-ICP-MS U-Pb 年龄为(105±1)Ma(王奕朋等,2021)。

晚白垩世,沉积盆地经历了断陷→拗陷→抬升的构造演化过程,该区为湖沼相和河流相沉积,主要是一套含煤及油页岩的碎屑岩组合,产恐龙、被子植物和叶肢介、介形虫等化石。上白垩统下部以泥岩、粉砂岩、细粒长石砂岩为主,夹含砾砂岩、粗砂岩、砾岩薄层夹泥灰岩、油页岩和石膏层,韵律性互层,含透镜状薄煤层,产介形虫、植物、孢粉及脊椎动物化石,时代为晚白垩世早期(梁飞,2015)。中部为粗碎屑岩,主要由砂砾岩、含砾粗砂岩、砾岩、含砾砂岩、砂岩夹粉砂岩组成,富产脊椎动物化石,以恐龙化石(包括植食性的鸭嘴龙类 Hadrlsaurid、董氏乌拉嘎龙 Wulagasaurus dongi,肉食性暴龙类 Tyrannosaurid)为主,时代为晚白垩世(吴文昊等,2010)。上部主要岩性为泥岩,粉砂质泥岩,黑褐色碳质泥岩夹薄层褐煤及细粉砂岩,局部见含砾砂岩、砾岩和凝灰角砾岩,产植物化石及孢粉化石,凝灰岩锆石 LA-ICP-MS U-Pb 年龄为(66±1)Ma,时代为晚白垩世末期(刘牧灵,1983;李献华等,2004)。

2. 古近系

古近系主要出露在黑龙江北岸,为一套河湖相-湖沼相粗-细碎屑含煤沉积建造,岩性为灰色砂质砾岩、粗砂岩、细砂岩、粉砂岩及灰黑色碳质页岩、浅褐色砂质泥岩。下部以河湖相中粗碎屑沉积为主,往上部过渡为湖沼相细碎屑含煤沉积,自下而上由粗变细,构成一个完整的正沉积旋回,中间尚存在小的旋回,韵律性明显(黑龙江省地质矿产局,1993,1997),所含孢粉化石组合为 Paraalni-Maceopollenites(陈秉麟,1997)。

3. 新近系

区内新近系广泛分布一套河湖相粗碎屑沉积,主要岩性为灰色、黄褐色、灰黄色弱胶结砂砾岩、砂岩夹灰绿色、灰色泥岩,局部砂砾岩为铁质胶结并含铁质结核。代表剖面为黑龙江孙吴—嘉荫盆地综合剖面(黑龙江省地质矿产局,1997;杨建国等,2008;张兴洲等,2015;侯素宽等,2021)。此外,还零星出露有新近纪玄武岩,主要岩性为灰黑色橄榄白榴岩、白榴石玄武岩。

4. 第四系

更新统主要沿区内较大河谷分布,构成二级阶地,下部岩性为灰白色—灰绿色砾卵石层、砂砾石层,易碎、分选差,多呈滚圆状与次圆状,夹次生铁质胶结层和黏土透镜体。上部岩性为黄褐色泥砾层,砾卵石层,含漂砾。在逊克县以北,大面积出露更新世玄武岩,形成了火山熔岩低山、丘陵及台地。全新统沿河谷形成冲洪积沉积,上部多为细砂、黏土层,下部多由卵石、砾石组成,构成上细下粗的二元结构或多元结构。

(六)松辽地层区

1. 侏罗系

从三叠纪到早侏罗世,松辽盆地由于受到强烈挤压,松辽地块大范围抬升,遭受剥蚀。中侏罗世,沉积地层仅少量出露,主要为一套河流-湖沼相碎屑岩沉积夹酸性凝灰岩,含 Coniopteris-Phoenicopsis 植物化石组合和 Alisporites-Chasmatosporites-Cyclogranisporites 孢粉化石组合(张渝金等,2018a,2021),凝灰岩锆石 LA-ICP-MS U-Pb 年龄为 165～162Ma(张渝金等,2018a);晚侏罗世,主要沉积中酸性火山岩,岩性为浅灰色、浅绿色安山岩及浅绿色、紫色安山质火山角砾岩,夹凝灰岩,安山岩 K-Ar 和 Rb-Sr 同位素年龄值为 169～150Ma(高瑞祺等,1994)。

2. 白垩系

早白垩世,松辽盆地以拉张断陷为主,沉积物以较粗屑类复理石建造为主,含多期火山岩夹层。下部为灰绿色安山岩、凝灰岩、凝灰质砾岩夹砂岩、粉砂岩、黑色泥岩及煤层,含动、植物化石(宋立斌等,2022),火山岩主体年龄在 150～140Ma 之间(瞿雪姣等,2014)。中部为灰黑色、灰绿色玄武安山岩,凝灰质砂岩,火山角砾岩夹砂砾岩及灰黑色泥岩,黑曜岩、凝灰岩等,夹可采煤层,产植物和叶肢介化石(杨学林和孔礼文,1982),火山岩形成于113～111Ma之间,属早白垩世的阿普特期(Aptian)—阿尔布期(Albian)早期(章凤奇等,2007)。上部为一套灰白色厚层砂岩与灰黑色、灰绿色及暗褐红色砂质泥岩、泥岩等,呈频繁互层状类复理石沉积,上部的底部为冲积相砂砾岩,含少量植物、孢粉、轮藻及叶肢介化石(尚玉珂和袁德艳,1995;黎文本和李建国,2005;郑月娟等,2009)。

上白垩统为一套巨厚的河湖相碎屑岩,有灰色生油建造和红色碎屑岩建造两种类型。下部主要为棕红色、暗紫红色泥质岩与紫灰色、灰绿色、灰白色砂质岩夹黑色、绿色泥岩和砂岩及凝灰岩薄层,有双壳类、叶肢介、介形类、爬行类、轮藻、藻类、植物和孢粉等化石(张立君,1987;郑少林和张莹,1994;王旭日,2005;王强,2006)。中部为一套厚层大型湖泊三角洲沉积,下段紫红色、灰绿色、棕红色泥岩与绿灰色、灰白色砂岩略呈等厚互层,含介形类;上段由灰黑色泥岩、页岩与油页岩,灰绿色泥岩夹灰色、灰白色粉砂岩、细砂岩组成,含介形类、叶肢介、双壳类、腹足类、鱼、昆虫、植物、轮藻、藻类等化石(郑少林和张莹,1994;崔莹等,2007;闫晶晶,2007;徐增连等,2017;张德军等,2019)。上部下段为滨、浅湖沉积,主要为砖红色含细砾的砂泥岩夹棕灰色、灰绿色砂岩和泥质粉砂岩;中段为浅湖相细砂岩、粉砂岩、泥质粉砂岩与砖红色、紫红色泥岩互层;上段为河湖相的以红色、紫红色泥岩为主夹少量粉砂岩或泥质粉砂岩,产少量腹足类、双壳类、介形类、孢粉及轮藻等化石,介形类以 *Talicypridea - Paracandona ananensis* 组合为代表(黄清华,2007;程日辉等,2009;叶蕴琪,2020)。顶部主要为灰绿色、灰黑色、棕红色泥岩与灰色、灰绿色砂岩组成,粒度较粗,富含钙质成分,生物化石较丰富,有介形类、双壳类、腹足类、叶肢介、轮藻等化石,介形类以 *Cypridea vasta - Talicypridea turgida - Cyclocypris valida* 组合为代表(黄清华,2007;程日辉等,2009;叶蕴琪,2020)。

3. 古近系

古近系发育湖相-湖沼相细碎屑建造,主要岩性为暗色泥岩、粉砂岩(黑龙江省地质矿产局,1993,1997),根据以落羽杉科为代表并含一定量亚热带成分和较多温带成分的植物孢粉化石组合,推断其形成时代相当于始新世—渐新世(李云通,1984;黑龙江省地质矿产局,1993)。

4. 新近系

北部嫩江县泥鳅河出露上新世玄武岩,为深绿色、灰黑色、黑色、红色及灰色玄武岩,厚度变化较大;松辽盆地南部和西部边缘地区主要发育河湖相沉积,主要由灰色、黄绿色泥岩和砂砾岩组成,含 *Castanea* 化石。孢粉化石组合具有早中新世晚期—中中新世的特征(万传彪等,2014)。

5. 第四系

更新统下部,西部平原以冲积相沉积为主,由灰绿色粉砂、中—粗砂和黄绿色粉砂质黏土组成;东部平原为河湖相沉积,厚度较小。更新统中部,主要发育河湖相砂砾夹绿色黏土及含铁锰结核的黄土。更新统上部,普遍发育黄土状土与砂砾层,具双层结构,属冲洪积成因,含脊椎动物化石。全新世发育冲积、沼泽和风成沉积,含昂昂溪文化层(李云通,1984;黑龙江省地质矿产局,1993)。

(七)漠河地层区

1. 侏罗系

该地层分区以漠河前陆盆地为主,与俄罗斯上黑龙江盆地相连,也是蒙古-鄂霍次克洋南部的造山后沉积。地层分为晚侏罗世前陆盆地沉积和早白垩世火山沉积。漠河盆地缺失下侏罗统,中—上侏罗统广泛分布巨厚的河湖相碎屑沉积。下部主要为一套巨砾岩、粗砾岩、砾岩、含砾砂岩、复成分砂岩、中粗粒岩屑长石砂岩(或长石岩屑砂岩),少量细砂岩、粉砂岩,局部夹煤线、泥岩,产 *Coniopteris - Nilssonia* 植物化石组合(肖传桃等,2015),不整合于前中生代花岗岩之上,与上覆地质体呈整合接触。中部主要为粉砂岩、泥岩、细砂岩,少量中粗粒砂岩,含砾粗砂岩夹少量火山岩等,产丰富的淡水双壳类、腹足类、介形虫等动物化石,以及 Coniopteris - Czekanowskia 植物化石(肖传桃等,2015),流纹质凝灰岩锆石 ^{206}Pb/^{238}U 年龄加权平均值为(148±2)Ma(赵立国等,2014),与上、下地层均为整合接触关系。上部主要由细砂岩、中砂岩、粉砂岩、泥质粉砂岩夹煤线,少量粗砂岩、砂砾岩组成,产丰富的 Coniopteris burejensis-Cladophlebis cf. asiatica 植物化石,属 Coniopteris - Phoenicopsis 植物群晚期组合(肖传桃等,2015),与下伏地质体呈整合接触,上部被火山岩覆盖。

2. 白垩系

漠河地层区主要出露早白垩世火山-沉积地层,上白垩统缺失。下白垩统,底部为一套河流相沉积,以灰色、黄褐色复成分砂岩为主,夹灰色砾岩、灰黑色细砂岩、粉砂岩和泥质粉砂岩,含植物和腹足类化石,火山岩夹层岩浆锆石 ^{206}Pb/^{238}U 年龄分别为(136.6±2)Ma 和(137.5±3)Ma(杨晓平等,2018)。下部主要为一套陆相基性、中基性火山岩组合,局部见中性火山岩和沉积碎屑岩夹层,下部的底部岩层喷发不整合于侏罗系之上,顶部被早白垩世酸性火山岩喷发不整合覆盖。中部为酸性火山岩为主,夹沉凝灰岩、黏土岩、砂岩、碱流岩等,含丰富动物、植物化石(杜兵盈等,2019)。上部岩性以灰白色砂岩、含砾砂岩、凝灰砂岩和灰黑色泥岩为主,夹火山碎屑岩及玄武岩。顶部为一套基性火山岩夹少量沉积岩序列,岩性为灰黑色、灰紫色玄武岩,气孔状、杏仁状玄武岩,凝灰岩及砂质泥岩等,局部地区为中基性火山岩岩石组合,顶部与上、下地层均为整合接触,局部为指状交叉关系。

3. 古近系—新近系

本区古近系—新近系与结雅-嘉荫地层区连续过渡。古近系主要出露在黑龙江上游两岸,出露零星,面积不大,为一套河湖相-湖沼相粗—细碎屑含煤沉积建造,岩性为灰色砂质砾岩、粗砂岩、细砂岩、粉砂岩及灰黑色碳质页岩、浅褐色砂质泥岩。新近系沿黑龙江两岸零星出露,为河湖相粗碎屑沉积,主要岩性为灰色、黄褐色、灰黄色弱胶结砂砾岩、砂岩,夹灰绿色、灰色泥岩。

4. 第四系

更新统主要沿黑龙江河谷分布,构成二级阶地。全新统则沿江发育冲洪积沉积物,岩性为细砂、黏土层及砾石层。

(八)呼伦贝尔地层区

1. 三叠系

早三叠世,新巴尔虎右旗西北出露少量的普遍遭受区域变质作用(局部叠加有动力变质作用)改造的一套中性熔岩、酸性火山碎屑岩,夹少量的沉积岩。后期构造及岩体侵入对其改造作用较大,被三叠纪花岗闪长岩、二长花岗岩及中三叠世角闪辉长岩侵入,被侏罗系角度不整合覆盖。在火山岩中获得锆石 U-Pb 年龄为(254.3±8)Ma 和(249±2)Ma(沈阳地质调查中心,2022)。中三叠统缺失,上三叠统分布在海拉尔盆地贝尔凹陷和乌固诺尔凹陷,岩性为黑色泥板岩、杂色角砾岩、灰色中细粒长石岩屑砂岩、砂砾岩,偶夹煤层,最大厚度为1263m,与下伏地层接触关系不清,与上覆地层呈平行不整合接触,火山岩夹层年龄为 209.0Ma(杨雅军等,2012)。

2. 侏罗系

下侏罗统,下部为绿灰色、灰色含砾砂岩、粗砂岩、粉砂岩及沉凝灰岩,上部为紫灰色、灰紫色多斑状辉石粗安岩、多斑粗安岩、角砾状粗安岩、少斑安山岩、英安岩、粗安质含集块角砾熔岩及英安质火山角砾岩,含 *Podozamites* sp. 和 *Equisetites* sp. 化石。角砾状粗安岩中 SHRIMP 锆石 U-Pb 年龄为 (183.8±3.9)Ma,次粗安岩年龄为 (178.3±2.7)Ma(沈阳地质调查中心,2022)。

中侏罗世,本区主体为挤压构造背景,整个区域沉积了以类磨拉石建造为主的碎屑岩系,且具火山岩建造(张允平等,2018)。具体表现为:下部岩性为砾岩夹砂岩和凝灰岩,夹灰黑色泥岩、砂岩和粉砂岩夹凝灰岩及煤层,含 *Coniopteris - Phoenicopsis* 植物群中期组合;上部为一套中基性熔岩及其火山碎屑岩夹少量的沉积岩,火山岩形成于中侏罗世末期—晚侏罗世,成岩年龄为 166~154Ma(张书义,2020;李晓光等,2021);底部通常为中基性火山岩平行不整合或整合于在沉积碎屑岩之上,其上被酸性火山岩角度不整合覆盖。

晚侏罗世,本区进入大规模火山盆地演化阶段,地壳活动继续加强,大陆活化处于鼎盛时期,盆地开始全面强烈的火山喷发,主要形成中性—酸性火山岩。早期以酸性火山岩为主夹中酸性火山岩,晚期以中性火山岩为主,见中酸性火山岩及中基性火山岩,中酸性火山岩锆石 U-Pb 年龄为 158~146Ma(孙德有等,2011;白玉岭等,2020)。

3. 白垩系

早白垩世,区内发育大规模的裂谷断陷盆地。下白垩统下部岩性主要为灰绿色、灰黑色沉凝灰岩和酸性玻屑凝灰岩,夹灰绿色砂岩、砂砾岩、砾岩,灰白色凝灰岩,灰紫色球粒状流纹岩,珍珠岩和松脂岩,产 *Nestoria pissovi*,*Sentestheria banjietaensis*,*S. oblonga*,*S. weichangensis* 叶肢介化石。酸性火山岩锆石 U-Pb 年龄为 141~139Ma(荀军等,2010)。中部主要为浅紫色流纹岩、流纹质凝灰岩、沉凝灰岩夹凝灰质细砂岩,含有 *Eosestheria* sp.,*Filigrapta* sp.,*Diestheria* sp.,*Cladophlebis* sp.,*Ephemeropsis trisetalis*,*Czekanowskia rigida*,*Sphenobaiera furcata* 等化石。上部由浅灰绿色、浅褐紫色厚层状玄武岩、气孔状伊丁石玄武岩和杏仁状玄武岩组成,不整合在酸性火山岩之上。

晚白垩世,早期总体显现为一套河湖相砂泥岩互层的反韵律沉积,下部以灰黑色、深灰色湖相泥岩为主;上部以砂泥岩互层为主,粉砂岩和砂岩较下部明显增多,夹多层煤,含丰富孢粉化石(蒙启安等,2003)。中期以灰绿色、绿灰色泥岩、粉砂质泥岩、泥质粉砂岩和粉砂岩为主,夹多层煤,偶夹粗砂岩及砂砾岩,含丰富孢粉化石(薛云飞,2017)。

4. 新近系

本区新近系为河湖沉积,岩性组合为灰白色砂砾岩夹黄色、浅黄绿色泥岩及灰白色粗砂岩和深灰色泥岩夹砂质泥岩。新近系中曾发现 *Vallonia* aff. *hipparonum*(Ping)、*Gyraulus chihliensis* Ping 腹足类化石,其最大特点是胶结疏松,大部分不含化石。局部发育冰碛、冰水堆积,岩性由灰白色—姜黄色泥砾及砂砾石夹黏土透镜体组成。新巴尔虎旗出露有上新统五叉沟(玄武岩)组,为深绿色、灰黑色、黑色、红色及灰色玄武岩,厚度变化较大(内蒙古自治区地质矿产局,1991)。

5. 第四系

区内更新世发育河湖相沉积,岩性为杂色黏土和粉砂质黏土、细砂及砂砾石,含大量有机质及淡水螺蚌化石,水平层理颇发育。南部发育冰水堆积物,岩性为杂色砾石、砂砾石夹细砂、粉砂及黏土。海拉尔高平原顶部及海拉尔河等河流两岸广泛发育冲积、冰水沉积,岩性下部为绿黄色含砾中细砂层夹黏土透镜体,具水平层理;上部为黄土状粉砂质黏土、黏土质粉砂及灰色细砂。更新统含哺乳动物化石(披毛犀-猛犸象动物群)。

全新统冲积层主要分布于海拉尔河河谷及其河流一级阶地上。岩性主要为河流相砂砾石及砂质黏土;沼泽堆积主要发育于沼泽化河谷中,主要由黑色淤泥及含砂黏土、河床冲积砂砾石组成;呼伦湖、贝尔湖湖泊地区发育全新统湖沼沉积，岩性由富含硝、碱、盐、石膏及泥炭层的灰绿色、灰黄色、灰黑色粉砂，黏土，粉砂质黏土组成，粒度均一，分选良好，具水平层理。

（九）二连地层区

1. 侏罗系

三叠纪，受印支运动影响，二连地层区整体处于隆升剥蚀阶段，未接受沉积。进入侏罗纪，二连盆地进入中国大陆边缘活动阶段，由断陷、断拗、抬升的构造演化和相应的湖盆形成扩大、萎缩的发育过程。早侏罗世，盆地内接受了一套河湖相含煤碎屑岩建造，其下部颗粒较粗，主要为分选性差的砾岩和砂砾岩，部分层段夹白云质、钙质粉砂岩和泥岩；上部颗粒较细，主要为砂岩、粉砂岩和泥岩互层，偶夹砂砾岩和煤层，角度不整合覆盖于盆地变质基底之上，被上覆地层整合覆盖（许坤等，2003）。

中侏罗世，本区下部沉积了一套富煤地层，主要由砂砾岩、粉砂岩和泥岩互层组成，含丰富孢粉化石（许坤等，2003；陶明华，2003）；上部是一套以红色泥岩为主的细碎屑沉积（许坤等，2003）。

晚侏罗世，地壳以水平拉张运动为主，地壳发生强烈的断裂，导致区内强烈的火山作用，以中性、中酸性溢流和喷发为主，形成一套厚度巨大的火山岩、火山碎屑岩。局部盆地中堆积了河湖相紫色砾岩、砂砾岩、粉砂岩夹泥质类磨拉石沉积建造（许坤等，2003；陶明华，2003），沉积年龄定为晚侏罗世牛津期—钦莫利期（郭知鑫，2018）。

2. 白垩系

早白垩世，本区早期继承侏罗纪构造环境，为以断陷为主的构造发育阶段，发育一套以火山岩和火山碎屑岩为主体的杂色层系，岩性包括安山岩、安山玢岩、安山质流纹岩、玄武安山岩、凝灰岩、砂泥质凝灰岩，以及夹层泥岩、粉砂岩、砂岩，含孢粉化石（许坤等，2003；陶明华，2003）。

早白垩世中后期，本区为断拗发育期，盆地整体稳定沉降，湖盆扩大，达到鼎盛发育阶段，接受了早白垩世含可燃有机岩建造、中基性火山岩建造的堆积。底部为粗碎屑；下部以厚层暗色湖相泥岩为主，部分地区下部发育一套碳酸盐岩；中部为一套以冲积扇和辫状河相砂砾岩、砂岩为主；上部层位发育湖相泥岩；顶部为一套下粗上细的正旋回沉积层（陶明华，2003；梁宏斌，2005，2010）。

进入晚白垩世，二连盆地抬升，气候也变得干燥炎热，于局部坳陷内接受了类磨拉石红层堆积，其不整合于早白垩世碎屑岩和火山岩之上。

3. 古近系

二连盆地南部古近纪主要发育内陆湖相沉积，局部伴有河流相沉积。本区也是亚洲著名的古近纪脊椎动物化石产区，中国乃至亚洲古近纪哺乳动物多数都源于这一地区的哺乳动物群（王元青等，2021）。古新统主要为红色泥质岩，以块状坚硬的棕红色泥岩为主夹杂色泥岩，产天青石、石膏，含丰富的脊椎动物化石，包括以 *Mongolotherinm* 为代表的哺乳动物群。始新世发育棕红色泥岩夹灰绿色泥岩及砖红色粉砂岩，含 *Hyraciupus*，*Sthlosseriamagister*，*Metacoryphodon*，*Mesonyzobtusidens* 等哺乳动物化石；灰白色砂岩、粉砂岩及杂色泥岩，含 *Lophialetes*，*Teleolophus*，*Microtilan mongoliensis*，*Prolitan* 等哺乳动物化石；杂色砂质泥岩及白色、浅灰色砂岩，含 *Rhinolitan*，*Pachytitan*，*Tilanodecles*，*Deperetella*，*Caenoloplus* 等哺乳动物化石。渐新世发育河湖相沉积，主要为中粗粒砂岩、泥岩互层，局部发育砂砾岩、粗砂岩夹薄层泥岩，产脊椎动物化石（李云通，1984；程裕淇，1990；内蒙古自治区地质矿产局，1991）。

4. 新近系

本区新近系为河湖相沉积,在东乌珠穆沁旗等地分布。岩性为土黄色、土褐色砂岩、砂砾岩,夹褐色泥岩、砖红色砂质泥岩和粉砂质泥岩,产哺乳类动物化石及淡水软体动物化石,厚度不均。

5. 第四系

本区的山麓地带及丘陵前缘发育更新统洪积物,地貌上形成台地,岩性主要为杂色砾石、砂砾石;各现代河床、河漫滩或低阶地中则发育冲洪积沉积,岩性为黄褐色、杂色、灰白色砂砾层、砂层及黏土,砾石成分复杂,大小不一,松散堆积;中部乌珠穆沁沙地发育风成沙,成分以长石、石英细砂为主,呈灰白色,磨圆极好,粒度均匀。

三、华北-辽吉-朝鲜地层大区

本大区划分6个地层区,包括四子王旗-冀北-辽西地层区、胶-辽-朝地层区、鲁西地层区、太行山地层区、渤海地层区和鄂尔多斯地层区。

(一)四子王旗-冀北-辽西地层区

1. 三叠系

下三叠统受古亚洲洋闭合后整体构造格架的宏观控制,在区内为一陆相沉积,地层表现为砂质泥岩、粉砂岩、细砂岩、泥岩夹砾岩,与下伏地层呈角度整合接触。

中三叠统在该地层区零星出露,下部为黄色砾岩、砂岩;上部为黄绿色粉砂岩夹紫色和黑色页岩,产丰富的植物化石和孢粉、昆虫、鱼类和轮藻等化石(洪友崇,1983;张武和董国义,1983;张宜等,2019)。

上三叠统主要形成于伸展构造背景,为断陷盆地演化阶段产物。该地层区出露少量上三叠统,下部以黄色长石砂岩、含砾长石砂岩、砾岩、黄绿色和灰黑色砂质页岩、页岩为主,夹煤线,含双壳类 *Shaanxiconcha clinovata - Liaoningia opima* 化石组合及叶肢介、植物等门类化石(张武等,1983;张武和郑少林,1984)。上部以黄灰色、黄色、灰白色砂岩和砾岩为主,夹灰绿色、灰色粉砂岩、页岩、碳质页岩和煤线,含 *Shaanxiconcha wangdiformis - Liaoningia opima - Unio* 双壳类化石组合、*Glossophyllum shensiense - Cycadocarpidium erdmanni* 植物化石组合,*Dictyophyllidites - Cycadopites - Taeniaesporites* 孢粉化石组合以及叶肢介、介形类化石组合(张武等,1983;刘淑文,1987)。

2. 侏罗系

早侏罗世,该地层区下部以安山岩、玄武岩、集块岩和熔岩角砾岩为主,夹凝灰砂岩和粉砂岩,火山岩的Ar-Ar等时线年龄为(188.2±7.4)Ma(陈义贤和陈文寄,1997;李伍平,2006)。上部以黄褐色长石石英砂岩、长石砂岩和灰色—灰黑色页岩为主,夹砾岩、黏土岩和煤层,含植物、孢粉组合以及昆虫和鱼类等化石(刘森等,2019a,2019b)。

中侏罗世,区内主体为挤压构造背景,整个区域沉积了以类磨拉石建造为主的碎屑岩系和火山岩建造,具体表现为中侏罗统下部由灰白色、黄灰色复成分砾岩、长石砂岩、粉砂岩夹凝灰岩组成,局部夹碳质页岩和煤层,含哺乳动物、翼龙、两栖类、龟类、鱼类、双壳类、叶肢介、介形类、昆虫、植物和孢粉等多门类化石(洪友崇,1986;常建平和孙跃武,1997;武广等,2004;郑少林和张武,1990);上部以中性、中基性熔岩及其火山碎屑岩为主,但在宁城等地以酸性火山岩为主,为厚薄不均的沉积层,产植物、叶肢介及大量昆虫、硅化木、恐龙、哺乳动物和蝾螈等化石以及少量腹足类和轮藻化石等,火山岩的年龄为165~153M(张宏等,2008;蒋子堃等,2016)。

晚侏罗世,区内主体仍为挤压构造背景。上侏罗统下部为一套紫红色、灰绿色凝灰质、粉砂质页岩、复成分砾岩、长石砂岩、凝灰质长石砂岩夹沉凝灰岩、沸石岩,底部有砾岩,含恐龙、叶肢介、介形类、昆虫、双壳类、植物孢粉化石(刘森等,2019a;万晓樵等,2020)。该套火山-沉积建造与下伏地质体之间为角度不整合接触关系。上部由一套酸性火山岩夹中性火山组成,主要岩性为流纹质集块岩、凝灰岩和流纹岩、粗安岩、粗安质角砾熔岩、英安岩等。该套"红层"沉积与各盆地形成演化同期,属同一构造背景产物。该建造所展示的构造格架与蒙古-鄂霍次克造山系构造线走向一致,其形成时段与蒙古-鄂霍次克造山系造山过程"准同期"。

3. 白垩系

下白垩统广泛分布火山-沉积含煤地层。下部以安山岩和玄武安山岩及火山碎屑岩为主,夹层数不等的沉积层、玄武岩和英安岩,含恐龙、鸟类、蜥蜴类、离龙类、哺乳动物、被子植物等20余门类化石(孙革等,1992,2001;王五力等,2003;张立东等,2004;丁秋红等,2004;徐星和汪筱林,2004;郑少林等,2008;郑月娟等,2011;张立君等,2012)。中部由灰色、灰绿色砂岩、粉砂岩、页岩夹砾岩、砂砾岩夹页岩、油页岩和多层可采煤层组成,在部分地区也是重要的生油层和含煤层气层,含恐龙、翼龙、离龙、有鳞类、鸟类、鱼类、双壳类、腹足类、叶肢介、介形类、昆虫等多门类化石(汪筱林和周忠和,2002;段冶等,2006;吴振宇等,2021)。上部以灰色、灰白色砾岩、砂砾岩、砂岩和绿灰色粉砂岩为主,夹5个煤层群和暗色泥岩,含有鳞类、恐龙(及其足印)、鱼类、双壳类、腹足类、介形类、植物、孢粉、轮藻等藻类化石(陈芬等,1981;张立君和张英菊,1982;丁秋红等,2000)。

上白垩统主要为一套灰紫色、灰黄色复成分砾岩、砂岩、粉砂岩,偶夹灰绿色、深灰色泥岩,含孢粉、介形类化石,时代为早白垩世晚期(李伍平,2011;刘森等,2015;王燕,2020)。上白垩统与下伏地质体之间为角度不整合接触关系,可能代表鄂霍次克洋向欧亚大陆碰撞的结果。

4. 新近系

新生代本区继承了晚白垩世以来的古地理格局,由于碰撞使地壳抬升,缺失古近系。新近系受控于东亚大陆边缘弧盆体系的影响,多发育河湖相沉积,并有含三趾马化石的红土堆积及玄武岩出露(杨中柱等,2014;侯素宽等,2021)。中新世发育基性火山岩,由灰黑色、黄绿色橄榄玄武岩,夹黏土和薄层褐煤组成。上新统下部由红色黏土夹砂砾层组成,含哺乳动物贺风三趾马化石等;上部为粉砂质黏土夹黄色砂砾和黑色黏土,含东方馕鼠等小哺乳动物化石(内蒙古自治区地质矿产局,1991;杨中柱等,2014)。

5. 第四系

更新世在四子王旗一带发育冲洪积,岩性为灰黑色、灰褐色、黄褐色的松散砂砾石。1972年中国科学院古脊椎动物与古人类研究所贾兰坡、卫奇等曾对该层位各种化石进行鉴定,认定其多为乳齿象 *Mastodon* sp.,马科 *Equiuidae* indet,双叉麋 *Metacervulus* sp.,步氏羚羊 *Gazella blacki*,牛科 *Bovidae* indet 和披毛犀 *Coelcdonta antiquitat*)。化德县一带发育坡洪积黄土,岩性由砖红色含砂黏土、浅棕色黏土夹砂砾石、含砾粗砂不稳定层组成,局部含有少量钙质结核;多伦县地区沿河流发育冲积沉积,岩性为灰白色中粗砂、中粗砾石,发育中大型板状、槽状和平行层理,冲刷面也非常发育,中粗砾石中发育各种规模的中粗砂的透镜体,为典型辫状河沉积;化德县—多伦县一线发育风积和洪冲积复合成因形成的黄土,沿山前、坡麓及冲沟两侧呈带状展布,岩性为浅灰黄色黏土质粉砂夹黄色细砂、灰色砂砾石透镜体,产洞穴鬣狗 *Croeutaspelaea* 化石(周志广,2009),光释光年龄为23.9ka和37.7ka(柳永清,2009)。

全新世在区内各现代河床、河漫滩或低阶地中广泛发育冲洪积层,岩性为杂色砂砾层、砂层及黏土,砾石成分复杂、大小不一、松散堆积;在湖泊边缘及山间低洼滞水地带,雨季时多集水,旱季时有的干涸,形成湖沼沉积,岩性主要由浅灰色、灰色黏土、砂质黏土或黏土质粉砂组成,局部夹泥炭层,发育水平层理;太仆寺旗发育有坡洪积层,岩性为灰黄色、灰褐色、深灰色砂砾石、含砾黏土质粉砂、含砾粉砂及含砾砂质黏土。

(二)胶-辽-朝地层区

1. 白垩系

下白垩统,广泛分布一套以绿色调为主的河湖相地层,角度不整合、平行不整合于侏罗系之上,不整合于早白垩世晚期火山岩之下。底部以滨浅湖相沉积为主,为灰黄色、黄绿色粉砂岩、页岩夹含砾砂岩、细砂岩、泥质灰岩薄层,底部发育少量砾岩。下部为冲(洪)积扇、砾质辫状河及扇三角洲相沉积,主要岩性为紫红色巨砾岩、粗砾岩、砂岩,局部夹少量含砾砂岩、砂岩层粉砂岩,不含化石。中部主要为滨浅湖-半深湖相,局部夹扇三角洲相沉积,主要岩性为灰黑色页岩、泥岩、粉砂岩薄层灰岩,间夹少量砂岩、含砾砂岩及紫红色砂岩、粉砂质泥岩、页岩,页岩中富含动植物化石。上部为辫状河相-三角洲相-浅湖相沉积,主要岩性为灰绿中细粒、中粗粒长石砂岩、含砾砂岩与细砂岩、粉砂质泥岩互层,夹粉砂岩、页岩、含砾砂岩,含双壳类、腹足类及孢粉化石(刘明渭等,2003)。顶部青山群为一套以中性—酸性过铝质、富钾钙碱性为主的火山岩,火山岩锆石 U-Pb 年龄为(106±2)Ma 和(105±4)Ma(凌文黎等,2006)。

上白垩统,主要为一套以红色为主的河湖相碎屑岩系,富含恐龙骨骼和恐龙蛋化石,角度不整合于早白垩世火山岩之上,覆盖于古近系之下。下部以砾质辫状河相沉积为主,局部夹洪冲积扇相沉积,其岩性为灰色—灰紫色厚层砾岩、砂砾岩与紫红色泥质细砂岩、粉砂岩互层,含鹦鹉嘴龙化石(安伟等,2016)。中部主要为洪泛平原-滨浅湖相沉积,主要岩性为灰红色、紫红色泥质粉砂岩、粉砂质泥岩夹绿灰色薄层泥质粉砂岩、钙质泥岩、中厚层泥灰岩,以及少量紫红色细砂岩、含砾粗砂岩,富含钙质结核及古生物化石。上部主要为砾质辫状河相沉积,局部夹河漫湖或浅湖相沉积,岩性为紫灰色、灰红色厚层砾岩、砂砾岩、含砾粗砂岩与紫红色、砖红色泥质细砂岩、粉砂岩不等厚互层,发育典型的河流相二元结构,含恐龙骨骼和蛋化石(安伟等,2016)。

2. 古近系

古近系主要为河流-湖泊相沉积。在吉林梅河口地区,古近系为一套含煤碎屑岩组合,沿敦化-梅河断裂呈北东向展布,岩性主要为砾岩、砂岩、粉砂岩、泥岩夹煤层。河流相不甚发育,仅在含煤地层的底、顶部出现,厚度不大,主要为砾岩、含砾砂岩、砂岩;中部常为湖泊沼泽相沉积,多为粉砂岩、泥岩含煤层及油页岩,湖泊相较发育,泥岩厚度大(吉林省地质矿产局,1988)。在桦甸地区,古近系为一套含油页岩及褐煤地层,岩性主要为灰色含砾粗砂岩、中细砂岩、粉砂岩、粉砂质泥岩夹油页岩、褐煤,产哺乳类、鸟类、爬行类、鱼类等动物化石(王伴月和李春田,1990;Beard and Wang,1991;Liu and Chang,2009;Smith et al.,2011;Gaudant et al.,2012),以及丰富的植物和孢粉化石(Manchester et al.,2005;孟庆涛等,2016)。

3. 新近系

新近系主要为一套陆相湖泊沉积,岩性以中细砂岩、黏土质粉砂岩为主,夹玄武岩及硅藻土,岩石胶结紧密,成岩较好,被玄武岩覆盖,多零星出露于玄武岩台地被剥蚀后形成的斜坡上。此外,在长白山地区还发育有新近纪玄武岩,岩性主要有橄榄玄武岩、玄武岩、安山玄武岩、凝灰质砂岩。

4. 第四系

第四纪火山岩地层以长白山地区为代表,其从早更新世至全新世晚期都有火山喷溢、喷发活动,形成黄土、砂砾石层与火山岩层相伴或交互发育。在长白山地区可见大量熔岩、火山碎屑物及厚层火山灰（刘祥和向天元，1997）。从发展历史看，一般更新世早期、中期火山活动较晚期强烈，早、中更新世在朝鲜发育较厚的火山岩地层，厚数百米至千米以上。

全新统广泛分布于区内大小河流及沿海地区，与现代地貌密切相关，与河流相关多构成河床、河漫滩和一级阶地。主要岩性为砂砾石、亚黏土、淤泥等。河流冲积相以砂砾为主，分选差，大小不一，磨圆好，砾石成分复杂；河漫滩相则颗粒较细；构成阶地的冲洪物下粗上细，呈二元结构或多元结构。全新统厚度一般在5~15m。与海岸相关的多形成滨海小平原、海滩（泥滩、砂砾滩）、沙嘴、沙坝等。冲海积及湖泊相沉积岩性主要为灰黑色、灰绿色淤泥质粉砂质黏土、含贝壳黏土质粉砂，多分布于黄海、渤海沿岸，形成滨海小平原；海积-冲海积沉积岩性主要为含贝壳砂砾石、深色淤泥等，零星分布于沿海低洼地带，形成海滩（泥滩、砂砾滩）、沙嘴、沙坝等。

（三）鲁西地层区

1. 侏罗系

下中侏罗统沉积了一套灰绿色、黄白色的含煤碎屑岩系，直接不整合覆盖在三叠系或更老的地层之上。上侏罗统沉积一套以紫红色为主，夹灰绿色、黄白色碎屑岩，下与下中侏罗统整合接触（刘明渭等，1994，2003；李守军，1998）。

2. 白垩系

该地层区主要发育下白垩统，缺失上白垩统。早白垩世早期，该地层区表现为下部为河流相夹滨浅湖相沉积、上部为火山碎屑岩相夹河流相沉积。岩性下部主要为黄绿色、灰绿色薄层泥质粉砂岩、细砂岩夹少量泥岩、页岩及薄层泥灰岩、砂砾岩，含丰富的古生物化石。上部为黄灰色、灰绿色凝灰质含砾砂岩、砂岩与凝灰质细砂岩互层，夹灰紫色安山质集块角砾岩、角砾集块岩夹灰绿色、黄灰色凝灰质砂砾岩、含砾砂岩（刘明渭等，1994，2003；李守军，1998）。

早白垩世中期，该地层区沉积一套火山岩系，下部主要岩性为紫灰色流纹质弱熔结角砾凝灰岩、流纹质角砾凝灰岩，夹少量凝灰质砂岩、粉砂岩；中部火山活动最强烈，主要为中基性火山喷发产物，岩性主要为灰红色、紫红色、灰紫色、灰绿色玄武质、玄武安山质、安山质熔岩、集块岩角砾岩、角砾岩、角砾凝灰岩等，常有紫红色凝灰质砂砾岩、砂岩、粉砂岩等夹层。上部主要岩性为灰紫色、灰红色英安岩、流纹岩、流纹质凝灰岩夹角砾熔结凝灰岩，夹少量凝灰质砂砾岩、粉砂岩，凝灰质岩层构成膨润土、沸石矿层。顶部为伊丁石化橄榄玄武粗安岩，夹玄武粗安质集块角砾岩、玄武粗安质角砾熔岩（刘明渭等，1994，2003；李守军，1998）。

早白垩世中晚期，该地层区发育一套河湖相沉积地层。底部为冲积扇-砾质辫状河相沉积，由灰紫色复成分砾岩与紫红色中细粒砂岩、泥质细砂岩成旋回组成。下部为滨浅湖相-水下扇三角洲相沉积，主要岩性为灰黄色、黄绿色薄层粉细砂岩、粉砂质页岩、页岩、泥岩，夹少量灰紫色厚层复成分砾岩，含动植物化石。中部为滨浅湖相沉积，发育最为广泛，主要为黄绿色细砂岩、粉砂岩、页岩夹灰紫色细砂岩、粉砂质泥岩及少量泥灰岩、砂砾岩和安山岩、安山质沉凝灰岩等，含孢粉、植物、叶肢介、双壳类及恐龙化石（司双印，2002；王宝红等，2013）。上部主要为扇三角洲-滨浅湖相沉积，主要岩性为灰色—紫灰色复成分砾岩、含砾岩屑砂岩、中细粒砂岩、细砂岩，夹灰紫色细砂岩、泥质粉砂岩，含植物化石碎片、孢粉化石（刘明渭等，1994，2003；李守军，1998）。

3. 古近系

本区古新统属湖相沉积，主要岩性为紫红色砂岩、砂岩、杂色砾岩夹泥灰岩、碳质泥岩和石膏，厚

600～750m。始新统上部为一套湖沼相沉积,主要岩性为暗色泥岩含煤及油页岩,厚 1200m;下部为河湖相沉积,主要岩性为紫红色泥岩、砾岩,含丰富的哺乳动物化石,厚 1800m(周明镇和齐陶,1982;石荣林,1989;王军,1994;山东省地质矿产局,1996;王原,1997;中国地质调查局,2004;王元青等,2021)。

4. 新近系

本区新近纪主要发育河湖相沉积及玄武岩(侯素宽等,2021),自下而上发育 3 个火山-沉积旋回,均由碎屑沉积岩夹玄武质火山岩组成。主要岩性为泥岩、黑色页岩、油页岩,夹橄榄玄武岩,有时含硅藻土、磷结核和丰富哺乳动物化石 *Stephanocemas*,*Amphicyon*,*Lagomeryx*,*Plesiaceratherium* 等(李云通,1984;中国地质调查局,2004),典型剖面为山东临朐解家河剖面(邓涛等,2003)。

5. 第四系

山东临朐地区发育下更新统陆相沉积,下部岩性为灰绿色、灰白色黏土砂砾层,上部岩性为灰绿褐色含砾砂层和砂质亚黏土含铁、锰结核,含哺乳动物 *Ovis* 化石。全新统沉积物主要类型为冲洪积,岩性主要为砂砾石、黏土,多分布于山间河谷。

(四)太行山地层区

1. 三叠系

下三叠统,以陆相粗碎屑沉积为主,主要分布在京西、冀北承德下板城-平泉营子、辽西朝阳等中生代盆地,主要为一套红色陆源碎屑建造。下部为灰紫色、暗紫红色砾岩、含砾粗砂岩和黄褐色中粗粒岩屑砂岩,夹暗紫红色粉砂质泥岩;上部为灰紫色、黄褐色厚层岩屑砂岩、薄层紫红色泥岩,夹中砾岩透镜体,楔状交错层理发育,含叶肢介、孢粉和微生物化石(刘淑文,1982;邢智峰等,2018)。

中三叠统,下部为辫状河沉积,由灰紫色块状中粗粒长石岩屑砂岩、含砾粗砂岩、细砂岩及砖红色、紫红色粉砂质泥岩组成,产植物化石和遗迹化石(胡斌等,2009),与下伏地层为整合接触,凝灰岩层就位年龄为(244.6±2.8)Ma(杨文涛等,2022)。上部为紫红色、灰白色中厚层含砾中粗粒长石岩屑砂岩、含泥砾中细粒岩屑砂岩,夹紫红色粉砂质泥岩、泥岩,紫红色泥岩中产大量遗迹化石(芦旭辉,2015)。

上三叠统,该地区发育一套黑色、土黄色页岩、粉砂质页岩与灰色、灰黑色粉砂岩、砂岩互层的岩石组合,有时夹砾岩和煤线,产植物、鱼类、叶肢介化石(田立富等,1996)。

2. 侏罗系

早侏罗世,该地层区发育一套基性—中性—酸性火山熔岩及相应的火山碎屑岩、沉火山碎屑岩和陆相碎屑沉积岩。主要岩性为致密块状玄武岩、安山岩、杏仁状玄武岩和安山岩,玄武岩质和安山岩质火山碎屑岩,夹砂砾岩、砂质泥岩和灰黑色砂页岩,含植物化石(张路锁等,2009)。玄武岩 SHRIMP 锆石 U-Pb 年龄为(174±8)Ma(赵越等,2006)。

中侏罗世,该地层区主要发育冲积扇-湖泊相沉积。下部发育主要含煤层,其岩性下段为细砂岩、粉砂岩和灰黑色粉砂质页岩、碳质页岩夹含砾粗砂岩、粗砂岩、砾岩和泥灰岩、灰岩,夹工业煤层;上段为粗砂岩、细砂岩,夹砾岩、粉砂质页岩、碳质页岩,含薄煤层及煤线。下部产植物、双壳类、叶肢介、昆虫和鱼类化石(张汉荣等,1988;张路锁等,2009)。中部下段为陆相碎屑岩夹火山碎屑岩,底部以砾岩为主,含大量紫红色凝灰质砂岩及粉砂岩,产昆虫、双壳类、植物、介形虫、叶肢介等化石,凝灰岩锆石 LA-ICP-MS U-Pb 年龄为(163.4±1)Ma(陈海燕等,2014),与下伏地层呈平行不整合或不整合接触。上段总体以中性火山岩和火山碎屑岩为主,为一套灰色、深灰色、灰紫色玄武粗安岩、粗安岩、安山岩,含少量粗面岩及粗安质火山角砾岩、粗安质集块岩,夹紫红色粉砂岩、粉砂质泥岩,局部含植物化石,安山岩锆石

LA-ICP-MS U-Pb 年龄为 145～144Ma(段超等,2016)。

晚侏罗世,该地层区发育一套以红色厚层、块状砂砾岩为主的河流相沉积。下部为暗紫色、紫红色和紫褐色砾岩、凝灰质砾岩、含砾砂岩,夹砖红色、红紫色粉砂质页岩、粉砂岩和凝灰岩;中部为紫红色、砖红色间灰绿色砂岩、凝灰质砂岩、粉砂岩、页岩及少量含砾粗砂岩,夹流纹岩、安山岩及凝灰岩;上部为紫红色厚—巨厚层砾岩、砂砾岩,夹粗面岩、流纹岩、安山岩和凝灰岩、砂岩、粉砂岩,局部夹薄煤层。上侏罗统产叶肢介、介形虫和孢粉化石(贺瑾瑞等,2020;万晓樵等,2020),火山岩年龄介于 156～139Ma 之间(万晓樵等,2020)。

3. 白垩系

早白垩世早期,主要发育一套粗碎屑岩夹火山岩组合,底部常出现紫红色、暗紫色凝灰质粗砂岩、含砾粗砂岩;下段为灰紫色、灰白色流纹质凝灰岩,灰紫色、灰白色石英粗面岩、粗安岩夹流纹质凝灰岩;中段为中性火山熔岩及火山碎屑岩,包括斑状安山岩、致密块状安山岩、气孔和杏仁状安山岩和粗安岩;上段为灰色、灰紫色流纹质角砾岩、流纹岩、流纹质熔结凝灰岩,含少量植物化石、昆虫、裸子植物花粉孢粉组合等化石。流纹质火山岩 SHRIMP 锆石 U-Pb 年龄为(135.8±3.1)Ma 和(136.3±3.4)Ma(牛宝贵等,2003),平行不整合或角度不整合在侏罗系或更老地层之上。早白垩世中期,主要发育一套火山-沉积地层,下部为灰绿色、灰白色凝灰质砾岩、砂岩、粉砂岩、泥岩及泥灰岩透镜体,夹灰绿色、灰紫色粗安岩、粗安质角砾岩、安山岩,富含热河生物群化石,主要产叶肢介、双壳类、植物、鱼类等化石(王思恩和季强,2009),火山岩中锆石 LA-ICP-MS U-Pb 年龄为(113.6±1)Ma(汪方跃等,2007),其与下部地层为角度不整合接触;上部为一套以中性、基性火山岩为主,局部夹中酸性—酸性和碱性火山岩及多层沉积岩的岩石组合,凝灰质砂页岩层产闻名世界的"热河生物群"(孙革等,1992,2001;季强,2002;王五力等,2003;张立东等,2004;丁秋红等,2004;徐星和汪筱林,2004;郑少林等,2008;郑月娟等,2011;张立君等,2012)。早白垩世晚期,主要为湖相细碎屑沉积岩,夹砾岩及油页岩和煤,是重要含煤层,富含热河生物群化石,产介形虫、双壳类、叶支介、植物及孢粉等化石(牛绍武和辛后田,2018)。

晚白垩世,该地层区沉积地层出露面积较少,主要发育一套黄褐色、红色砂砾岩、砂岩、泥岩等碎屑沉积岩系。下部为黄褐色砾岩夹灰绿色、紫红色砂岩、粉砂岩及黏土岩。中部为灰白色、砖红色砾岩夹紫红色、灰绿色、灰白色砂岩、粉砂岩。上部为灰白色砂岩、泥岩夹紫红色、灰绿色粉砂岩、砾岩。

4. 古近系

始新世发育灰色砾岩、紫红色粉砂岩和灰绿色泥岩,夹褐煤层,含鱼、龟和两栖类化石,厚可达 800m 以上。始新统上部发育砾岩夹紫红色泥岩,厚约 100m(李云通,1984)。

5. 新近系

新近系主要为河流-湖相沉积和土状堆积,含三趾马化石的红土分布广泛,个别地区出露玄武岩(侯素宽等,2021)。中新世发育玄武岩,由灰黑色、黄绿色橄榄玄武岩夹黏土和薄层褐煤组成。上新统下部发育红色黏土夹砂砾层,含贺风三趾马等哺乳动物化石。上新统上部发育粉砂质黏土夹黄色砂砾和黑色黏土,含东方鼹鼠等小哺乳动物化石(李云通,1984;中国地质调查局,2004)。代表剖面为河北阳原泥河湾老窝沟—大南沟综合剖面(蔡保全等,2004;Cai et al.,2013;侯素宽等,2021)、山西榆社洮阳—高庄—赵庄—大马岚综合剖面(邱占祥,1987;邓涛和侯素宽,2011;邓涛等,2010;Tedford et al.,2013;Qiu et al.,2013;侯素宽等,2021)。

6. 第四系

更新世发育河湖相地层,多分布于坳陷和断陷盆地中(刘嘉麒和刘强,2000),下部主要为灰绿色粉砂质黏土、黏土质粉砂互层，夹多层泥钙质层和砂砾层；中部主要为巨厚的黄色砂层，中部的底部是砂砾层，并含丰富的大、小哺乳动物化石，如原始牛、游河㺍鼠等（薛祥煦，1981；郑绍华和李传夔，1986）；上部主要为灰绿色、黄绿色或红色粉砂质黏土和黏土质粉砂，含石膏（周慕林，2000；中国地质调查局，2004）。其中，汾渭地堑东北端的泥河湾盆地形成了比较完整的第四系剖面（张宗祜等，2003），发育的泥河湾动物群具有南方型与北方型动物群混生的现象，既有板齿犀、梅氏犀等北方型动物化石，又有纳玛古象（Palaeoloxodon）、水牛等南方型动物化石。全新统主要沉积物类型为冲洪积，岩性主要为砂砾石、黏土，多分布于山间河谷。

（五）渤海地层区

1. 第四系

燕山山前发育的更新统为一套河、湖相沉积，灰色砂砾及黏土层，含较多的哺乳动物化石，厚10余米。全新世广泛发育冲积层、冲洪积层和坡积层。河北平原与辽河平原更新统以冲洪积、冲湖积为主，夹多层海相层和火山岩层（陈望和和倪明云，1987；杨中柱等，2014）。本区第四系洞穴堆积发育，是中国第四系沉积物的一大特点（刘嘉麒和刘强，2000），也是动物化石和古人类化石的重要产地，如北京猿人、沂源猿人、金牛山猿人、北京山顶洞人、周口店动物群、山顶洞动物群等（杨子赓和牟昀智，1981；吴汝康等，1985）。周口店动物群具有南方型与北方型动物群混生的现象，既有板齿犀、梅氏犀等北方型动物，又有纳玛古象 Palaeoloxodon、水牛等南方型动物（中国地质调查局，2004，杨中柱等，2014）。

本区自第四纪以来曾发生过多次海侵。在北京顺义县一带埋深约430m的海相夹层中，发现 Hyalinea baltica 和 Globigerina bulloides 等有孔虫化石，推测该海相夹层形成于早更新世。中更新世发育比较明显的海相地层，含 Spirillina minima 和 Nonion shansiense 化石。晚更新世及全新世早期的海侵规模较大，其中晚更新世时华北地区有两次海侵，含 Asterorotalia，Pseudorotalia，Nonion shansiense 等有孔虫化石，海水可能越过沧县隆起，进入冀中坳陷。全新世早期的海侵则比晚更新世的海侵可能更向西推进，范围则要更大些，含 Ammonia beccarii 等有孔虫化石（亚洲地质图编图组，1982）。

（六）鄂尔多斯地层区

1. 三叠系

三叠纪，盆地继承了二叠纪的古构造格局和沉积特点，总体为大陆冲积平原的古地理面貌，呈现南、北分异的构造格局，形成内陆坳陷盆地，接受三叠纪大陆冲积平原河湖相碎屑岩沉积。

早三叠世，早期形成了网状河心滩沉积的紫红色长石砂岩夹粉砂岩间夹河漫滩沉积的紫红色砂质泥岩；晚期由网状河发展为曲流河边滩及泛滥盆地环境，沉积了紫红色、砖红色薄层状砂质泥岩、泥质粉砂岩和边滩沉积的长石砂岩、灰紫色泥钙质泥砾岩、钙质结核（谭聪，2017；谭聪等，2020）。

中三叠世，盆地受西南侧的挤压与逆冲构造影响，强烈拗陷沉降，形成挠曲盆地。该区继承了前期"北高南低"的古构造格局，地壳差异性构造活动趋于明显，开始形成大幅度的沉陷中心，形成下部心滩沉积的灰绿色、灰黄色含泥砾中、粗粒长石砂岩及河漫滩沉积的紫红色粉砂岩和砂质泥岩，中部凝灰岩 SHRIMP 锆石 U－Pb 年龄为 245.9～234.6Ma（刘俊等，2013；辛补社，2019），中上部泛滥盆地为河湖相紫红色粉砂岩、砂质泥岩。

晚三叠世，盆地开始整体不均匀抬升，河流"回春"，发育粗碎屑岩。在印支运动作用下，全盆地隆升，延长组顶部遭受差异剥蚀，促使三叠纪大型内陆坳陷盆地上升萎缩，从而结束了三叠纪内陆坳陷盆地的发展。

2. 侏罗系

印支运动以后，鄂尔多斯盆地经历了短期控制抬升剥蚀后，于早侏罗世下降接受沉积，进入内陆坳陷盆地的构造发育演化阶段。

早侏罗世，早期主要发育河流-湖泊相沉积。岩性以紫红色泥岩为主，局部为砾岩、砂岩和杂泥岩。产 *Coniopteris - Phoenicopsis* 植物群早期化石组合以及双壳类、叶肢介和孢粉化石（赵俊兴等，1999；曹瀚升等，2018）。早侏罗世晚期—中侏罗早期，是坳陷盆地最活跃的时期，主要发育河流-沼泽相沉积，为盆地主要成煤期（时志强等，2003）。下部沉积期形成灰白色含砾砂岩、砂岩，灰黑色页岩、泥岩，夹煤线或煤层，产 *Coniopteris - Phoenicopsis* 植物群晚期化石组合。中部沉积期是盆地发展的鼎盛时期，表明盆地为稳定的沉降阶段，湖相沉积在盆地内广泛分布，是鄂尔多斯盆地一次极为重要的水进事件，标志着坳陷盆地发展到成熟的阶段；上部沉积期，河流作用加强出现粗碎屑沉积，表明地壳抬升，坳陷盆地进入晚期阶段。

中侏罗世，主要发育一套河流相-湖泊相沉积，岩性为黄绿色砂岩及杂色泥岩、泥质粉砂岩，含砂岩型铀矿、煤和石油天然气，局部为膏盐，与下伏延长组呈平行不整合接触。产 *Coniopteris - Phoenicopsis* 植物群晚期化石组合及孢粉化石（孙立新等，2017b；宋扬等，2020）。中侏罗世晚期，坳陷盆地一度活跃，广泛发育湖泊沉积，但持续时间短暂，主要发育灰紫色、紫红色泥灰岩夹页岩，产介形虫、双壳类、腕足类和鱼等化石（赵俊峰等，2010）。

晚侏罗世，受燕山Ⅱ幕运动的影响，盆地发生强烈整体抬升，盆地范围缩小，鄂尔多斯内陆坳陷盆地彻底消亡，沉积地层主要由棕色、紫灰色块状砾岩、巨砾岩夹少量棕色砂岩及泥质粉砂岩组成。

3. 白垩系

早白垩世，本区持续沉降，沉积了以大量河流相红色、灰绿色、紫红色大型、中小型斜层理为主的砂岩、细砂岩，产有脊椎动物恐龙、鱼类及介形类、叶肢介和双壳类化石。下白垩统下部为一套河流相的粗碎屑岩，岩性为灰紫色、紫红色砾岩，夹砂岩、泥质粉砂岩，紫红色、灰紫色粗—中粒长石砂岩夹泥质粉砂岩、泥岩，局部夹砾岩、页岩，发育大型交错层理，含鱼类、介形类和恐龙足迹化石（李兴文等，2021）。下白垩统中部为一套细碎屑岩，其岩性下段为暗棕红色、灰绿色厚层中—细粒砂岩与粉砂岩、泥岩不等厚互层，局部以黄绿色、紫红色长石砂岩为主，斜层理发育（魏斌等，2006）；中段为暗紫色、浅灰色泥岩及粉砂岩；上段为棕红色块状长石砂岩。下白垩统中部产鱼类、叶肢介和鹦鹉嘴龙等化石（侯彦冬和姬书安，2017），与上、下地层整合接触。下白垩统上部主要为一套紫红色、粉红色、灰绿色、灰黄色、蓝灰色泥岩、砂质泥岩、粉砂岩、细砂岩的互层，夹蓝色泥灰岩，含孢粉化石。早白垩世末期，本区发生了燕山运动Ⅲ幕运动，致使本区在晚白垩世整体抬升隆起，缺少沉积地层，从而结束了鄂尔多斯中生代盆地的发生发展的演化历史。

4. 古近系

古近系主要为河湖相沉积，主要出露于内蒙古乌海市桌子山。中渐新统主要为红色泥岩、粉砂岩，灰白色及橘黄色砂岩，含 *Desmatolagus gobiensis*，*Cyclomylus minutus*，*C. lohensis*，*Cricetops dormitor* 等哺乳动物化石；上渐新统主要为红色泥岩、粉砂岩及砂砾岩，含 *Amphechinus kansuensis*，*Sinolagomys major*，*S. gracilis*，*Plesiosminthus parvulus* 等哺乳动物化石（李云通，1984）。

5. 新近系

新近系主要出露于乌海千里山西麓，为河湖相沉积，岩性为砂岩、砂砾岩，红色砂质泥岩、泥质砂岩，含介形虫化石（李云通，1984）。

6. 第四系

东部高原区多发育黄土、湖积层等，该地区为亚洲黄土的主要沉积中心之一，范围在北纬45°—35°之间，沉积记录贯穿整个第四纪，也是中国第四纪最典型的陆相沉积（刘东生和张宗祜，1962；刘嘉麒和刘强，2000；周慕林，2000）；高原北侧内蒙古和宁夏一带的内陆山间盆地多发育与黄土密切相关的沙漠（吴正，1987；董光荣和陈惠忠，1995），并有盐类沉积；沙漠外缘的宁夏平原北部，以河湖相沉积为主。下更新统由灰黄色细砂和粉砂质黏土组成，厚度较大；中更新统由棕褐色粉砂、砾石和粉砂质黏土组成；上更新统由棕黄色粉砂、砂砾和粉砂质黏土组成，含有石器和丰富的哺乳动物化石；全新统由灰色砂砾，粉细砂夹碳质薄层组成。在陕北榆林以北广泛分布一套晚更新世以来的河湖相沉积及全新世的河湖相夹风成砂的堆积，并在红柳河一带发掘到著名的河套人遗址及丰富的哺乳动物化石（中国地质调查局，2004）。

四、亚洲东缘地层大区

本大区划分3个地层区，包括蒙古-鄂霍次克地层区、锡霍特-阿林地层区和萨哈林地层区。

(一) 蒙古-鄂霍次克地层区

1. 三叠系

上三叠统—下侏罗统为一套海相细碎屑岩夹碳酸盐岩建造。

2. 侏罗系

伴随中—晚侏罗世挤压逆冲作用，主要发育陆相砂岩、粉砂岩夹少量海相碎屑岩层，并形成泥盆纪碳酸盐岩飞来峰（张顺等，2003；吴根耀等，2006），在乌达—斯塔诺夫地区形成同期火山岩带（Karsakov et al.，2008）。

3. 白垩系

下白垩统为砂岩与泥质粉砂岩互层夹煤线，含植物化石。上白垩统发育一套砾岩，其上发育由安山岩（85Ma）及玄武岩（74Ma）等组成的火山岩带（Jeremy and Vyacheslav，2004）。

4. 第四系

区内不发育古近系及新近系。第四系主要沿现代河流发育冲洪积相沉积，局部发育湖相沉积，沿海地区则发育潟湖-三角洲沉积及海相沉积。

(二) 锡霍特-阿林地层区

1. 三叠系

中—晚三叠世，盆地受东西侧的挤压与逆冲构造影响，局部拗陷沉降，开始形成沉陷中心。中—上三叠统主要为灰黄色中—粗粒长石砂岩及紫红色粉砂岩，张国宾（2014）在关门咀子—大岱林场一带获得枕状熔岩锆石年龄为（222±10）Ma，Zhou等（2014）获取饶河县辉长岩锆石年龄为（216±5）Ma。

2. 侏罗系

下侏罗统，以早侏罗世普林斯巴期硅质岩为主，夹硅质板岩、薄层粉砂板岩，局部粉砂质板岩与硅质岩互层,硅质岩含放射虫 *Capnachosphaera* sp.,*Yeharaia elegans*,*Staracantium* sp.,*Palfkerlum* sp.,以及牙形刺 *Epigondolella* 和 *bidentata* 等化石,夹中石炭世—早二叠世含蜓灰岩岩块、三叠纪玄武岩、辉长岩和蛇纹岩化超镁铁岩块,与中侏罗统均呈断层接触。

中侏罗统,以含砾杂砂岩为主和泥质粉砂岩互层,夹少量硅质岩、灰岩及细碧岩块与上侏罗统呈断层接触。乌苏里江东岸燧石层含中三叠世—中侏罗世早期放射虫,粉砂岩含中侏罗世巴柔期和巴通期放射虫,乌苏里江西岸饶河地区粉砂质泥岩中放射虫鉴定为巴通期—卡洛夫期。

上侏罗统,上段以硬砂质粉砂岩、细砂岩、粉砂质泥岩及泥质粉砂岩,以含海相双壳类 *Buchia* sp. 和 *B. okensis* 为特征;下段轻微变质黑色粉砂岩,以含海相双壳类 *Buchia unschensis* 为特征。上侏罗统可与 Bikin 地区 Ulitka 组杂岩对比(Kemkin,2008)。

3. 白垩系

下白垩统,上段为砾岩与泥质粉砂岩互层夹煤线及黏土,含植物化石,其上发育英安岩、流纹岩及角砾凝灰岩等;下段为泥质粉砂岩与杂砂岩互层,夹硅质砾岩、黑色砂岩及板岩,发生轻微绢云母化和绿泥石化。上白垩统发育一套杂色砾岩,其上发育锡霍特-阿林陆缘由英安岩、流纹岩及角砾凝灰岩组成的火山岩带。

4. 古近系

古近系多发育火山岩和沉积岩。火山岩层广泛分布于东锡霍特-阿林火山岩带内,陆相沉积主要发育于西部的沉积盆地中。

5. 新近系

新近系主要是陆相沉积岩,形成山间盆地和山前盆地的沉积岩、凝灰质沉积岩及组成高原玄武岩的火山岩。

6. 第四系

在锡霍特山区更新统沉积物主要为阶地冲积物和坡积物,主要岩性为红色—棕色砂砾石、含砾石黏土质砂、亚砂土等,孢粉组合以针叶林占优势。全新统主要沿河流发育冲洪积相,局部发育湖相沉积;滨海地区则部分发育海相沉积(М. Н. АЛЕКСЕЕВ and Л. В. ГОЛУБЕВА,1984;Л. В. ГОЛУБЕВА and Л. П. КАРАУЛОВА,1985a,1985b)。

(三)萨哈林地层区

1. 侏罗系—白垩系

上侏罗统—下白垩统为俯冲带加积楔混杂岩,基质为含侏罗纪—早白垩世放射虫、孢粉及花粉等沉积岩;上白垩统以砂岩及粉砂岩为主,含阿尔布期—塞诺曼期孢粉、花粉及放射虫等化石。

2. 古近系

古近系主要分布在萨哈林岛(库页岛)西,为海陆混合含煤相,厚 1000～3000m。古新统与中、下始新统奈布京群,厚 1300m,为碎屑沉积,有少量火山岩夹层,含 *Betula heterodonta* 植物化石。始新统上亚统扎戈尔层与渐新统斯涅任层—列索戈尔层,均为海相,含双壳类 *Pitaria californiana* 化石(亚洲地质图编图组,1982)。

3. 新近系

萨哈林岛(库页岛)新近系特点是厚度大、剖面完整、岩相与古近系基本一致,多为海相细粒沉积物组成,厚度大于6000m。中新统谢尔格耶夫群和马卡罗夫群为碎屑岩沉积,前者含有火山碎屑物,后者除含软体动物 *Patinopecten subyessoensis* 化石外,并有 *Trapa borealis* 植物化石。上新统包括塔科伊层和波梅尔层,含有褐煤层,并有双壳类 *Fortipecten takachashii* 化石(亚洲地质图编图组,1982)。

4. 第四系

萨哈林岛(库页岛)第四系下部、中部多湖积层,上部多海陆交互沉积和滨海沼泽泥煤层,而玄武岩、安山岩及其凝灰岩多次出现(亚洲地质图编图组,1982)。

第三章 区域侵入岩

第一节 太古宙—古生代

研究区太古宙—古生代岩浆岩发育,按照表3-1所示岩浆岩带划分方案具体描述。

表3-1 太古宙—古生代岩浆岩带划分方案表

构造岩浆岩系	构造岩浆岩带	构造岩浆岩亚带
Ⅰ 西伯利亚岩浆岩系	Ⅰ-1 南西伯利亚岩浆岩带	
	Ⅰ-2 阿尔丹岩浆岩带	
	Ⅰ-3 斯塔诺夫岩浆岩带	
Ⅱ 中朝岩浆岩系		
Ⅲ 中亚岩浆岩系	Ⅲ-1 萨彦-额尔古纳岩浆岩带	Ⅲ-1-1 萨彦-贝加尔-斯塔诺夫岩浆岩亚带
		Ⅲ-1-2 中蒙古-额尔古纳岩浆岩亚带
	Ⅲ-2 天山-兴安岩浆岩带	Ⅲ-2-1 南蒙古-兴安岩浆岩亚带
		Ⅲ-2-2 内蒙古-吉黑岩浆岩亚带
		Ⅲ-2-3 华北北缘岩浆岩亚带
		Ⅲ-2-4 小兴安岭-张广才岭岩浆岩亚带
		Ⅲ-2-5 布列亚-佳木斯-兴凯岩浆岩亚带
	Ⅲ-3 蒙古-鄂霍次克岩浆岩带	Ⅲ-3-1 杭盖-肯特岩浆岩亚带
		Ⅲ-3-2 Onon岩浆岩亚带

一、西伯利亚岩浆岩系

西伯利亚岩浆岩系位于研究区北部,主要包括南西伯利亚岩浆岩带、阿尔丹岩浆岩带及斯塔诺夫岩浆岩带。受古洋壳俯冲作用的影响,该区前中生代侵入岩十分发育。

(一)南西伯利亚岩浆岩带

该岩浆岩带侵入岩以酸性花岗质岩石为主,中基性侵入岩较少。侵入岩主要形成于古元古代、早—晚加里东期及晚华力西期3个构造阶段,其他时期侵入岩分布相对较少。

太古宙花岗岩仅见于南西伯利亚岩浆岩带东北端,规模较小,岩性为花岗岩。

古元古代侵入岩呈北东—北北东向展布于西伯利亚板块东南缘,构成一条规模较大的岩浆岩带。岩性包括二长花岗岩、花岗闪长岩、正长花岗岩及少量碱性花岗岩等。在该岩浆岩带的南部有少量中性侵入岩体出露,岩性为二长岩。

早加里东晚期—晚加里东早期侵入岩体空间上也构成北东—北北东向的岩浆岩带,近乎平行地展布于古元古代侵入岩带东南侧。岩浆岩带西南部较为狭窄,随着向北东向的延伸逐渐变宽。花岗岩是该岩浆岩带的主要岩性,其他岩石类型较少。该期侵入岩遭受晚华力西期岩浆事件破坏严重,以东北部博代博及周缘地区为代表。加里东期岩体普遍遭受晚华力西期侵入岩的肢解与破坏,之前较大规模的岩体成为较小的破碎侵入体或残存块体。

格林威尔期侵入岩与古元古代岩浆岩带相伴产出,在该岩浆岩系的最北部有大量该时期侵入岩体出露,花岗岩较少,但基性岩出露则相对较多。古元古代岩浆岩带的中部零星出露较多辉长岩体,岩体规模一般不大。该类辉长岩体向北依次断续出露,空间上构成与花岗质侵入岩带相伴随的中基性侵入岩带。扬子期侵入岩出露较少,但显著特点是以基性—超基性岩体为主,酸性岩体较少。在早加里东晚期—晚加里东早期侵入岩带南缘东部,可见多处出露的辉长岩和超基性岩体。总体来说,该时期中基性(及超基性)侵入岩的大量出露与其他时期以酸性侵入岩为主的特征有较为显著的区别,是其一个重要特征。

中华力西晚期侵入岩体以碱性岩为主,少量花岗质岩石组成北东走向的岩浆岩带展布于该构造单元的东南缘。

晚华力西期侵入岩主要分布于该构造单元的北东部,与古元古代及加里东期侵入岩不同,该期侵入岩呈面状分布,岩性以花岗岩和花岗闪长岩为主。以博代博及周缘地区为例,该期岩浆事件所形成的岩体在空间上规模一般较大,岩体形态也多为近圆状,可能为伸展背景下形成。

(二)阿尔丹岩浆岩带

阿尔丹岩浆岩带位于西伯利亚岩浆岩系东南,最显著的特点是整个岩浆岩带普遍发育大规模太古宙侵入岩,其次为古元古代侵入岩,加里东期和晚华力西期侵入岩相对较少。

太古宙侵入岩遍布整个岩浆岩带,在西部、北部及西北部成片出露,充当了整个岩浆岩带的古老基底,仅在中南部涅留恩格里地区与中北部地区因覆盖而出露较少。岩性包括花岗岩、正长花岗岩等酸性侵入岩,也包括大量辉长岩等基性侵入岩。花岗质岩石在岩浆岩带西北部较多,向东南逐渐减少。辉长岩呈现出与花岗岩不同的出露特点,其在岩浆岩带西北部较少,而东北部较多。

古元古代侵入岩主要出露于岩浆岩带西南部,岩体规模一般较大,沿岩浆岩带南部边界向北东向延伸并逐步减少,岩体规模也随之变小,在岩浆岩带东北部仅有小规模侵入体出露。酸性侵入岩包括二长花岗岩、正长花岗岩及花岗闪长岩,基性侵入岩主要为辉长岩,在阿尔丹岩浆岩带的西南部、中部及东北部均有出露。

另外,在岩浆岩带的西南角,有少量加里东期正长花岗岩和晚华力西期花岗岩出露。

(三)斯塔诺夫岩浆岩带

斯塔诺夫岩浆岩带侵入岩时代与阿尔丹岩浆岩带相似,主要为太古宙和古元古代侵入岩。但侵入体出露规律不同,主要出露于岩浆岩带西南部,并沿南部边界向北东向延伸。

太古宙侵入岩主要为花岗岩,在地块西南部及南部边界大规模出露,东北部也有少量分布。少量辉长岩出露于岩浆岩带西南及西北地区。

古元古代侵入岩出露规模略大于太古宙侵入岩,二者空间分布规律相似,主要出露在岩浆岩带西南的腾达以南区域,但并没有向东北部延伸。岩性主要包括二长花岗岩、花岗闪长岩等酸性侵入岩,也有二长岩等中性侵入岩。

在岩浆岩带西南部,还出露少量格林威尔期与扬子期花岗质侵入岩,晚华力西期花岗岩、花岗闪长岩及二长岩。

二、中朝岩浆岩系

中朝准克拉通原是一个具有前寒武纪古老基底的稳定陆块,但其在白垩纪时期受古太平洋板块俯冲影响而彻底破坏。中朝准克拉通北侧以赤峰-开原断裂为界,与中亚造山系分隔;西侧以巴彦乌拉山-狼山断裂带为界,与阿拉善地块分隔;南侧以三门峡-宝丰(三宝)断裂带与秦岭造山系和华南地块分隔。

中朝岩浆岩系侵入岩分布具有十分鲜明的特点,太古宙侵入岩是该岩浆岩系的主体岩性,除鄂尔多斯盆地和华北平原覆盖较为严重外,其他地区太古宙侵入岩普遍出露,是规模最大、分布最广泛的一类侵入岩,构成该岩浆岩系的基底岩石。岩性主要为太古宙变质深成侵入岩,原岩主要岩石类型包括花岗岩、二长花岗岩、花岗闪长岩、辉长岩等。

古元古代侵入岩是除太古宙侵入岩之外中朝岩浆岩系出露相对较多的前寒武纪侵入岩,但总体出露规模远小于太古宙侵入岩,其在岩浆岩系的不同部位均有分布,岩性也多种多样。主要出露地带和相应岩性包括山西-太行岩浆岩带、冀辽地块的吕梁—忻州—阜平一带的花岗岩,冀北-阴山岩浆岩带中东部和乌兰察布—隆华一带的花岗岩、花岗闪长岩、闪长岩等,渤海东地块岫岩—通化—和龙一线的二长花岗岩、正长花岗岩,狼林岩浆岩带东北部的花岗岩、花岗闪长岩等。

格林威尔期和扬子期侵入岩出露相对较少,主要见于中朝岩浆岩系北缘的阿拉善岩浆岩带、冀北-阴山岩浆岩带等地。岩性主要为花岗岩、花岗闪长岩和正长花岗岩。主要出露地带包括阿拉善岩浆岩带西南部的阿拉善右旗、冀北-阴山岩浆岩带的乌拉特中旗—固阳一带。

加里东期和华力西期侵入岩主要出露于中朝岩浆岩系北缘阿拉善岩浆岩带、冀北-阴山岩浆岩带和东部的渤海东岩浆岩带东北部。早加里东期侵入岩出露较为局限,主要分布在中朝岩浆岩系西北部阿拉善岩浆岩带的大部分地区,岩性包括花岗闪长岩、辉长岩等。冀北-阴山岩浆岩带西部的乌拉特后旗附近也可见该时期的花岗岩、花岗闪长岩,中部商都附近见花岗岩,岩体规模一般较小。

早华力西期侵入岩出露也较少,在阿拉善岩浆岩带的阿拉善右旗至巴彦诺尔苏木一带可见出露较多的花岗岩,但岩体规模一般不大。其在冀北-阴山岩浆岩带的固阳、商都、围场附近均有零星分布,岩性为二长岩、闪长岩及花岗岩。

中华力西期侵入岩仅在乌拉特中旗西、赤峰北及吉林抚松3个地方可见,岩性为花岗岩。晚华力西期侵入岩分布相对较多,在阿拉善岩浆岩带北部,整个冀北-阴山岩浆岩带自西向东均有断续出露,岩性包括花岗岩、二长花岗岩、花岗闪长岩等酸性侵入岩,也包括闪长岩等中性侵入岩和辉长岩等基性侵入岩。其中,闪长岩、辉长岩等中基性侵入岩主要分布在阿拉善岩浆岩带北部和冀北-阴山岩浆岩带西缘,酸性花岗岩质岩石则遍布中朝岩浆岩系北缘大部。

三、中亚岩浆岩系

中亚造山系是指主体位于北侧西伯利克拉通和南部中朝-塔里木克拉通之间的巨型造山带,该造山带西起乌拉尔山,向东经由哈萨克斯坦、中国天山、阿尔泰、蒙古、中国东北、俄罗斯远东等地区,延伸至太平洋西岸,是全球规模最大的增生造山系(Xiao et al.,2003,2009a,2009b,2015;徐备等,2014)。该造山系由大量地块、微陆块、增生地体、增生楔、岩浆弧、岛弧、蛇绿混杂岩带及沉积盆地等组成,其形成过程与古亚洲洋演化密切相关,后经鄂霍次克洋和太平洋构造域的强烈叠加与改造。古亚洲洋是一个典型的"多岛洋",其演化经历了多洋盆的俯冲增生与多块体碰撞拼贴等复杂过程,造成了中亚造山系的显著增生。其中,侵入岩(尤其是花岗岩)是中亚造山系增生最为显著的特征,其主体在古生代时期形成,并包含少量中—新元古代和早中生代岩浆岩。

与西伯利亚岩浆岩系和中朝岩浆岩系等不同,中亚岩浆岩系前寒武纪侵入岩较少,而古生代侵入岩分布广泛,是整个岩浆岩系侵入岩的主体。包括太古宙、古元古代、格林威尔期及扬子期等在内的前寒武纪侵入岩主要分布于西伯利亚岩浆岩系南缘与中朝岩浆岩系北缘的邻近地区,呈现出典型的南、北缘多而向造山系中部减少的特征,预示着中亚岩浆岩系前寒武纪地质体分别具有西伯利亚、华北岩浆岩系亲缘性的特征。扬子期是Rodinia超大陆裂解和古亚洲洋形成的重要阶段,该时期的侵入岩岩浆事件多与裂谷伸展构造背景相关。

早古生代至晚古生代早—中期,包括萨拉伊尔期、早加里东期、晚加里东期、早华力西期和中华力西期等在内5个构造演化阶段,古亚洲洋主体经历了大规模的俯冲汇聚构造演化阶段,造成中亚造山系的显著增生,是整个岩浆岩系形成的主要时期,造山系的整体构造格架、各地质单元及主要缝合线等基本确定(Liu et al.,2021;Ma et al.,2021)。该时期的侵入岩在中亚岩浆岩系北部、中部有大规模分布,南部相对较少,呈现出北侧多、向南逐渐减少的特征。相同时代的侵入岩一般呈东西向带状展布,不同时代的岩浆岩带主体遵循"北老南新"的规律近平行排列。各岩浆岩系的岩石组合及化学分析均显示出弧岩浆岩的特征,是古亚洲洋北向俯冲、南向后撤构造作用的结果。但由于后期受到鄂霍次克构造域和太平洋构造域的影响,上述岩浆岩带东西向展布的构造形迹仅在局部保留,一些地区(如大兴安岭、张广才岭等)地质体遭受后期岩浆事件的破坏,另一些地区(如松辽盆地、科尔沁沙地等)遭受中—新生代沉积物覆盖,现有地表保存下来的地质体较为局限。

晚古生代晚期,包括晚华力西期和印支期两个构造演化阶段,其形成的侵入岩在整个中亚岩浆岩系广泛分布,表明该时期岩浆活动频繁。与加里东期和早、中华力西期的带状展布侵入岩不同,晚华力西期和印支期侵入岩体多呈面状分布,单个岩体规模也较大,说明其形成于伸展构造背景下(Liu et al.,2021)。

以下对不同构造单元各时期侵入岩分述之。

(一)萨彦-额尔古纳岩浆岩带

萨彦-额尔古纳岩浆岩带西起萨彦岭,经蒙古北部延伸到额尔古纳河流域,呈弧形环绕在西伯利亚岩浆岩系南侧,两者以准斯克(Zhuinsk)断层系统为界。

1. 萨彦-贝加尔-斯塔诺夫岩浆岩亚带

该岩浆岩亚带呈北东向分布,侵入岩以太古宙和华力西期为主,其他时代少量分布。太古宙侵入岩主要分布于岩浆岩亚带北部的斯塔诺夫一带,中部、南部主要分布华力西期侵入岩,侵入岩时代向南逐渐变新。

太古宙侵入岩集中分布于莫戈恰以北的斯塔诺夫山区,岩体规模较大,连片出露,岩性包括变质深成岩、花岗岩、花岗闪长岩等酸性侵入岩,闪长岩等中性侵入岩及辉长岩等基性侵入岩。另外,在岩浆岩亚带中部的贝加尔湖东岸有一处太古宙侵入岩出露,岩性为花岗岩。

古元古代侵入岩分布于岩浆岩亚带北部,中间被晚华力西期岩浆侵入,分割成东、西两部分。其中,东侧规模及分布范围远大于西部,与太古宙侵入岩关系密切,并被晚华力西期岩浆侵入分割,岩性以花岗闪长岩为主,包含少量二长花岗岩。西侧古元古代侵入岩带分布于贝加尔地区,在贝加尔湖东岸呈北北东向延伸,向北沿岩浆岩亚带边界延伸至斯塔诺夫地区。岩性主要为花岗岩,以及少量辉长岩等基性侵入岩。

加里东期侵入岩主要沿该岩浆岩亚带南部边界北东向延伸,从布尔干—额尔登特—布伦—达尔罕一直到达北部的彼得罗夫斯克—希洛克—赤塔等地,构成一条规模较大的北东向岩浆岩带。岩性以花岗质酸性侵入岩为主,其中花岗闪长岩占了绝大部分,而花岗岩、二长花岗岩及辉长岩等少量。

晚华力西期侵入岩主要分布于岩浆岩亚带中部和南部地区,东北部较少。一个很显著的规律是中部侵入岩时代以晚华力西早期为主,南部侵入岩时代以晚华力西晚期为主,呈现侵入岩时代向南变新的特点。晚华力西早期侵入岩岩体规模巨大,多呈面状出露,岩性以二长花岗岩为主,少量花岗闪长岩。

而晚华力西晚期侵入岩则呈规模相对较小的带状形态断续出露，岩性以二长岩和花岗岩为主。晚华力西晚期侵入岩的一个显著特点是中性侵入岩的大规模出露，从南部的贝加尔斯克开始出露岩体呈北东向延伸，在乌兰乌德一带广泛出露，向北东向一直延伸至斯塔诺夫岩浆岩亚带南缘，构成一条显著的中性岩浆岩带。

2. 中蒙古-额尔古纳岩浆岩亚带

与西伯利亚东南缘岩浆岩亚带相比，中蒙古-额尔古纳岩浆岩亚带侵入岩出露较差，元古宙和古元古代侵入岩规模大，但露头少，前寒武纪侵入岩以格林威尔期和扬子期两个时期为主。加里东期侵入岩出露较多，在整个地块中有较多分布（Xiao et al.，2015，2018；葛文春等，2005b），并被华力西期侵入岩普遍侵入。

古元古代侵入岩主要在中蒙古岩浆岩亚带，是中蒙古-额尔古纳岩浆岩亚带的基底物质，但多数已经变质或者遭受构造作用成为构造混杂岩。该岩浆岩亚带灰色英云闪长质片麻岩类锆石 U-Pb 年龄为 (2646 ± 45)Ma，前古元古代蛇绿岩套和古元古代变质岩组成了火山-碎屑岩的主要源区。"Dzugzur-Type"辉长-闪长质侵入体的年龄为 1710~1650Ma，它在岩浆岩亚带的基底核中十分显著。再者，基底岩石中最主要的组分是中元古代晚期—新元古代早期的变质蛇绿岩（>800Ma）和绿片岩相混杂岩，包括由高压变质的构造岩片，与早于 840Ma 的岩浆岩和碎屑岩 Andian-Type 聚合。

格林威尔期和扬子期侵入岩呈现中间多、两头少的特点，主要分布于额尔古纳地区（Liu et al.，2021；Ma et al.，2021；武广等，2005），以南的中蒙古地区出露相对较少，以北的马门地块几乎未见出露。中蒙古的曼达尔戈壁和温都尔汗地区见少量扬子期侵入岩出露，主要岩性为二长花岗岩和少量蛇绿岩残片。中部额尔古纳和俄罗斯境内的克拉斯诺卡缅斯克等地大规模出露格林威尔期和扬子期侵入岩，岩性主要为花岗岩，其他岩石类型非常少。该期侵入岩向北出露逐渐减少，在漠河、塔河地区仅见小规模花岗岩体出露。俄罗斯境内马门地区偶见小规模格林威尔期花岗闪长岩和扬子期花岗岩。

加里东期侵入岩在整个中蒙古-额尔古纳地块普遍出露，除蒙古东戈壁、海拉尔盆地及漠河盆地等地区覆盖较为严重之外，其他地区几乎均有不同规模加里东期侵入岩断续出露，在中蒙古—额尔古纳—玛门等地构成一条北东向的岩浆岩带。岩性包括花岗岩、花岗闪长岩等酸性侵入岩，辉长岩、蛇纹岩、橄榄岩等基性—超基性侵入岩。一个明显的特点是，该侵入岩带规模十分大且延伸较长，但整条岩浆岩带岩石组合十分相似，预示着它们形成于相似的构造背景下。

早华力西期侵入岩较少，仅在大兴安岭北段塔河南部的局部地区有小规模辉长岩体出露。也有少量花岗岩出露，但岩体规模较小，很多地质体仅在大比例尺地质图上可见。

晚华力西期岩浆岩在中蒙古-额尔古纳岩浆岩亚带大规模分布，遍布整个地块，普遍侵入早期地质体中，岩性包括花岗岩、二长花岗岩、花岗闪长岩等酸性侵入岩，少量二长岩等中性侵入岩和辉长岩等基性侵入岩。晚华力西期侵入岩可划分为晚华力西期早期和晚华力西期晚期两个期次，其显著的空间分布特点是：两期侵入岩总体呈带状近平行出露，沿中蒙古—额尔古纳一线北东向延伸，且晚华力西期早期侵入岩位于晚华力西期晚期侵入岩的西北部。这说明两期侵入岩可能为古大洋两期俯冲事件的产物，但晚华力西期早期侵入岩向北延伸到俄罗斯马门地区，而晚华力西期晚期侵入岩则仅限于漠河—塔河一线以南地区。

（三）天山-兴安岩浆岩带

1. 南蒙古-兴安岩浆岩亚带

该岩浆岩亚带前寒武纪侵入岩在南蒙古地区可见，包括古元古代变质岩、格林威尔晚期—扬子早期碳酸盐岩-绿片岩集合体、同构造片麻岩-花岗岩，年龄为 950Ma。中基性岩主要为扬子期和萨拉伊尔期的蛇绿岩残片，包括辉长岩、橄榄岩及蛇纹岩等。Herlen地块的增生基底形成时代以萨拉伊尔期新生花岗岩(536Ma)岩基侵入体来限定。

东北部的兴安岩浆岩带缺失前萨拉伊尔期岩浆记录，主要出露加里东期和华力西期侵入岩。加里东期侵入岩出露较少，岩体规模一般较小且较为零散，局部可见少量大规模的岩体出露。地质填图和相关研究结果表明(郑常青等，2013；武广等，2005；郭峰等，2009；冯志强，2015)，整个早古生代期间，自萨拉伊尔期，经早加里东期到晚加里东期，均有相应时期的侵入岩形成(葛文春等，2007；郭峰等，2009；冯志强，2015)，表明该时期是显著的岩浆活跃期，构造-岩浆活动频繁(Xiao et al.，2015，2018)，有大量侵入岩形成，但经后期岩浆事件破坏而保存较少。

整个岩浆岩带的加里东期侵入岩在空间上以岩浆弧的形式在阿尔山—扎兰屯—嫩江—多宝山一带呈北东向延伸，在最北部俄罗斯的希马诺夫斯克地区也有出露，构成北东向的弧岩浆岩带。岩性包括花岗岩、二长花岗岩等酸性侵入岩，闪长岩等中性侵入岩和蛇纹岩，辉长岩、橄榄岩等基性—超基性侵入岩组合，系嫩江洋古洋壳北西向俯冲相关的岩浆事件形成(Liu et al.，2017)。此外，在南蒙古北缘局部地区也有小规模加里东期弧岩浆岩出露，岩性为花岗闪长岩，表明该早古生代弧岩浆岩带向南可延伸到中蒙古地区。

因此，加里东期是南蒙古-兴安岩浆岩亚带的主要陆壳增生时期，有大量增生岩浆弧形成，构成了该岩浆岩亚带的主体(Liu et al.，2021；Ma et al.，2021；Wu et al.，2011)。多宝山岛弧作为典型的早古生代岛弧，是区内最具代表性的加里东期增生岩浆事件，Wu等(2015)对多宝山地区的早古生代侵入岩及部分火成岩开展了深入的成因及构造背景研究。研究表明，多宝山—铜山地区的多处花岗闪长岩侵入体至少形成于479Ma之前，形成时代属早奥陶世，大量火山岩形成于450～447Ma之间，形成时代属晚奥陶世，均为加里东期岩浆事件形成的岩石序列。其中，早奥陶世侵入岩普遍具有高Al、高Sr、低Yb、低Y特征，且Mg$^{\#}$和$w(Na_2O)/w(K_2O)$均较低，为下地壳加厚熔融形成的埃达克质岩石，形成于碰撞后构造背景。而晚奥陶世火山岩由玄武岩、玄武安山岩及安山岩等一系列拉斑玄武质和钙碱性岩石组合构成，是典型的与俯冲相关的弧岩浆岩，为俯冲背景岩浆事件成岩。这预示着兴安岩浆岩亚带的形成可能经历了多旋回的俯冲→碰撞→伸展过程，伴随大规模的俯冲后撤和造山带增生。

Feng等(2018)对大兴安岭北段伊科特地区闪长岩、雅鲁和兴隆等地区辉长岩开展了研究，3个地区侵入岩年龄分别为(435±1)Ma、(430±8)Ma和(447±4)Ma，为晚加里东期镁铁质侵入岩。岩石成因研究表明，伊科特地区闪长岩具有富Na特征，属钙碱性岩浆序列，富集Rb、Ba、K及Sr等大离子亲石元素，亏损Ta、Ti、Zr及Hf等高场强元素，预示其成岩岩浆来源于地幔楔，岩浆源区遭受俯冲板片流体和上覆沉积物的共同改造与富集作用。雅鲁和兴隆地区辉长岩具有低K、低Mg及变化较大的Mg含量特征，属拉斑玄武岩浆序列。富集大离子亲石元素和亏损高场强元素，具有较高的Hf同位素异常特征[$\varepsilon_{Hf}(t)=+5.8～+13.3$]，是亏损地幔上升过程中伴随俯冲板片折返形成的一套侵入岩。区内同时期弧岩浆事件共同说明了加里东期兴安造山带受嫩江洋洋壳向北西俯冲的影响，形成了大规模的弧岩浆岩带。

早华力西期是该岩浆岩亚带的岩浆寂静期，主要发育泥鳅河组、大民山组等沉积岩。中华力西期侵入岩也在空间上呈北东向的弧岩浆岩形式分布，自该造山带南部蒙古境内的曼达赫，向北东延伸到中国内蒙古的二连浩特北—东乌珠穆沁旗—阿尔山—扎兰屯及黑龙江省的嫩江—呼玛一带，组成一条巨大的北东向弧岩浆岩带。但岩体规模一般不大，总体以酸性侵入岩为主，岩性为花岗闪长岩、二长花岗岩、正长花岗岩等，包含少量中性和基性侵入岩，如闪长岩、辉长岩等。

Ma等(2019a，2019b)对大兴安岭中段蘑菇气地区的花岗质侵入岩开展了研究，岩性包括花岗闪长岩和二长花岗岩。其中，花岗闪长岩成岩年龄为345Ma，为俯冲背景下形成的I型花岗。二长花岗岩成岩年龄为320Ma，是兴安-松嫩地块碰撞形成的S型花岗岩。通过总结同时期岩浆岩特征发现，兴安岩浆岩亚带在早华力西期总体处于俯冲背景下，形成较多与俯冲相关的岩浆事件(那福超等，2014；隋振民等,2009;马永非,2019)。

晚华力西期岩浆岩遍布整个岩浆岩亚带,在南蒙古到中国兴安和俄罗斯境内均有相应时期的岩体出露(童英等,2010;汪岩等,2013a,2013b)。晚华力西期岩浆岩总体呈面状分布,岩体规模一般较大,侵入早期地质体,岩性包含酸性花岗岩、碱长花岗岩、二长花岗岩、花岗闪长岩、中性闪长岩及基性辉长岩等(赵芝等,2010a,2010b,赵芝,2011)。

对该时期侵入岩有大量研究,Wu等(2002,2011)在大兴安岭北段黑河地区报道了大量二叠纪A型花岗岩,其形成于古洋盆闭合后的伸展构造背景。在西南方向的嫩江、蘑菇气等地,均有大量相似背景(伸展背景)的晚石炭世或早二叠世侵入岩报道(Ma et al.,2019b)。该种类型岩石在二连浩特等地也有大量相关报道(Zhang et al.,2015b;秦涛,2014),在空间上岩体分布呈现出面状特征,多数侵入岩体规模较大,形成于伸展背景下,与加里东期和早华力西期俯冲相关的弧岩浆岩形成鲜明对比。

2. 内蒙古-吉黑岩浆岩亚带

该岩浆岩亚带不同时代的前寒武纪侵入岩均有分布(许文良等,2019),但规模一般较小,仅在锡林浩特和龙江地区集中出现。早古生代侵入岩构成北东东向岩浆弧,而晚古生代侵入岩则大规模分布(Liu et al.,2021)。主要出露岩体分布在造山带西部,松辽盆地均被覆盖,主要通过钻孔资岩芯料来探讨(Wu et al.,2001)。

太古宙侵入岩仅在岩浆岩亚带中北部的龙江地区有少量报道,岩性为花岗岩,成岩年龄有2.5Ga(钱程等,2018a)与2.7Ga(Wu et al.,2018)两个时代。古元古代侵入岩在龙江地区有较多报道,岩性为花岗岩,年龄集中在1.8Ga左右(张超等,2018;程招勋等,2018),Liu等(2021)研究认为,该区存在一个前寒武纪微陆块——龙江微陆块。格林威尔期侵入岩主要在该造山带西南部的锡林浩特—阿巴嘎旗—苏尼特左旗地区出现(孙立新等,2013b),岩性以花岗岩为主,Liu等(2021)研究认为该区存在另外一个前寒武纪微陆块——锡林浩特微陆块。该时期侵入岩多具有A型花岗岩特征,是Rodinia超大陆裂解相关的岩浆事件。

加里东期侵入岩主要分布于锡林浩特—阿巴嘎旗—苏尼特左旗一线,在空间上呈近东西向或北东东向展布,岩性主要为花岗岩等酸性侵入岩,在苏尼特左旗地区还出露有规模较大的闪长岩岩体。另外,在托托尚地块东缘也有少量闪长岩出露。

华力西期侵入岩分布十分广泛,遍布整个岩浆岩亚带。其中,早中华力西期侵入岩规模相对较小,岩性包括花岗岩、二长花岗岩、花岗闪长岩等,还有少量辉长岩、闪长岩等中基性侵入岩。晚华力西期侵入岩分布最为广泛,岩体规模一般较大,岩性包括花岗质岩石等酸性侵入岩,也包括闪长岩等中性侵入岩,以及大量的基性—超基性蛇绿混杂岩。该时期的中基性岩石在苏尼特左旗以西地区沿造山带南缘延伸,而在苏尼特左旗以东地区沿北东向展布于岩浆岩亚带西侧。

3. 华北北缘岩浆岩亚带

该岩浆岩亚带系古亚洲洋南向俯冲于中朝准克拉通之下形成的陆缘岩浆带,主体为加里东期增生岛弧或岩浆弧,含少量克拉通古老微陆块碎片,并被华力西期岩浆事件破坏。

太古宙侵入岩主要分布于岩浆岩亚带中部南缘的敖汉旗至彰武一带,在华北北缘岩浆岩亚带西部白云鄂博矿区西南也有小规模太古宙侵入岩出露,岩性均为变质深成侵入岩,是中朝岩浆岩系基底物质北延部分。

古元古代侵入岩仅在正镶白旗至多伦之间小规模出露,岩性为花岗岩。格林威尔期侵入岩在白云鄂博矿区东北有多处出露,规模较小,岩性包括闪长岩与花岗闪长岩两种。向东在围场西北古元古代侵入岩有小规模出露,岩性为花岗岩,侵入时代为扬子期。在阜新以北、库伦旗以南也有零星分布,但岩性以中基性侵入岩为主,包括闪长岩和辉长岩等,与太古宙侵入岩伴生。

加里东期侵入岩在该岩浆岩亚带广泛分布,自岩浆岩亚带西缘向东延伸,但总体限于松辽盆地以西地区,松辽盆地以东显著减少。侵入岩的显著特点是中基性侵入岩发育、多处形成构造混杂岩或蛇绿岩套、构成典型的增生杂岩带或岩浆弧、呈东西向展布于中朝准克拉通北缘,相关文献中自北向南依次称为温都尔庙增生杂岩带与白乃庙岛弧。其中,白云鄂博矿区西北和镶黄旗以西两个地区出露最为广泛,岩性包括二长花岗岩、花岗闪长岩、辉长岩、闪长岩及相关的构造混杂岩和蛇绿岩。其他主要出露区包括造山带最西端,岩性为闪长岩;在赤峰北,岩性为花岗岩;在四平南,岩性为花岗岩;在吉林市南部,岩性为花岗岩;在最东端延吉南部地区,岩性主要为由基性、超基性侵入体构成的构造混杂岩。

早—中华力西期侵入岩较少,仅在白云鄂博矿区周缘及敖汉旗以西地区可见。岩性包括二长花岗岩和花岗闪长岩。

晚华力西期和印支期侵入岩分布十分广泛,遍布全区,岩体规模也一般较大。显著特点是沿造山带自西向东岩浆具有变新趋势,西缘(松辽盆地以西)以晚华力西期侵入岩为主,岩性包括二长花岗岩、花岗闪长岩、正长花岗岩、闪长岩等,其中以酸性侵入岩为主,中性侵入岩主要在镶黄旗西南集中出现。东缘(松辽盆地以东)以印支期侵入岩为主,沿磐石—敦化—延吉一线延伸,岩性以花岗岩为主,少量基性—超基性构造混杂岩。

4. 小兴安岭-张广才岭岩浆岩亚带

小兴安岭-张广才岭岩浆岩亚带为典型的早古生代增生造山带,前寒武纪侵入岩主要分布于伊春及周边地区,主要为扬子期侵入岩,少量格林威尔期和太古宙侵入岩,岩性以花岗岩为主。

加里东期侵入岩大量出露,自北部小兴安岭向南部张广才岭地区延伸,构成一条近南北向的早古生代岩浆岩带。在北侧伊春地区,加里东期侵入岩分布最为广泛,在伊春以北至逊克县一带出露大量早加里东期侵入岩,岩体规模多数小而零散,局部亦可见规模较大的岩体。岩性以花岗岩、二长花岗岩、花岗闪长岩等酸性侵入岩为主。在伊春以西、五大连池以北也有零星闪长岩出露;伊春以东至鹤岗之间,可见多处小规模辉长岩体出露;伊春南部至通河地区,早、晚加里东期侵入岩均有断续出露;再向南的方正、牡丹江、舒兰、敦化北等地均有加里东期侵入岩出露,岩性包括花岗岩、花岗闪长岩、闪长岩、辉长岩及构造混杂岩等。

华力西期—印支期侵入岩在该岩浆岩亚带分布特点为:早华力西期侵入岩普遍缺失,中华力西期侵入岩出露较少,晚华力西期侵入岩出露广泛,印支期侵入岩则显著减少。中华力西期侵入岩有两处出露:一处在小兴安岭-张广才岭岩浆岩亚带北部孙吴以西地区,均以构造混杂岩的形式出露,规模相对较大;另一处在宁安以南的镜泊湖地区,以小规模花岗岩体出露。晚华力西期侵入岩在整个造山带由北到南均有大规模出露,其中在造山带北部孙吴、伊春两地出露最多,向南相对减少,断续出露,在镜泊湖附近出露相对较多。岩性复杂,以花岗岩、花岗闪长岩、正长花岗岩等酸性侵入岩为主,也有部分闪长岩、辉长岩等中基性侵入岩。印支期侵入岩主要出露于伊春西南、铁力东及方正东南3个地方,岩体规模较大,岩性以花岗岩为主,另外在尚志南也有小规模出露,岩性为花岗岩。

5. 布列亚-佳木斯-兴凯岩浆岩亚带

布列亚-佳木斯-兴凯岩浆岩亚带为小兴安岭-张广才岭岩浆岩亚带以东、锡霍特—阿林以西地区呈近南北向展布的一系列岩浆岩亚带。太古宙侵入岩主要分布于北部布列亚岩浆岩亚带,在岩浆岩亚带北部、中部及南部等不同部位均有出露,岩性以花岗岩为主,少量辉长岩分布于地块南部地区,岩体规模一般不大。古元古代侵入岩出露不多,主要分布在佳木斯岩浆岩亚带中部的双鸭山、七台河、鸡西地区和东部俄罗斯境内的达利涅列琴斯克地区,岩性主要为变质深成侵入岩。格林威尔期和扬子期侵入岩分布于佳木斯岩浆岩亚带大部、兴凯岩浆岩亚带局部。在佳木斯岩浆岩亚带北部的嘉荫—萝北—鹤岗一带,断续出露小规模的格林威尔期和扬子期变质深成岩、花岗岩等。在佳木斯地块中南部及东部的佳木斯、双鸭山、林口、绥芬河北等地,普遍出露规模不等的格林威尔期和扬子期侵入岩,岩性包括花岗岩、变质深成岩及构造混杂岩等。在兴凯地块南部珲春以东地区,出露小规模的格林威尔期辉长岩侵入体。

布列亚-佳木斯-兴凯岩浆岩亚带出露的加里东期侵入岩空间分布特征显著。该期侵入岩在北部布列亚地块及中南部佳木斯地块均大量出露,岩体规模较大,形成时代均一致。北侧布列亚地块为早加里东晚期侵入岩,岩性以花岗岩为主,少量辉长岩侵入体散布;南侧佳木斯地块为早加里东早期侵入岩,岩性包括二长花岗岩、正长花岗岩。晚加里东期侵入岩在兴凯湖南至绥芬河地区有少量分布,但单个岩体规模一般较大,总体出露规模相对局限,岩性以花岗岩为主。

华力西期侵入岩分布特点也十分鲜明。中华力西期侵入岩分布局限,仅在兴凯湖东部俄罗斯境内的达利涅列琴斯克—列索扎沃茨克—斯帕斯克达利尼一线,呈近南北向的线性特征展布,岩性多为花岗岩。晚华力西期侵入岩在北部的布列亚地块分布十分广泛,几乎遍布整个布列亚地块西部基岩出露区,岩体也较大,但形成时代均十分一致,为晚华力西期早期。南部佳木斯地块与兴凯地块,晚华力西期侵入岩分布也十分普遍,基岩出露遍布全区,岩体规模也较大,岩性主要为花岗岩,少量花岗闪长岩。具体形成时代均为晚华力西中晚期,总体比北部布列亚地区同构造期次侵入岩时代新。

(四)蒙古-鄂霍次克岩浆岩带

蒙古-鄂霍次克岩浆岩带是中亚岩浆岩系东段与西伯利亚岩浆岩系的分界线,其中侵入岩主要形成于加里东期和晚华力西期,岩性以花岗岩、二长花岗岩为主,其他岩石类型较少。

1. 杭盖-肯特岩浆岩亚带

加里东期侵入岩分布广泛,主要沿岩浆岩亚带西北缘展布,在古尔班布拉格至达尔罕一线大规模出露,之后继续向北东向延伸,一直到该岩浆岩亚带东北边界,但随着向北东向延伸,岩浆岩在肯特造山带地区明显减少。早加里东期和晚加里东期侵入岩几乎相伴出现,但大致的特点是早加里东期侵入岩总体位于晚加里东期侵入岩西侧,二者呈带状近乎平行展布,大致显示出侵入岩时代向东南变新的特征。岩性以花岗岩、二长花岗岩、花岗闪长岩、碱长花岗岩等为主。中性闪长岩仅在杭盖岩浆岩亚带乌兰巴托西北和肯特岩浆岩亚带西北缘有几处出露,总体规模不大。基性辉长岩在杭盖造山带西缘的布尔干以东地区有一处出露,东北缘的达尔罕地区有规模不大的几处零星出露,其他地方均未见。

中华力西期侵入岩较少,仅在杭盖西南有几处出露,岩性为花岗闪长岩。晚华力西期侵入岩则大规模出露,主体呈北东展布,位于加里东期侵入岩带东南,符合向南东向变新的规律。在杭盖西南的阿尔拜赫雷向北东到乌兰巴托,再向北东到肯特岩浆岩亚带东北缘,该时期侵入岩连续大规模出露,岩性主要为花岗岩、二长花岗岩、花岗闪长岩及正长花岗岩。

2. Onon 岩浆岩亚带

该岩浆岩亚带主要发育沉积地层,侵入岩极少,仅在北东段有少量古元古代变质深成岩和晚华力西期正长花岗岩出露。

第二节 中—新生代

古生代—中生代期间,研究区存在古亚洲洋、古太平洋和蒙古-鄂霍次克洋三大构造体系,其中蒙古-鄂霍次克洋普遍被认为是古太平洋的大型海湾(Zorin,1999;Parfenov et al.,2001)。古生代,研究区构造运动主要以多个微陆块之间的碰撞-拼合和古亚洲洋的最终闭合为特征,陆壳增生以侧向增生为主(Xiao et al.,2003;Windley et al.,2007)。印支期开始,研究区转入太平洋构造域北段的地球动力学范畴,且早中生代期间还受到了蒙古-鄂霍次克构造体系以及古亚洲洋闭合作用的影响。在蒙古-鄂霍次克构造体系和前后相继的古太平洋-(今)太平洋构造体系叠加和改造作用下(孙德有等,1994;孙卫东等,2008;孟恩等,2011a,2011b;Xu et al.,2009,2013b;Wu et al.,2011),研究区形成了亚洲东缘中—新生代造山系和中国东部滨太平洋陆缘活化造山系。

研究区中生代岩浆作用强烈,古近纪岩浆作用微弱,古近纪侵入岩仅出露在大陆边缘区;朝鲜半岛、小兴安岭—张广才岭以及吉黑东部都缺乏晚侏罗世—早白垩世早期岩浆作用;中国东北和俄罗斯远东地区具有自陆内到陆缘(大兴安岭-小兴安岭-张广才岭-吉黑东部-锡霍特-阿林造山带)中生代—古近纪岩浆作用开始时间逐渐变晚的特点(唐杰等,2018)。各期岩浆活动特征如下。

印支期岩浆活动仍然继承了加里东期的构造岩浆活动格局,主要分布于俄罗斯东南缘、中国东北、华北和朝鲜半岛,多呈北东向带状展布。

燕山期岩浆活动非常活跃,产出岩浆岩分布广、数量多,岩体面积大。燕山早期岩浆活动主要分布于中国东北、俄罗斯南缘、蒙古北部、朝鲜和韩国,岩石类型齐全;燕山中期岩浆活动呈南北向展布,主要分布于俄罗斯东部和中国东北地区,燕山中期(132～120Ma)是花岗质岩浆活动最强烈的时期。早白垩世花岗岩以发育大量 A 型花岗岩为特征,而且还具有 A1 型非造山花岗岩的特点,同时大量早白垩世变质核杂岩在中国东部相继厘定,如辽西医巫闾山地区瓦子峪变质核杂岩、辽南变质核杂岩等,表明东部地区在早白垩世的演化与伸展体制有关。研究区早白垩世花岗岩的岩石组合、岩石地球化学特征自东向西表现出规律性变化。在松辽盆地以东,早白垩世花岗岩的起始活动时间为131～124Ma,结束时间为112～105Ma,完达山地区发育晚白垩世花岗岩(89Ma),花岗岩体的分布在数量和体积上显著小于侏罗纪花岗岩;在松辽盆地以西,早白垩世花岗岩与晚侏罗世花岗岩在时间上无间断,早白垩世花岗岩在数量和出露面积上构成花岗岩带的主要组成部分,显示出对晚侏罗世构造环境的继承和发展。燕山晚期岩浆活动较为集中,主要分布于研究区东海岸,出现了晶洞花岗岩。从岩浆活动时间上看,侵入岩出露时代自西向东逐渐变新,即西部从早、中、晚侏罗世向东逐步到早、晚白垩世;从岩石特征上看,岩性主体是二长花岗岩、正长花岗岩组合,自西向东白垩纪正长花岗岩和碱长花岗岩增多。

喜马拉雅期侵入岩以中性—酸性侵入岩为主,该期侵入岩浆活动较弱,仅见有古近纪侵入岩分布于东部沿海地区,基性岩、碱性岩仅有零星出露。

依据构造-岩浆活动特征,本书将中—新生代太平洋构造域北段划分为 2 个构造岩浆岩区、4 个构造岩浆岩系和 9 个构造岩浆岩带(表 3-2),并总结了各单元的岩浆岩分布情况、岩石组合特征、年代学特征和产生构造环境等。

表 3-2　中—新生代太平洋构造域北段构造岩浆单元划分表

构造岩浆岩区	构造岩浆岩系	构造岩浆岩带
Ⅰ 中国东部岩浆岩区	Ⅰ-1 西伯利亚岩浆岩系	Ⅰ-1-1 乌兰乌德-莫戈恰岩浆岩带
		Ⅰ-1-2 斯塔诺夫岛弧岩浆岩带
	Ⅰ-2 蒙古-兴安-吉黑岩浆岩系	Ⅰ-2-1 小兴安岭-张广才岭岩浆岩带
		Ⅰ-2-2 大兴安岭岩浆岩带
		Ⅰ-2-3 东蒙古岩浆岩带
	Ⅰ-3 华北-辽吉-朝鲜岩浆岩系	Ⅰ-3-1 四子王旗-冀北-辽西岩浆岩带
		Ⅰ-3-2 胶-辽-朝岩浆岩带
Ⅱ 亚洲东缘岩浆岩区	Ⅱ-1 亚洲东缘岩浆岩系	Ⅱ-1-1 蒙古-鄂霍次克岩浆岩带
		Ⅱ-1-2 锡霍特-阿林岩浆岩带

一、西伯利亚岩浆岩系

1. 乌兰乌德-莫戈恰岩浆岩带

该带主要发育印支期和燕山早期岩浆岩。

印支期发育一套碱性岩,主要分布在俄罗斯乌兰乌德—莫戈恰地区,呈北东向带状展布,岩性主要为碱性花岗岩和次碱性淡色花岗岩。

燕山早期可以进一步划分为蒙古乌兰巴托-俄罗斯希洛克亚带和俄罗斯赤塔-斯科沃罗季诺亚带两个亚带。蒙古乌兰巴托-俄罗斯希洛克亚带主要发育侏罗纪花岗岩、斜长花岗岩,早—中侏罗世花岗闪长岩和少量晚侏罗世闪长岩,岩体呈北东向展布,该带南段乌兰巴托和额尔德尼桑特地区发育侏罗纪—白垩纪花岗岩;俄罗斯赤塔-斯科沃罗季诺亚带主要发育中—晚侏罗世花岗岩[(168.1±1.9)Ma,$^{39}Ar/^{40}Ar$]、花岗闪长岩[(167±1.6)Ma,$^{39}Ar/^{40}Ar$]和少量二长岩,具有西侧岩性新于东侧的特点,西侧主要发育晚侏罗世花岗岩、花岗闪长岩、二长岩,东侧主要发育中—晚侏罗世花岗岩、花岗闪长岩、二长岩。

2. 斯塔诺夫岛弧岩浆岩带

该带主要分布于俄罗斯涅留恩格里和斯腾达地区,以发育燕山早、中期侵入岩为主,主要有中—晚侏罗世花岗闪长岩、花岗岩和二长岩,晚侏罗世—早白垩世花岗闪长岩(零星可见晚侏罗世闪长岩),早白垩世二长花岗岩、花岗闪长岩、正长花岗岩,以及少量闪长岩、二长岩,另外花岗斑岩脉较发育。

同时,在俄罗斯阿尔丹—斯科沃罗季诺地区发育晚侏罗世—早白垩世碱性花岗岩。

二、蒙古-兴安-吉黑岩浆岩系

1. 小兴安岭-张广才岭岩浆岩带

该带主要发育印支期和燕山早、中期侵入岩,呈南北向展布,见喜马拉雅期侵入岩零星出露。

印支期,该带北部俄罗斯彼得罗夫斯克—斯科沃罗季诺地区岩浆岩岩性单一,主要发育早三叠世二长岩,仅在石勒喀西北发育少量斜长花岗岩。该带中部小兴安岭—张广才岭地区主要发育晚二叠世—早三叠世正长花岗岩和二长花岗岩,早三叠世二长花岗岩,晚三叠世正长花岗岩、花岗闪长岩、碱长花岗岩和少量奥长花岗岩。其中,晚三叠世(220~205Ma)花岗岩的地球化学特征具有一致性,地球化学特征显示其主要为 A 型花岗岩,岩浆起源于后造山地壳垮塌-伸展减薄环境,其中大量 A2 型花岗岩的出现标志着南、北两大板块碰撞造山作用的结束;小兴安岭—张广才岭地区同时出现晚三叠世火山岩,岩石 SiO_2 含量出现明显的间断,显示出双峰式火成岩组合特点(唐杰等,2018),结合该区产出的同期 A 型花岗岩(Wu et al.,2002),揭示小兴安岭—张广才岭地区晚三叠世火成岩形成于伸展环境(Xu et al.,2013b;Wang et al.,2015a;Guo et al.,2016)。该带南部中国密山—鸡西—珲春地区印支期岩浆活动强烈,岩基状岩体密集成带,岩体呈北北向展布,带长达 500km,主要发育晚三叠世二长花岗岩和花岗岩及少量晚三叠世正长花岗岩(蚀变、碎裂)、石英闪长岩等。

燕山早期,北部俄罗斯扎维京斯克地区主要发育晚侏罗世花岗岩、花岗闪长岩和少量闪长岩;中部小兴安岭—张广才岭地区主要发育晚三叠世—早侏罗世二长花岗岩、正长花岗岩和花岗闪长岩以及少量早侏罗世正长花岗岩、二长花岗岩、花岗闪长岩,晚侏罗世花岗岩罕见,在张广才岭南部地区零星发育晚侏罗世白云母花岗岩;南部吉林辽源—延吉地区主要发育早—中侏罗世二长花岗岩、正长花岗岩、花岗闪长岩、石英闪长岩及少量晚侏罗世二长花岗岩,在和龙地区见早侏罗世碱长花岗岩。另外,在中国伊春地区发育早侏罗世辉长岩,在中国东北孙吴地区发育中侏罗世辉长岩,在中国逊克—舒兰地区主要发育晚三叠世—早侏罗世碱性花岗岩。

燕山中期,北部俄罗斯境内主要发育早白垩世花岗岩、花岗闪长岩和闪长岩;南部中国嘉荫—辽源地区主要发育早白垩世正长花岗岩及少量二长花岗岩和花岗闪长岩,在伊春、舒兰、辽源地区发育早白垩世碱长花岗岩。在中国伊春、哈尔滨、牡丹江、饶河、长春等地燕山中晚期碱性岩零星分布,岩性主要为早白垩世碱性花岗岩和晶洞花岗岩。

喜马拉雅期,在中国东北富锦地区产出一处花岗闪长岩体(54Ma;王智慧等,2016),为高钾钙碱性I型花岗岩,具有高Sr、低Y、无Eu异常的特点,显示埃达克质岩石的地球化学属性(王智慧等,2016),起源于下地壳的部分熔融;在中国吉林桦甸南部永胜出露一处古近纪碱性岩体,规模不大,出露面积约为$18km^2$,岩石类型为含霓辉石、霞石正长岩[$(31.6±13)$Ma,U-Pb](袁洪林等,2003)。

2. 大兴安岭岩浆岩带

该带主要发育印支期和燕山早—中期侵入岩,呈南北向展布。

印支期侵入岩浆活动主要分布在大兴安岭突泉—扎兰屯地区,发育晚三叠世二长花岗岩和正长花岗岩,少量中三叠世二长花岗岩和碱长花岗岩,呈岩基产出,中基性岩石较少。同时期火山岩仅在兴安地块上罕达气—扎兰屯—蘑菇气地区有少量出露(Li et al.,2017b)。该期火成岩岩石组合与安第斯型活动陆缘侵入岩组合类似,属于中—高钾钙碱性系列(唐杰等,2018),花岗质岩石的A/CNK值普遍小于1.1,显示出I型花岗岩的特点。

燕山早期,大兴安岭地区主要发育侏罗纪二长花岗岩、正长花岗岩、花岗闪长岩和少量闪长岩,在大兴安岭北段鄂伦春地区发育晚三叠世—早侏罗世正长花岗岩、二长花岗岩和花岗闪长岩。另外在我国加格达奇一带,有零星的燕山早期晶洞花岗岩出露。大兴安岭北段中侏罗世发育白云母花岗岩(168Ma),具有埃达克质岩石的地球化学属性,暗示岩浆源区可能存在石榴石的残留(唐杰等,2018)。综合中侏罗世火成岩总体呈北东向展布且仅出露在松辽盆地及以西地区的特征(钻孔数据显示松辽盆地存在165~161Ma花岗岩),本书认为中侏罗世陆壳加厚事件和同期岩浆作用的形成与蒙古-鄂霍次克洋自西向东呈剪刀式闭合(Zorin,1999;Cogné et al.,2005;Tomurtogoo et al.,2005)的挤压环境有关,蒙古-鄂霍次克洋在额尔古纳地块西北缘的闭合时间为中侏罗世(李宇等,2015)。

燕山中期,大兴安岭北段主要发育早白垩世二长花岗岩、花岗闪长岩、正长花岗岩,少量闪长岩、二长岩,花岗斑岩脉较发育,扎兰屯和兴安盟西发育早白垩世碱长花岗岩;大兴安岭南段岩体呈北东向展布,岩性以早白垩世二长花岗岩和正长花岗岩为主,脉岩中正长斑岩脉和花岗斑岩脉较发育,扎鲁特旗地区发育早白垩世碱长花岗岩。在我国扎兰屯、阿尔山等地有燕山中晚期碱性岩零星分布,岩性主要为早白垩世碱性花岗岩和晶洞花岗岩。需要说明的是,早白垩世早期岩浆作用仅分布在中国东北松辽盆地以西地区及中朝准克拉通北缘中段,呈北东向带状展布,在松辽盆地以东的陆缘区以及日本和朝鲜半岛缺少该期岩浆作用,因此本书认为该期岩浆事件与蒙古-鄂霍次克洋闭合后的又一次加厚陆壳坍塌所形成的伸展环境有关,而与古太平洋板块的俯冲作用无关(唐杰等,2018)。早白垩世晚期主要为碱性或碱长花岗岩(Wu et al.,2011),自陆缘向陆内火山岩中的碱性组分具有增高的成分极性变化,表明了来自东部板块俯冲作用的发生。

3. 东蒙古岩浆岩带

印支期,在蒙古哈坦布拉格—中国内蒙古苏尼特左旗—锡林郭勒—巴林左旗地区发育早三叠世二长花岗岩和花岗闪长岩、中三叠世花岗闪长岩和少量二长花岗岩、晚三叠世二长花岗岩和少量正长花岗岩,呈北东向展布;在东乌珠穆沁旗东部见中三叠世钾玄岩系列高Sr、低Yb花岗岩;在林西、大阪和林东地区发育早三叠世早期辉长-辉绿岩脉(251~242Ma;张连昌等,2008)。

燕山早期,本区可进一步划分为内蒙古阿拉善雅干-二连浩特-阿尔山亚带和巴彦淖尔-锡林郭勒-突泉亚带。内蒙古阿拉善雅干-二连浩特-阿尔山亚带跨度大,西起阿拉善雅干,向东北方向到阿尔山地区,全长约2000km,零星分布早侏罗世二长花岗岩、石英二长岩,晚三叠世—早侏罗世花岗岩,中侏罗世二长花岗岩、正长花岗岩,晚侏罗世二长花岗岩、正长花岗岩、花岗斑岩、正长斑岩,其中在阿尔山地区出现中侏罗世深融花岗岩和晚侏罗世碱长花岗岩。内蒙古阿拉善雅干-二连浩特-阿尔山亚带东段东乌珠穆沁旗-阿尔山段岩浆活动较西段强烈。巴彦淖尔-锡林郭勒-突泉亚带西段呈北东向展布,岩浆活动较弱,零星发育侏罗纪碱长花岗岩,早侏罗世花岗闪长岩,晚侏罗世二长花岗岩、正长花岗岩、花岗闪长岩和石英闪长岩;东段展布方向转为北北东向,主要发育晚侏罗世二长花岗岩、正长花岗岩、花岗闪长岩、花岗斑岩,偶见中侏罗世二长花岗岩分布在锡林浩特—乌兰浩特。另外,在我国西乌珠穆沁旗地区发育晚侏罗世基性侵入岩、辉长岩。

三、华北-辽吉-朝鲜岩浆岩系

1. 四子王旗-冀北-辽西岩浆岩带

印支期,早—中三叠世火成岩包括碱性花岗岩、碱长花岗岩和正长岩,属于碱性系列,部分花岗质岩石属于高钾钙碱性系列,与该区同期辉长岩构成了双峰式火成岩组合,它们共同揭示了早—中三叠世期间该区处于伸展环境(唐杰等,2018)。华北北缘阿拉善右旗—乌拉特中旗—赤峰—辽源印支期岩浆活动强烈,早三叠世主要为二长花岗岩和闪长岩,少量英云闪长岩、白云母花岗岩和正长花岗岩;中三叠世主要发育二长花岗岩,少量花岗闪长岩、正长花岗岩和黑云母花岗岩,在西拉木伦河-林西缝合带南侧见中三叠世二云母花岗岩,在西拉木伦河-林西缝合带北侧中三叠世花岗岩具有钾玄岩系列和高Sr、低Yb的特征,指示岩浆起源深度加大;晚三叠世主要发育二长花岗岩和花岗闪长岩,少量正长花岗岩和碱长花岗岩。沿华北板块晚古生代活动大陆边缘分布一套呈近东西向分布的晚三叠世碱性岩带(230~210Ma),以碱性岩和碱性花岗岩为主,含有碱性暗色矿物,主要呈较小的侵入体出露,岩石类型为霓辉正长岩、霞石正长岩、石英正长岩及碱性花岗岩等。其中,在辽南地区发育晚三叠世赛马碱性岩体,主要有碱性正长岩(221Ma,U-Pb)、碱性黑云辉石正长岩、霓辉岩、霞石正长斑岩;在内蒙古包头地区见两个碱性岩小岩体(庙沟、膝盖沟),出露面积6~8km^2,岩性主要为霓辉正长岩。

燕山早期,辽西—冀北地区岩性以侏罗纪二长花岗岩为主,少量花岗闪长岩、正长闪长岩、石英闪长岩、石英二长岩。其中,中侏罗世火成岩具有高Al_2O_3、Na_2O和Sr,低MgO、Y和Yb,以及高$w(Sr)/w(Y)$和$(La/Yb)_N$的特点,显示出埃达克质岩石的特征(Zhang et al.,2014a,2016),说明岩浆起源于加厚陆壳的部分熔融。结合大兴安岭北段同时期埃达克质岩石和含石榴石花岗岩的产出以及冀北—辽西地区广泛存在的区域性自北向南中侏罗世逆冲推覆构造,本书认为中侏罗世期间该区发生了陆壳加厚事件(唐杰等,2018),可能是蒙古-鄂霍次克洋闭合的远程效应。

燕山中期,内蒙古赤峰—山西太原主要发育早白垩世二长花岗岩、正长花岗岩、花岗闪长岩、二长岩和闪长岩,其中大多数早白垩世晚期花岗岩为A型花岗岩(Wu et al.,2005a;Sun and Yang,2009);在中国秦皇岛、承德、青岛等地有燕山中晚期碱性岩零星分布,岩性主要为早白垩世碱性花岗岩和晶洞花岗岩,表明它们形成于伸展环境,仅在承德市丰宁和昌平地区见晚白垩世碱性花岗岩发育。此外,该区还存在大量同时代变质核杂岩(Yang et al.,2007),如冀北的云蒙山、密云和承德变质核杂岩(Davis et al.,2001),辽西楼子店—大城子变质核杂岩(133~118Ma)(Zhang et al.,2002),中朝准克拉通南缘的小秦岭变质核杂岩(127~107Ma)等。这进一步说明中朝准克拉通中东部早白垩世晚期处于岩石圈减薄的伸展环境(Yang et al.,2008;Sun and Yang,2009;Liu et al.,2012),岩石圈大范围减薄事件可能与古太平洋板块的俯冲作用有关(Wu et al.,2005a;Zhu et al.,2012a,2012b)。

2. 胶-辽-朝岩浆岩带

印支期，中国辽东地区主要发育晚三叠世二长花岗岩和花岗闪长岩，并有少量早三叠世花岗闪长岩和石英闪长岩。在铁岭地区见少量早三叠世辉长岩和辉绿岩出露，在朝鲜北部清津地区发育早三叠世黑云母花岗岩和斜长花岗岩，韩国大田—光州地区主要发育早三叠世花岗岩。主要岩体包括朝鲜半岛狼林地块北缘的冠帽花岗岩(248～240Ma)(张艳斌等,2016)和 Unsan 正长岩(234Ma)(Wu et al.,2007a)、岭南地块庆尚盆地内 Yeongdeok 花岗岩(250～245Ma)(Yi et al.,2012)。其中，冠帽花岗岩和 Yeongdeok 花岗岩均具有高 Sr、低 Y、亏损重稀土元素的特点，显示埃达克质岩石的地球化学属性(唐杰等,2018)。冠帽岩体与吉林中东部同时代花岗岩具有相似的地球化学属性(张艳斌等,2016)，可能形成于相似构造背景，而中三叠世晚期 Unsan 正长岩表明自中三叠世晚期该区进入造山后伸展环境(Wu et al.,2007a)。胶-辽-朝鲜半岛晚三叠世火成岩在化学上属于碱性系列和钾玄岩系列，其中花岗岩大多数显示 A 型花岗岩的特点(毛建仁,2013)，表明该区晚三叠世火成岩形成于伸展环境。唐杰等(2018)认为该区晚三叠世火成岩形成于扬子与中朝准克拉通俯冲碰撞后岩石圈拆沉引起的伸展环境。

燕山早期，辽东地区岩性以侏罗纪二长花岗岩为主，少量花岗闪长岩、正长花岗岩、石英闪长岩、石英二长岩。其中，中侏罗世花岗质岩石同样具有埃达克质岩石的地球化学特征(Wu et al.,2005b)；晚侏罗世主要包括于屯糜棱岩化花岗岩(157Ma)(Wu et al.,2005b)、九连城二长花岗岩(157～156Ma)(Li et al.,2004;Wu et al.,2005b)和高丽墩台斜长花岗岩(156Ma)(Li et al.,2004)。于屯糜棱岩化花岗岩中含有普通角闪石，具有 I 型花岗岩的特征；九连城二长花岗岩的 A/CNK 值介于 1.0～1.1，且富集轻稀土元素和 Sr，强烈亏损重稀土元素，具有埃达克质岩石的特征；高丽墩台花岗闪长岩和奥长花岗岩稀土元素含量较低且具 Eu 正异常，属于高分异花岗岩(Wu et al.,2005b)。山东半岛地区主要发育晚侏罗世(含石榴)二长花岗岩，少量中侏罗世花岗闪长岩和二长花岗岩，主要为一套高 Ba-Sr 花岗岩类，具有类似埃达克岩的性质，属于张旗等(2006)定义的 C 型埃达克岩，地球化学特征反映了岩浆源于加厚下地壳的部分熔融，暗示了挤压的构造背景。朝鲜—韩国地区，早侏罗世火成岩主要分布在狼林地块的东北端和岭南地块。狼林地块东北端的早侏罗世岩体包括大德岩体(193Ma)、远山岩体(198～191Ma)、宫心岩体(185Ma)、胜院岩体(199Ma)和茂山岭岩体的花岗质岩石(184Ma)(Wu et al.,2007a;张艳斌等,2016)；岭南地块上的代表性岩有 Beonam 岩体(196～190Ma)、Deochang 岩体(198Ma)、Sunchang 岩体(189～177Ma)和 Hapcheon 岩体(194Ma)花岗质岩石(Kee et al.,2010;毛建仁,2013)，以及 Yeonghae 岩体(196～195Ma)和 Satkabong 岩体(192Ma)闪长岩(Yi et al.,2012)。这些岩体岩性属于中—高钾钙碱性系列，富集大离子亲石元素，亏损高场强元素，具有弧型火成岩的地球化学属性(唐杰等,2018)，其中早侏罗世基性岩的岩浆源区曾受到俯冲流体交代作用的改造(Guo et al.,2015;Wang et al.,2017a)。朝鲜半岛早侏罗世火成岩呈北东-南西向带状展布，且平行于东北亚陆缘，唐杰等(2018)认为其形成于古太平洋板块西向俯冲下的活动大陆边缘环境。朝鲜半岛中侏罗世主要发育花岗闪长岩、黑云母花岗岩和二云母花岗岩，大多数具埃达克质岩石的地球化学属性(Kim et al.,2015)，具有较高的初始 $^{87}Sr/^{86}Sr$ 值(0.704 8～0.726 2)、较大范围的 K_2O(0.50%～5.88%)和 $w(K_2O)/w(Na_2O)$(0.34～2.1)，表明岩浆并不是起源于加厚陆壳的部分熔融(Kim et al.,2015)。在化学上属于高钾钙碱性系列(唐杰等,2018)，相对富集大离子亲石元素，亏损高场强元素 Nb、Ta、Hf、Ti 等(毛建仁,2013;Kim et al.,2015)，以 I 型花岗岩为主。本书认为朝鲜半岛中侏罗世火成岩可能形成于大陆弧环境，可能与古太平洋板块北西向俯冲作用有关。

燕山中期，辽东地区主要发育二长花岗岩、正长花岗岩、花岗闪长岩、闪长岩和少量二长岩，在抚顺、新宾地区发育早白垩世碱长花岗岩，在胶南地区见早白垩世晶洞正长花岗岩。

燕山晚期，韩国安东—木浦地区主要发育晚白垩世花岗岩和二长岩，主要出露在庆尚盆地和沃川带。庆尚盆地晚白垩世花岗质岩石为高钾钙碱性系列花岗质岩石，与大陆边缘弧花岗岩相似(毛建仁，

2013),同期火山岩属于中—高钾钙碱性系列,具有典型活动陆缘区钙碱性火山岩的地球化学属性。沃川带为钙碱性系列弱过铝质—强过铝质花岗岩(Lee et al.,2010)。本书认为朝鲜半岛南部晚白垩世火成岩形成于古太平洋板块俯冲下的活动大陆边缘环境。

喜马拉雅期,中国辽东饮马湾山见喜马拉雅期辉长岩(32Ma)(袁洪林等,2003)出露,朝鲜半岛庆尚盆地出露喜马拉雅期 A 型花岗岩(66～47Ma)(Kim and Kim,1997),朝鲜半岛东南部见渐新世—中新世碱性—亚碱性岩类分布,称为鹤舞山杂岩。岩石组合为碱性花岗岩、正长花岗岩、文象花岗岩、石英正长岩和正长岩,伴随有正长伟晶岩、正长斑岩和细晶岩等。本书认为其形成于与(古)太平洋板块逐渐回撤有关的伸展环境。

四、亚洲东缘岩浆岩系

1. 蒙古-鄂霍次克岩浆岩带

该带平行蒙古-鄂霍次克缝合带呈北东-南西向带状展布,唐杰等(2018)认为该带早—中三叠世岩浆岩的形成与古亚洲构造体系无关,而是形成于蒙古-鄂霍次克大洋板块向南俯冲于额尔古纳地块下的活动大陆边缘环境,这也标志着蒙古-鄂霍次克大洋板块南向俯冲作用的存在。

印支期,俄罗斯境内博尔贾地区主要发育二叠纪—早三叠世花岗岩,中国境内新巴尔虎—漠河地区主要发育早—中三叠世二长花岗岩和花岗闪长岩,晚三叠世二长花岗岩、花岗闪长岩和正长花岗岩。以恩和—九卡—莫尔道嘎地区早—中三叠世中酸性侵入岩为例,其 $w(SiO_2)=57.71\%\sim72.86\%$,$Mg^{\#}=19\sim52$,$w(Al_2O_3)=14.27\%\sim17.23\%$,$w(Na_2O+K_2O)=6.77\%\sim9.28\%$,属于高钾钙碱性系列,为准铝质—过铝质 I 型花岗岩,具有相近的锆石 $\varepsilon_{Hf}(t)$ 值($-2.0\sim6.6$),表明它们起源于新增生下地壳物质的部分熔融(唐杰等,2018)。此外,其 SiO_2 含量与其他主量元素之间存在明显的线性关系,说明在岩浆演化过程中存在分离结晶作用(Tang et al.,2014)。岩石富集轻稀土和大离子亲石元素、亏损重稀土和高场强元素、无明显 Eu 异常,与活动大陆边缘环境火成岩组合相似(Pitcher,1983,1997)。晚三叠世花岗岩属于中—高钾钙碱性系列的 I 型花岗岩(唐杰等,2018),Tang 等(2016b)认为晚三叠世基性岩浆起源于受俯冲流体交代的岩石圈地幔的部分熔融作用,暗示俯冲板片的存在;该区产出同期的斑岩型矿床,如太平川斑岩型铜钼矿(202Ma)(陈志广等,2010)、八大关斑岩型铜钼矿(228～218Ma)(Tang et al.,2016b)、阿林诺尔斑岩型钼矿(227Ma)(刘翼飞等,2010),同时晚三叠世火成岩沿蒙古-鄂霍次克缝合带具北东-南西向带状展布的特征。本书认为晚三叠世火成岩形成于活动大陆边缘环境,其揭示了蒙古-鄂霍次克大洋板块持续南向俯冲作用的存在。

燕山早期,蒙古阿尔拜赫雷—乌兰巴托地区主要发育晚三叠世—早侏罗世花岗岩、花岗闪长岩。在蒙古温都尔希尔—中国新巴尔虎右旗—漠河一带,南段蒙古温都尔希尔—乔巴山地区主要发育晚三叠世—早侏罗世花岗岩和侏罗纪—白垩纪花岗岩;中段中国新巴尔虎—呼伦贝尔市地区岩浆活动较弱,主要发育晚侏罗世花岗岩;北段中国额尔古纳市—漠河地区岩浆活动强烈,主要发育早侏罗世碱长花岗岩、花岗闪长岩、二长花岗岩和闪长岩,晚侏罗世二长花岗岩以及侏罗纪花岗闪长岩。另在蒙古额尔登特—乔伊尔地区主要发育三叠纪—侏罗纪碱性花岗岩。

2. 锡霍特-阿林岩浆岩带

锡霍特-阿林岩浆岩带位于布列亚-佳木斯-兴凯地块的东侧。带内广泛出露构造推覆体、蛇绿混杂岩和滑塌堆积层(Khanchuk et al.,1988;Zonenshain et al.,1990a,1990b)。Parfenov(1984)提出锡霍特-阿林带是一条增生造山带,它是由侏罗纪—白垩纪时期的古太平洋板块向欧亚大陆下西向俯冲产生的拼贴地体组成。这些地体中产出晚白垩世—始新世花岗岩及大面积同时代的火山岩和火山碎屑岩

（唐杰等，2018）。

燕山中期，俄罗斯共青城—纳霍德卡一带发育早白垩世花岗岩，仅在俄罗斯哈巴罗夫斯克（伯力）地区和中国虎林北见花岗闪长岩发育，为I型花岗岩（131Ma）（Jahn et al.，2015）。同期火山岩富集轻稀土元素和Sr，亏损重稀土元素，具有较高的$w(Sr)/w(Y)$（33～145），$w(Na_2O)/w(K_2O)$介于1.15～7.74，地球化学特征表明早白垩世晚期火山岩为埃达克岩，岩浆起源于俯冲洋壳的部分熔融（Wu et al.，2017），形成于古太平洋板块俯冲所形成的活动大陆边缘环境。另外，俄罗斯远东尼古拉耶夫斯克—共青城—维亚泽姆斯基一带零星发育早白垩世超基性侵入岩和基性侵入岩。

燕山晚期，俄罗斯远东地区主要为东锡霍特—阿林一带，该地区分布以钙碱性系列为主的中酸性侵入岩-火山岩（Jahn et al.，2015；Tang et al.，2016a；Zhao et al.，2017a）。其中，中酸性侵入岩（93～66Ma）（Jahn et al.，2015；Tang et al.，2016a）和中酸性火山岩（80～67Ma）（Zhao et al.，2017a）以钙碱性系列为主。东锡霍特—阿林一带主要发育晚白垩世花岗岩、花岗闪长岩、二长岩和少量闪长岩。俄罗斯远东尼古拉耶夫斯克-共青城—维亚泽姆斯基一带零星发育晚白垩世基性侵入岩。

喜马拉雅期，中酸性岩浆活动主要分布在俄罗斯远东尼古拉耶夫斯克—阿尔谢尼耶夫一带，呈北北西向带状分布，带内具有从西向东逐渐变新的特点，岩浆活动与欧亚大陆东移和古太平洋板块逐渐回撤的伸展环境有关。尼古拉耶夫斯克—阿尔谢尼耶夫一带主要发育古新世花岗岩、花岗闪长岩、闪长岩和二长岩；始新世花岗岩、花岗闪长岩和少量闪长岩，是具有弧火成岩特征的高钾钙碱性系列I型花岗岩（Jahn et al.，2015；Tang et al.，2016a）。俄罗斯共青城东北见始新世基性侵入岩发育。

第四章　区域变质岩

第一节　区域变质岩系

一、太古宙变质岩系

(一)西伯利亚克拉通

西伯利亚克拉通太古宙基底广泛经受了角闪岩相-麻粒岩相变质作用(Rosen et al.,1994;李廷栋等,2008),斯塔诺夫带东部Gilyuy河地区广泛发育黑云母+石榴石副片麻岩、英云闪长质和花岗质片麻岩,这些含堇青石-斜方辉石-单斜辉石-角闪石-钾长石的副片麻岩可能主要源于石英砂岩、粉砂岩和高铝质岩石,其中可能有部分长英质火山岩。英云闪长质和花岗质片麻岩含分散的镁铁质岩石包体,并被变形变质的铁镁质岩墙穿切。英云闪长质片麻岩原岩年龄为新太古代的(2785 ± 5)Ma,片麻岩锆石增生边年龄为(1960 ± 25)Ma,铁镁质岩墙锆石年龄为(1924 ± 24)Ma,被解释为中元古代构造热事件的锆石生长记录(Nutman et al.,1992)。

阿尔丹和阿纳巴尔太古宙杂岩体麻粒岩相变质岩石所特有的矿物共生组合形成温度为700~950℃,形成压力为5~7kbar或达10~12kbar,并受到最晚期退变质作用影响。阿纳巴尔矽线石辉石麻粒岩亚相的岩石变质程度最深,而位于阿尔丹断块与斯塔诺夫巨断块之间的边界带中的苏塔姆杂岩体和阿纳巴尔杂岩及断块岩石,也属于苏塔姆麻粒岩亚相的产物。根据实验资料,苏塔姆亚相所特有的矿物组合是在温度850~950℃、压力10~12kbar形成的,西伯利亚克拉通东部太古宙岩石所特有的京普通亚相($T=800\sim900$℃,$P=7\sim9$kbar)形成的深度要小,中部的阿尔丹亚相的形成深度更小($T=700\sim800$℃,$P=5\sim7$kbar,这与10~15km的深度相当)。

(二)中朝准克拉通

中朝准克拉通变质岩研究程度相对较高,通过变质岩系岩石组合特征、原岩建造、变质作用类型、同位素年代学及变质地质单元间接触关系的综合研究,将华北地区区域变质岩系划分为古—中太古代变质岩系、新太古代中期、新太古代晚期。

1. 古—中太古代变质岩系

古—中太古代变质岩系主要为变质深成岩,少量变质表壳岩。变质表壳岩见于冀东地区的曹庄岩群和胶北地区的唐家庄岩群,主要岩石类型为斜长角闪岩、矽线黑云片麻岩、铬云母石英岩、长石石英岩、石榴石英岩等,变质程度为角闪岩相和麻粒岩相。中太古代的变质深成岩主要分布于胶东栖霞一带,出露较少,岩石类型为英云闪长质片麻岩,经历了角闪岩相变质作用;另外在胶东莱西及莱阳一带分布少量麻粒岩相变质的超基性—基性侵入岩类，主要为蛇纹石岩或二辉角闪麻粒岩。获得的铬云母石英岩中碎屑 SHRIMP 锆石 U-Pb 年龄分为 4 组，即 3830～3820Ma、3800～3780Ma、3720～3700Ma 和 3680～3600Ma(Liu,et al.,1992)，相当于古太古代。万渝生等(2012)获得唐家庄岩群的 SHRIMP 锆石 U-Pb 年龄结果，形成年龄为 2900Ma，变质年龄为 2500Ma。在栖霞市黄岩底中太古代条带状英云闪长质片麻岩中也发现黑云变粒岩残留体，SHRIMP 锆石 U-Pb 年龄为(2892±18)Ma(万渝生等，2002)，相当于中太古代。

2. 新太古代早—中期

新太古代早—中期变质岩系分布面积最广。其中，变质表壳岩主要分布于：①阴山—冀北地区的桑干岩群、兴和岩群；②五台—太行地区的阜平岩群、赞皇岩群、霍县岩群、界河口岩群、湾子岩群，五台山地区石咀亚群和台怀亚群、高凡亚群，赞皇岩群石家栏岩组；③冀东地区的迁西岩群、密云岩群、遵化岩群、滦县岩群、单塔子岩群、双山子岩群、朱杖子岩群；④胶东地区的胶东岩群；⑤鲁西的泰山岩群、沂水岩群、济宁岩群；⑥豫西地区的登封岩群、涑水岩群。变质表壳岩主要为各类麻粒岩、片麻岩、片岩、变粒岩、角闪岩质岩石、磁铁石英岩，原岩为中性、基性火山岩，火山碎屑岩、碎屑岩。新太古代早—中期变质深成岩多是从原划地层中解体出来，主要为 TTG 组合，原岩以英云闪长岩、奥长花岗岩、石英闪长岩及花岗闪长岩等为主，少部分为二长花岗岩、正长花岗岩和变质基性岩墙组合，在成分上从早到晚具有钠质向富钾质的演化规律。在变质表壳岩中赋存有大量的 BIF 型铁矿床，另外在冀北张宣地区和冀东地区的新太古代中期变质岩系中还赋存金矿床。

由于变质作用强烈改造，所获各类同位素年龄多为新太古代末期的变质年龄，多数地区未获得确切的原岩年龄。但部分地区根据接触关系和同位素测年结果，可以推测该期变质岩系形成于新太古代早、中期。泰山岩群下部地层(包括雁翎关岩组和孟家屯岩组)属新太古代早期。其中，孟家屯岩组石榴石英岩 SHRIMP 锆石(内核)U-Pb 年龄为(2717±33)Ma，石榴黑云母片岩年龄为(2742±23)Ma。该岩组被 SHRIMP 锆石(内核)U-Pb 年龄为(2695±14)Ma 的条带状英云闪长质片麻岩侵入，它限制了泰山岩群下部地层形成时代不晚于 2700Ma。泰山岩群上部地层(包括山草峪岩组和柳杭岩组)属新太古代晚期形成，其中柳杭岩组最年轻的碎屑锆石年龄为(2524±7)Ma，山草峪岩组最年轻的碎屑锆石年龄为(2544±6)Ma。该套地层被新太古代石英闪长岩和二长花岗岩侵入，它限制了泰山岩群上部地层形成时代不晚于 2530Ma，形成时代为 2600～2540Ma。胶东地区的胶东岩群变质地层在新太古代条带状细粒含角闪黑云英云闪长质片麻岩(SHRIMP 锆石 U-Pb 年龄为 2738～2707Ma)中呈包体出现，表明胶东岩群部分变质地层形成时代应大于 2700Ma。冀东地区侵位于遵化岩群奥长花岗岩的锆石 U-Pb 一致线上交点的年龄为(2506±6)Ma(张世伟等，2017)。这些同位素年龄资料表明遵化岩群形成于新太古代早期。新太古代早—中期各类变质岩的变质程度为以麻粒岩相、角闪岩相为主，绿片岩相有少量分布。

3. 新太古代晚期

新太古代晚期变质岩系分布也较广泛，由变质表壳岩和变质深成岩组成，是本区早前寒武纪基底岩系的主要成分。主要分布于狼山—阴山—大青山地区乌拉山岩群下部、色尔腾山岩群，鲁西地区的济宁岩群，五台山地区高凡亚群，吕梁地区的吕梁群，秦岭—大别地区的大别岩群、桐柏岩群，塔里木陆块北缘的敦煌岩群、龙首山岩群等。变质表壳岩主要为各类片麻岩、片岩、变粒岩、角闪岩质岩石、石英岩类、铁英岩类、大理岩类等。原岩为陆源碎屑岩夹中性—基性火山岩、火山碎屑岩、大理岩。新太古代晚期变质深成岩多是从原划地层中解体出来，主要为 TTG 组合和相当量的二长、正长花岗岩质片麻岩，原岩以英云闪长岩、奥长花岗岩、石英闪长岩及花岗闪长岩和二长、正长花岗岩为主。成分上具有从早到晚由钠质向富钾质的演化规律。新太古代晚期各类变质岩的变质程度以角闪岩相为主，部分为绿片岩相和麻粒岩相。

二、元古宙变质岩系

(一)古元古代变质岩系

1. 西伯利亚克拉通

西伯利亚克拉通阿尔丹地盾上的古元古界以碳酸盐岩为主，基本未变质或变质甚微。南部的斯塔诺夫带在1960~1870Ma受到角闪岩相-麻粒岩相变质、混合岩化和变形作用的影响(Nutman et al.，1992)。斯塔诺夫带西部Mogochinsi地区岩性主要为变基性岩、含堇青石和紫苏辉石的副片麻岩系和英云闪长质—花岗闪长质混合片麻岩，变基性岩的锆石年龄为(1873±6)Ma，被认为是高级变质热事件的记录。斯塔诺夫带南缘的混合岩化黑云斜长片麻岩最年轻碎屑锆石年龄为2.20Ga，表明原岩沉积时代为古元古代，混合岩化作用的时代为1.84Ga，代表了古元古代变质事件，可能与Columbia超大陆的拼合有关(王彦斌等，2011)。贝加尔地区古元古界托诺达-波戴宾群中也见变砂岩、变粉砂岩等，变质程度为绿片岩相-角闪岩相。

2. 中亚造山系

中亚造山系古元古代变质岩主要分布于法库—李家台一带，安图，内蒙古额尔古纳，黑龙江韩家园子、东部麻山等地区，另外在内蒙古赤峰等地区也有少量古元古代变质岩出露(付俊彧等，2019)。

分布于额尔古纳、满归、兴华村、韩家园子等地区的兴华渡口岩群，自下而上可分为两种变质建造：①片岩、变粒岩、大理岩建造，包括3种变质岩石组合，即黑云母斜长片岩和角闪斜长变粒岩组合，黑云斜长变粒岩、浅粒岩及斜长角闪岩组合，十字黑云片岩、堇青黑云母片岩、二云片岩、大理岩，夹斜长角闪岩及石英岩组合；②绿片岩建造，主要岩石组合为绿泥绿帘石英片岩、绿泥石英片岩、绢云石英片岩、石英方解片岩组合，并有少量灰岩及变粒岩。

主要分布于佳木斯地区的麻山岩群西麻山组、余庆岩组，主要分为3种岩石组合：①含矽线二云片岩、石榴矽线黑云斜长变粒岩、石墨片岩、透辉斜长变粒岩组合；②石榴二长矽线堇青片麻岩、堇青石榴矽线钾长片麻岩、黑云钾长变粒岩、透辉拉长变粒岩、石榴角闪透辉斜长变粒岩、橄榄透辉大理岩、蓝晶堇青钾长矽线片麻岩组合；③石榴矽线堇青片麻岩、含紫苏辉石斜长麻粒岩、透辉大理岩、黑云斜长片麻岩组合。

分布于温都尔庙地区的宝音图岩群，可分为3种岩石组合：①十字蓝晶石榴二云(石英)片岩、石榴二云(石英)片岩组合；②石榴二云(石英)片岩、变粒岩、大理岩组合；③千枚岩、绿片岩组合。

分布于内蒙古赤峰地区的迟家杖子岩组、魏家沟岩组，包括3种岩石组合：①含石榴蓝晶十字二云片岩、石榴辉石十字云母片岩、十字云母片岩、石榴二云片岩组合；②石榴云母片岩、二云石英片岩、绿帘角闪片岩、黑云钠长片岩组合；③片岩、大理岩组合，包括绢云石英片岩、二云石英片岩、绢云绿泥石片岩、透闪大理岩。

辽吉地区的古元古代变质单元主要有光华(岩)群、辽河群、集安群、老岭群，主要分布于辽宁营口—宽甸、法库—李家台一带，吉林通化、集安、安图等地区，包括6种岩石组合：①石英岩、二云片岩、二云石英片岩、变粒岩组合，夹少量白云石大理岩组合，还见有十字二云石英片岩；②浅粒岩、条带状二长变粒岩、钠长变粒岩、夹条痕状混合岩、含白云母方解石大理岩组合；③黑云斜长变粒岩、含石榴二云石英片岩、二云片岩、方解大理岩、钙质板岩、石墨绢云千枚岩、黑云碳质泥砂质板岩夹碳质石英方解大理岩组合；④条带状方解大理岩夹透闪石及透闪透辉石岩、含蓝晶斜长二云石英片岩、含蓝晶二云石英片岩、含十字蓝晶二云石英片岩、白云石大理岩组合；⑤二云片岩、含石榴十字二云片岩、含矽线斜长二云石英片岩、绢云母绿泥片岩、绢云千枚岩组合；⑥含榴黑云斜长角闪片麻岩、斜长角闪岩、黑云角闪变粒岩组合。

古元古代变质作用发生在2000~1800Ma之间。经过这期变质作用，原始沉积的一套海相碳酸盐岩-碎屑岩-火山沉积岩变质生成古元古代变质岩系。根据变质矿物组合及典型变质矿物的出现，古元古代变质岩可划分为低绿片岩相、高绿片岩相、角闪岩相及麻粒岩相，低角闪岩相为古元古代常见的变质相系。由平衡共生矿物组合中十字石、铁铝榴石的出现，可以确认古元古代变质岩系属于中压相系。但是在平衡共生矿物组合中也出现堇青石等标型矿物，说明古元古代也存在低压变质相系。变质岩形成的温压条件为 $P=0.3~0.8GPa, T=570~660℃$。

另外，萝北—双鸭山—麻山—虎头变质地带麻山岩群中出现麻粒岩相，典型矿物组合为：紫苏辉石＋斜长石＋石英、紫苏辉石＋透辉石＋拉长石＋方柱石＋榍石、紫苏辉石＋透辉石＋钾长石＋黑云母、紫苏辉石＋斜长石＋黑云母＋石英、矽线石＋堇青石＋钾长石＋石榴石＋黑云母＋石英、方解石＋橄榄石＋透辉石＋方柱石＋金云母、方解石＋尖晶石＋硅灰石。紫苏辉石＋透辉石＋拉长石组合属于中压型，变质温度可能在700~800℃。

3. 中朝准克拉通

中朝准克拉通古元古代变质岩主要分布于克拉通周缘及内部古元古代活动带内，包括以各类变质沉积-火山岩建造为主体的变质表壳岩和变质花岗质侵入岩、变质基性侵入岩。

其中，克拉通周缘的古元古代变质表壳岩主要为各类含矽线石榴黑云斜长片麻岩、含石墨黑云斜长片麻岩、黑云变粒岩、浅粒岩、矽线石榴石英岩、各类云母石英片岩、石英岩、各类（含石墨）大理岩等，大部分地区以发育孔兹岩系为特征，局部夹斜长角闪岩、含石榴斜长角闪岩。变质程度为角闪岩相，局部可达麻粒岩相。

克拉通内部（如恒山—五台—太行—吕梁地区）古元古代变质岩主要为变质砂岩、变质砾岩、石英岩、板岩、千枚岩、结晶白云岩、大理岩及变质基性火山岩。变质程度为绿片岩相。

中朝准克拉通的古元古代不同地质体主要为各类变质表壳岩（富铝岩系或孔兹岩系）及各类变质花岗岩（花岗片麻岩）类，不同变质原岩类型形成了相应的典型变质矿物组合。其中，锆石测年结果均获得了大量1.9~1.8Ga的吕梁期变质事件的记录，结合遭受变质作用改造地质体的形成演化序列，该期主期变质作用形成时代为古元古代末期。本期区域变质作用为以角闪岩相-绿片岩相为主，部分地区为麻粒岩相，属中压变质相型，局部为高压相型。区域变质作用的温度为430~1050℃，压力为0.2~1.0GPa（谷永昌等，2019）。

（二）中—新元古代变质岩系

1. 西伯利亚克拉通

西伯利亚克拉通上新元古代盖层沉积以陆源物质和碳酸盐岩为主，几乎没有受到变质改造，仅仅经历了后生蚀变作用。在西伯利亚克拉通南缘贝加尔-穆亚褶皱带内，Rytsk等（2007，2011）获得的变质基底年龄为新元古代（1.0~0.6Ga），穆亚褶皱带北部榴辉岩-片麻岩杂岩体在630Ma经历了高压变质作用（Shatsky et al.，2012），石榴堇青矽线片麻岩[(755±15)Ma]经历了角山岩相-麻粒岩相变质作用，二辉石片岩[(617±5)Ma]为麻粒岩相变质岩，属高温-低压型（Lebedeva et al.，2018）。褶皱带南部麻粒岩相变质岩原岩为富含橄榄石和斜长石的超基性—基性岩，麻粒岩相变质峰期年龄为630Ma，变质作用温度为670~750℃，压力为9.5~12.0kbar（Skuzovatov et al.，2016）。总体来说，西伯利亚克拉通南缘贝加尔-穆亚褶皱带新元古代变质岩经历了多期变质作用（Skuzovatov et al.，2019a，2019b）。

2. 中亚造山系

中亚造山系中—新元古代变质岩系主要分布于吉林通化—抚松、桦甸、安图、桦南、萝北、黑河及额尔古纳等地区(付俊彧等,2019)。

(1)佳疙疸群(倭勒根岩群),主要分布于额尔古纳地块及大兴安岭西坡黑龙江地区,为一套以绿片岩为主的变质岩石组合,包括绿泥石(石英)片岩、绢云母绿泥石片岩、钠长阳起岩、绿帘阳起斜长片岩、绢云斜长硬绿泥片岩等,还有变安山岩、变流纹岩、千枚岩及大理岩夹层等。

(2)东风山岩群及塔东岩群(Pt_{2-3}),分布在伊春—敦化一带,包括亮子河岩组、红林岩组、拉拉沟岩组及朱敦店岩组,分为3种岩石类型:①含矽线黑云片岩、石榴黑云石英片岩、电气石英片岩、电气石英岩、石墨片岩、白云大理岩、黑云变粒岩、石榴浅粒岩;②大理岩、二云石英片岩、白云石英片岩夹磁铁石英岩;③黑云角闪斜长片麻岩、磁铁斜长角闪岩、透辉角闪变粒岩、黑云片岩、透辉大理岩。

(3)兴东岩群(Pt_{2-3}),主要分布于黑龙江萝北地区,包括大盘道岩组和建堂岩组,也分两种岩石类型:①含石榴绢云石英片岩、含石墨大理岩、含石榴黑云变粒岩、条带状含石墨浅粒岩;②条带状大理岩、二云石英片岩、白云石英片岩夹磁铁石英岩。

(4)色洛河群及青龙村岩群,主要分布于吉林通化—抚松一带、桦甸、安图等地区,色洛河群包括达连沟岩组、红旗沟岩组、万宝岩组,青龙村岩群包括新东村岩组及长仁大理岩,可划分为4种变质岩石组合:①灰色—深灰色变质砂岩、变质粉砂岩、绢云石英片岩;②灰白色大理岩、白云质大理岩夹灰色—灰黑色变质粉砂岩、粉砂质泥(板)岩、绢云石英片岩;③灰色变质细砂岩、变质粉砂岩互层夹大理岩透镜体、红柱石二云片岩;④斜长角闪岩、黑云斜长片麻岩、黑云变粒岩夹大理岩。

(5)大连新元古代变质地带,变质地质单元为莲山二长花岗质片麻岩组合与得胜TTG组合,主要分布于大连莲山及得胜地区,可划分为两种岩石组合:①二长花岗质片麻岩;②英云闪长质片麻岩、石英闪长质片麻岩、黑云角闪斜长片麻岩。

中亚造山系中—新元古代变质作用发生在0.9~0.7Ga、1.5~1.4Ga。这期变质作用使中—新元古代地层发生变质变形,形成中—新元古代变质岩系。岩石类型已如前所述,主要为片岩、大理岩,少量板岩、千枚岩、变粒岩、石英岩及花岗质片麻岩、黑云角闪斜长片麻岩。从变质岩石组合可以看出,中—新元古代以低绿片岩相为主,兼有高绿片岩相,局部可达角闪岩相。新生变质矿物组合中绢云母、绿泥石、阳起石、钠长石等均为典型的低绿片岩相矿物组合,相当于温克勒的钠长石-阳起石-绿泥石带;普通角闪石和铁铝榴石、黑云母的首次出现,标志变质作用达高绿片岩相,相当于温克勒的钠长石-普通角闪石-绿泥石带;矽线石、红柱石、蓝晶石、铁铝榴石组合的出现,标志变质作用达角闪岩相。变质作用包括区域低温动力变质作用及区域动力热流变质作用。

3. 中朝准克拉通

中朝准克拉通中—新元古代变质岩主要见于克拉通北缘裂谷带的白云鄂博群、渣尔泰山群、化德群。主要变质岩石为石英岩、粉砂质板岩、碳质板岩、千枚岩、绿泥岩、大理岩和变质中酸性火山岩。胶东地区的芝罘群、五莲群为片麻岩、变粒岩、浅粒岩,片岩、大理岩、碳质板岩。中—新元古代变质岩属浅变质地层,不同岩石类型均保留有较明显的原始沉积构造。原岩为碎屑岩夹中酸性—中基性火山岩组合。变质程度为绿片岩相(谷永昌等,2019)。

新元古代末期变质作用遍及胶北几乎所有的前寒武纪地质体中。在不同成分的岩石中,矿物组合有异,但全部以退化变质作用为特征,包括:石榴石、黑云母的绢云母化、绿泥石化,角闪石的绿帘石化、辉石的阳起石化、透闪石化,十字石、董青石、矽线石的绢云母化等。这些矿物组合特征反映其为绿片岩相变质,矿物组合中广泛出现绢云母+绿泥石+石英组合,其变质作用的温压条件为$T=440 \sim 500℃$,$P=0.2 \sim 0.35 GPa$。

三、古生代变质岩系

(一)加里东期变质岩系

1. 西伯利亚克拉通

早古生代西伯利亚克拉通南缘发生了大规模的增生-碰撞造山运动,奥里洪地块变质杂岩记录了本次碰撞造山事件,出露的岩性包括片麻岩、糜棱岩、大理岩及麻粒岩(李晓春等,2009)。此前由于定年手段的限制,奥里洪地块的变质杂岩一直被认为是巴尔古津微板块的变质基底,形成于太古宙或元古宙。近年一些新的定年数据显示这些变质岩的形成及其后期变形发生在古生代,石榴黑云片麻岩中的变质锆石定年结果表明,峰期变质年龄为$(479±2)$Ma,峰前变质可能在500Ma就已经开始。矿物成分分析和变质温压计算表明,它们经历了麻粒岩相的峰期变质作用,峰期变质温度达到770～800℃,而压力曾达到1.0GPa左右,峰后退变质作用仍具有较高温度,但压力明显降低,显示一个近等温降压的顺时针$P-T-t$轨迹特征。

2. 中亚造山系

早古生代变质岩主要由寒武系、奥陶系、志留系的浅变质岩组成,主要分布于天山-兴安造山带变质域的呼玛、多宝山和伊春—延寿地区及包尔汉图—温都尔庙等地。早古生代变质岩变质地质单元主要为兴隆群、伊勒呼里山群、西林群、尚志群、马家街岩群、呼兰群等(付俊彧等,2019)。

(1)呼玛变质地带的兴隆群、伊勒呼里山群,其中兴隆群包括纽芬兰统焦不勒石河组、三义沟组、洪胜沟组。伊勒呼里山群包括奥陶系安娘娘桥组、南阳河组、大伊希康河组、黄斑脊山组、库纳森河组。上述地质单元包括5种岩石组合:①绢云绿泥板岩、变质粉砂岩;②变质细粒长石砂岩、变质含砾石英砂岩、变质含砾凝灰砂岩夹变质粉砂岩、变质杂砂岩;③变质粉砂岩、粉砂质绢云绿泥板岩、绢云千枚岩、变质中酸性凝灰岩;④粉砂质绿泥绢云板岩、结晶灰岩、变泥质岩、白云质大理岩;⑤千枚岩、变质石英砂岩、变质含砾砂岩、变质钙质砂砾岩。

(2)多宝山变质地带的志留系泥鳅河组、卧都河组、八十里小河组、黄花沟组,奥陶系爱辉组、裸河组、多宝山组、铜山组,包括3种岩石组合:①结晶灰岩、含粉砂绿泥板岩、变质中酸性凝灰岩、变质中性—中酸性火山熔岩;②绿泥板岩、变杂砂岩、变凝灰砂岩、变凝灰岩;③变石英砂岩、变粉砂岩、含粉砂绢云绿泥板岩。

(3)伊春-延寿变质地带的寒武系纽芬兰统西林群,下中奥陶统尚志群以及泥盆系黑龙宫组、宏川组、福兴屯组、小北湖组、歪鼻子组,包括4种岩石组合:①变质粉砂岩、千枚岩、变质细砂岩、大理岩;②泥质板岩、粉砂质板岩、变细砂岩、变长石砂岩、大理岩、变中酸性凝灰岩及熔岩;③泥质结晶灰岩、白云质结晶灰岩、白云质大理岩夹变粉砂岩、硅质板岩;④变质流纹质凝灰熔岩、凝灰角砾岩、变流纹岩、变石英角斑岩夹变石英砾岩。

(4)太平沟-依兰-穆棱变质地带的黑龙江杂岩、马家街岩群,黑龙江杂岩岩石组合为钠长二云石英片岩、含蓝闪石钠长阳起片岩、含红帘石白云石英片岩、大理岩、阳起黑云钠长片岩、二云斜长变粒岩、含石榴二云钠长片岩、蛇纹岩等。马家街岩群主要分布于桦南、萝北地区,变质岩石组合有石英岩、石英片岩、二云片岩、结晶灰岩、千枚状碳质片岩、斜长角闪片岩、变长石石英砂岩、斜长角闪岩。

(5)萝北-双鸭山-麻山-虎头变质地带石灰窑大理岩,分布于萝北地区,变质岩石组合为大理岩。

(6)兴凯变质区的黑龙江杂岩(杨木岩组)、纽芬兰统金库银组。杨木岩组岩石组合为钠长二云石英片岩、钠长阳起片岩、白云石英片岩、大理岩、阳起黑云钠长片岩、二云斜长变粒岩、含石榴二云钠长片岩等,为一套俯冲增生变质杂岩。金银库组为一套板岩-大理岩建造,包括两种岩石组合:①粉砂质板岩、绿泥板岩夹条带状大理岩;②厚层大理岩夹千枚岩。

(7)下二台-呼兰镇变质地带黄莺屯岩组、小三个顶子组和石缝组,主要分布于吉林中部地区,包括3种岩石组合:①黑云斜长变粒岩、黑云角闪斜长变粒岩、黑云斜长片岩、钠长绿帘阳起片岩,与硅质条带大理岩互层夹斜长角闪岩;②变粒岩与大理岩互层夹斜长角闪岩变质建造;③大理岩夹变粒岩变质建造,灰白色大理岩、含石墨大理岩夹薄层含石墨云母变粒岩、石墨二云片岩,变质砂岩、变粉砂岩与大理岩互层。

(8)中朝准克拉通北缘变质岩带温都尔庙群主要分布在内蒙古西部,岩石组合为含铁石英岩、变质火山岩、绢云石英片岩等,局部夹碳酸盐岩沉积。通过对温都尔庙群低温高压变质矿物组合中特征变质矿物的分析,本书认为温都尔庙群形成的温度为250～400℃,形成的压力为0.6～0.7GPa。其他地区中低温低压变质作用(以白乃庙群为例)形成温度范围在390～600℃之间,岩石中黑云母、石榴石、红柱石和堇青石等特征变质矿物的出现标志着变质作用条件为低压中低温变质作用。Jong等(2006)对温都尔庙增生杂岩(温都尔庙群)中石英岩质糜棱岩内的多硅白云母进行了$^{40}Ar/^{39}Ar$同位素测年,获得(453.2±1.8)Ma和(449.4±1.8)Ma的坪年龄,说明温都尔庙群经历了晚奥陶世的低温高压变质作用。中低温变质作用时代还没有同位素测年资料的支持,但从中志留统徐尼乌苏组角度不整合在白乃庙群之上这一事实说明,变质作用应发生在中志留世之前,与发生在温都尔庙群中的低温高压变质作用构成双变质带。

中亚造山系加里东期变质作用发生在420～350Ma,此期变质作用使原始沉积的一套碳酸盐岩、碎屑岩及基性、中酸性火山岩类变质生成早古生代变质岩系。岩性组合以中浅变质的砂泥质岩、大理岩、中基性火山岩为主。岩石主要类型为板岩、片岩、变砂岩、大理岩、变粒岩等。早古生代变质作用以绿片岩相为主,局部地区达到角闪岩相变温压条件,形成低角闪岩相变质岩。低绿片岩相特征变质矿物主要为绢云母、绿泥石、绿帘石、钠长石、阳起石等,低角闪岩相特征变质矿物主要为黑云母、白云母、更长石、铁铝榴石、角闪石等。变质岩系经受了低压下的绿片岩相-低角闪岩相变质作用,变质作用类型主要为区域低温动力变质作用,局部有区域动力热流变质作用。

3. 中朝准克拉通

中朝准克拉通早古生代变质岩系主要见于克拉通周围,主要为区域低温动力变质岩(谷永昌等,2019)。主要由早古生代的寒武系、奥陶系、志留系浅变质岩组成,形成的变质岩组合有:①变质泥沙质岩石、变质泥硅质岩石及变质石英砂岩组合;②变质砂岩、泥砂质板岩、泥硅质板岩、凝灰质板岩、大理岩组合;③泥质板岩、千枚岩、变质砂岩、硅质板岩,局部绿片岩、石英片岩等,夹变质中酸性火山岩组合;④变质安山岩、变质玄武岩组合。原岩为碎屑岩夹碳酸盐岩建造和基性—中酸性火山岩建造。变质程度为低绿片岩相变质,局部达低角闪岩相。

(二)华力西期变质岩系

1. 中亚造山系

中亚造山系晚古生代变质岩系分布范围广,变质程度低,岩石类型简单,局部地段甚至未产生变质作用,基本上属于砂板岩建造、变火山岩建造、变碳酸岩建造。变质作用发生在350～250Ma,使晚古生代沉积岩变质生成一套浅变质的砂板岩与变质火山岩的变质岩系,岩石类型主要为板岩、片岩及变质砂岩、变质火山岩等。矿物共生组合为典型的绿片岩相矿物组合,所出现的特征变质矿物主要为绢云母、绿泥石、绿帘石、阳起石等,相当于温克勒的钠长石-阳起石-绿泥石带,为低温低压下的低绿片岩相区域低温动力变质作用产物(付俊彧等,2019)。

2. 中朝准克拉通

中朝准克拉通晚古生代变质岩系分布范围与早古生代变质岩基本相同,主要见于泥盆系、石炭系和二叠系中。变质岩组合以变质砂岩、板岩、千枚岩夹结晶灰岩、大理岩等浅变质岩为主。变质程度为低绿片岩相(谷永昌等,2019)。

华力西期区域变质作用使晚古生代地质体发生了区域变质的改造,形成了相应的典型变质矿物组合。同时,该期区域变质作用对中朝准克拉通北缘早前寒武纪变质基底也有不同程度的改造。在这些岩石中,该期变质作用形成的新生矿物主要有绢云母、绿泥石、石英和钠长石,变质矿物组合相对简单。

四、中生代变质岩系

中生代变质岩系出露相对较少,主要分布在亚洲东缘复合造山系东部的完达山变质区,主要由饶河蛇绿混杂岩及跃进山岩系组成(付俊彧等,2019),包括浅海沉积岩系-深海硅质岩夹镁铁质—超镁铁质杂岩建造和蛇绿混杂岩建造两种类型,有两种岩石组合:①绿帘钠长阳起片岩、钠长阳起片岩、白云母片岩、绿泥片岩、阳起绿泥片岩、黑云母片岩、角闪黑云母片岩、黑云斜长角闪岩、云母石英片岩、变粒岩、大理岩、片状石英岩及微变质硅质岩;②透闪石片岩、绿泥角闪片岩、绿泥透闪片岩、片理化辉长岩、片理化中基性熔岩、变质细碧岩和变质玄武岩。变质作用大约发生在180Ma(杨金中等,1998),本次变质作用使饶河及跃进山地区的岩石发生强烈变形,形成由含石榴黑云斜长变粒岩、黑云斜长角闪岩、二云母石英片岩、大理岩、绿泥片岩、片状石英岩以及微变质硅质岩组成的浅变质岩系。平衡矿物组合为高绿片岩组合,变质矿物以绿泥石、绿帘石、黑云母、白云母、阳起石等为代表。因此,中生代完达山变质岩系经受了绿片岩相作用,变质作用类型应属于区域低温动力变质作用。

第二节 特殊变质岩类

一、蓝闪片岩

本区蓝闪片岩主要分布于中朝准克拉通北缘温都尔庙、二道井、苏尼特左旗、索伦山和中亚造山系东部头道桥、牡丹江、依兰、萝北等地区。据谷永昌等(2019)和付俊彧等(2019)的综合研究,可划分为4个蓝片岩带。

(一)温都尔庙蓝片岩带

蓝片岩主要赋存于古生代温都尔庙群桑达来呼都格组和哈尔哈达组的细碧角斑岩建造和硅铁建造中,与蛇纹岩化纯橄榄岩、辉橄岩和斜长岩组成的蛇绿岩套紧密伴生。蓝片岩带呈东西向分布,在温都尔庙地区出露达58km。区内蓝片岩可分为南、北两个带:南带横贯全区的大敖包—小敖包—乌兰敖包—白云诺尔等地的主要铁矿床(点),都发现有蓝片岩露头;北带从哈尔哈达沿东西方向向西延至1118高地—哈达一带,地表和钻孔中都有蓝片岩出露。南、北两带相隔约40km。上述两个蓝片岩带嵌于武艺台-图林凯大断裂的延伸方向,蛇绿岩套的展布方向与岩层强烈褶皱挤压轴的方向一致。蓝片岩呈薄层状与含铁岩系中岩石呈互层产出,赋存的原岩类型不同,蓝片岩的种类也不同。

在变泥质-硅质岩中,常见的有绿帘绿泥蓝闪片岩、绿帘绢云蓝闪片岩,典型矿物共生组合有蓝闪石+多硅白云母+黑硬绿泥石+钠长石+石英和蓝闪石+迪尔石+铁滑石。在变质拉斑玄武岩中典型的蓝片岩有绿泥钠长蓝闪片岩、硬柱石文石绿泥钠长片岩、硬柱石绿帘绿泥片岩等,典型共生组合有硬柱石＋文石＋绿泥石＋方解石＋钠长石＋石英。在大理岩中见有蓝闪绿帘大理岩、硬柱石绿帘绿泥大理岩，典型共生矿物组合为绿帘石＋蓝闪石＋文石＋方解石和硬柱石＋绿帘石＋绿泥石＋楣石等。典型高压低温矿物有蓝闪石和青铝闪石、硬柱石、文石、多硅白云母、迪尔石和黑硬绿泥石。

该蓝片岩带低温高压变质作用的温压条件的估算，不同的学者稍有不同；颜竹筠和唐克东(1984)分析认为 $T=250\sim400℃$，$P=0.6\sim0.7GPa$；许传诗(1987)认为 $T=200\sim400℃$，$P=0.5\sim0.8GPa$，总体上结果区别不大。

Yan 等(1989)测得蓝片岩中蓝闪石的 $^{40}Ar/^{39}Ar$ 年龄为 $(445.6\pm15)Ma$，温都尔庙蓝片岩的变质年龄为 $489\sim(435\pm61)Ma$，而该带南侧白乃庙一带发育的高温低压变质岩中角闪石的 K-Ar 年龄为 $458.1\sim434Ma$(高长林等，1990)。因此，认为二者是奥陶纪—志留纪古蒙古洋板块向华北板块俯冲消减形成的双变质带。考虑到蓝片岩的形成常与洋壳消减及蛇绿岩的构造变动有关，结合已报道的蓝闪石的同位素年龄数据，蓝片岩相变质作用应发生在晚奥陶世—早志留世期间的早加里东期。

(二)贺根山-苏尼特左旗蓝片岩带

据徐备等(2001)报道，在内蒙古中部西起苏尼特左旗查干乌拉、格尔楚鲁向东延至乌勒图的近东西向区域内，分布着一套南北宽 $1\sim4km$、东西长 20km、并延出区外的构造混杂岩。它由基质和杂岩块两部分组成，基质为变质砂岩和绿片岩，岩块由石英岩、基性—超基性岩、蓝片岩、白云岩及灰岩等组成。蓝片岩岩块见于混杂岩带西部瑙木浑尼呼都格西南约 500m 处，呈 $20m\times40m$ 的岩块出现，片理发育，片理倾向近南北，与周围基质呈断层接触并高出地表 $0.5\sim1m$。

该带蓝片岩的矿物组合主要为蓝闪石/青铝闪石＋绿帘石＋斜长石±楣石，其原岩为基性火山岩。蓝闪片岩中的角闪石可分为钙质、钙钠质和钠质 3 类：钙质角闪石均为阳起石；钙钠质闪石为蓝透闪石和冻蓝闪石；钠质闪石主要为青铝闪石，其次为蓝闪石，及少量镁钠闪石。

蓝片岩形成的温压条件为：$T=200\sim375℃$，$P=0.5\sim0.7GPa$。

钠质闪石的 $^{40}Ar/^{39}Ar$ 同位素等时线年龄为 $(383\pm13)Ma$，代表蓝片岩的变质时代。

(三)头道桥蓝片岩带

该带位于塔源-喜桂图断裂北侧的头道桥、新林地区，变质矿物组合为蓝闪石/青铝闪石＋绿帘石＋斜长石，原岩为基性火山岩。蓝闪片岩中的角闪石可分为钙质、钙钠质和钠质 3 类。蓝片岩的峰期变质级别为绿帘-蓝闪片岩相，峰期变质温压条件为 $T=400\sim600℃$，$P=1.2\sim1.4GPa$(赵立敏等，2018)，形成时代为 $510\sim490Ma$(Zhou et al.,2015)。该蓝片岩带代表了额尔古纳地块与兴安岛弧碰撞拼合的遗迹。

(四)牡丹江-依兰-萝北蓝片岩带

该蓝片岩带位于佳木斯地块西缘嘉荫-牡丹江断裂带，分布于牡丹江、依兰、萝北一带，变质组合为蓝片岩、绿片岩、大理岩、石英岩和长英质片岩等。典型变质矿物组合包括：①青铝石＋钠长石＋绿帘石＋方解石±绿泥石；②蓝闪石＋钠长石＋绿帘石＋绿泥石±方解石±石英；③青铝石＋钠长石＋绿帘石＋白云母/蛇纹石±绿泥石±方解石±石英；④红帘石＋白云母＋石英。变质温压条件为 $T=320\sim450℃$，$P=0.9\sim1.1GPa$，变质作用类型为高压蓝片岩相变质。该蓝片岩带的形成与古大洋西向俯冲、松嫩-张广岭地块与布列亚-佳木斯地块-兴凯地块的碰撞拼合有关，具有弧前增生楔的典型特征，是板块拼合过程中仰冲到佳木斯地块之上的构造混杂岩的残留部分。

二、高压麻粒岩和超高温麻粒岩

(一)高压麻粒岩

本区的高压麻粒岩主要出露在晋北恒山、晋冀蒙交界、冀北和山东半岛的平度—莱西—莱阳—烟台地区的新太古代高角闪岩相-麻粒岩相变质岩区,其产出状态主要分为两种。一种呈构造透镜体夹于韧性剪切变形带多期糜棱岩中,多成群成带分布,与围岩之间呈构造接触。透镜体多呈扁长状、椭圆状等,大小几米到几千米不等。此种主要分布在天镇蔡家庄、怀安蔓菁沟、宣化李家堡北东、宣化大东沟—西望山、平泉七沟南—南台北、赤城西沃麻坑—伙房村、邢台郝庄南—野河西等地。另一种呈捕虏体(包体)产于变质深成岩中,与围岩呈侵入接触关系,围岩具有较强的韧性剪切变形特征。此种多见于龙泉关、桑干—承德、琉璃庙—保定、威海小石岛、文登市泽头镇、青岛仰口等地。主要岩石类型包括角闪石榴二辉斜长麻粒岩、石榴角闪二辉麻粒岩、石榴角闪二辉斜长麻粒岩、石榴二辉斜长麻粒岩、石榴角闪透辉麻粒岩、紫苏辉石石榴石岩等(谷永昌等,2019)。

上述岩石一般具有退变质减压特征。冀西北石榴角闪二辉麻粒岩(高压基性麻粒岩)的早期高压变质矿物组合为石榴石+单斜辉石+斜长石+石英+金红石、单斜辉石+斜长石+石英及石榴石+单斜辉石+斜长石+石英,变质温压条件为750~820℃、1.07~1.40GPa(刘福来等,2002)。基于SHRIMP锆石U-Pb定年,怀安高压基性麻粒岩原岩的形成时代为2.2~2.15Ga,峰期高压麻粒岩相变质年龄为1.95Ga(张家辉等,2019b)

(二)超高温麻粒岩

本区的超高温麻粒岩主要分布在内蒙古集宁—丰镇—土贵乌拉一带和武川县等地(刘守偈和李江海,2009)。超高温麻粒岩主要发育在变泥质岩中,保存了尖晶石+石英、假蓝宝石+石英、斜方辉石+矽线石+石英等超高温特征变质矿物组合(刘建忠等,2000;刘守偈和李江海,2009),指示温度达1000℃、压力超过1.0GPa的变质作用。超高温变质作用峰期变质时代为1920Ma左右,降压退变质时代为1850Ma左右(Santosh et al.,2006;刘守偈和李江海,2009)。

第五章　地质构造

第一节　主要构造单元

在大地构造单元的划分上,本研究区既包含古老的克拉通(西伯利亚、中朝),又存在古老的造山系(中亚造山系等),并普遍叠加了中—新生代的活化带及造山带,形成了复杂的弧-盆系,构造运动及演化历史极其复杂。由于不同构造域的叠加以及造山旋回的叠加是本区大地构造的主要特征,本次以区内主要断裂带、蛇绿岩带等为主要划分边界,结合主要构造单元不同地区的沉积建造、岩浆活动等地质特征的差异性进行对比研究,按照古亚洲构造域和太平洋构造域两大不同体系影响时段(前中生代和中—新生代)划分为两大阶段。

《国际亚洲地质图1:1 500 000》标出了亚洲地区主要的二级构造单元(任纪舜等,2013),包括主要的造山系、克拉通及中—新生代的弧盆系。中国东北部及邻区主要夹持在西伯利亚克拉通与中朝准克拉通之间,其在前中生代主要由稳定的克拉通和其间的造山系所组成,中—新生代主要由陆缘活化带和增生造山带组成。

本次在构造单元划分中,以克拉通及造山系为一级构造单元,克拉通内的地块(或微陆块)及组成造山系的造山带为二级构造单元,造山带中的造山亚带为三级构造单元。大地构造单元不仅具有空间属性,同时也具有时间属性,图中所示大地构造单元是根据其地壳形成的时间,或者说主要的造山旋回阶段所划分出来的。事实上,对每一个大地构造单元来说,它不可避免地都会受到后期构造运动的改造或叠加,尤其是中—新生代的构造叠加更为普遍。中国东北部及邻区主体是由西伯利亚克拉通与中朝准克拉通碰撞而成的一个复合造山带,后期中生代受古太平洋板块的影响重新活化,普遍发育岩浆作用及变形构造,形成了与陆缘造山带并列的一个独立构造单元,即陆缘活化带。

一、前中生代大地构造单元划分

通过对中国东北部及邻区地层、岩浆岩、断裂系统和蛇绿岩进行综合分析,将其前中生代时期构造单元划分为4个一级单元、17个二级单元,并将部分二级构造单元划分为若干三级单元。自北向南研究区一级构造单元分别为西伯利亚克拉通、中亚造山系、中朝准克拉通和昆仑-祁连-秦岭造山系。其中,西伯利亚克拉通又分为南西伯利亚地台、阿尔丹地盾和斯塔诺夫地块;中亚造山系分为萨彦-额尔古纳造山带、天山-兴安造山带和蒙古-鄂霍次克造山带,3个二级构造单元又细分为9个三级构造单元;中朝准克拉通分为9个二级构造单元,即冀北-阴山地块、鄂尔多斯地块、山西-太行地块、冀辽地块、华北东部地块、渤海东地块、鲁西地块、阿拉善地块和朝鲜地块;昆仑-祁连-秦岭造山系仅包括苏胶造山带(图5-1,表5-1)。

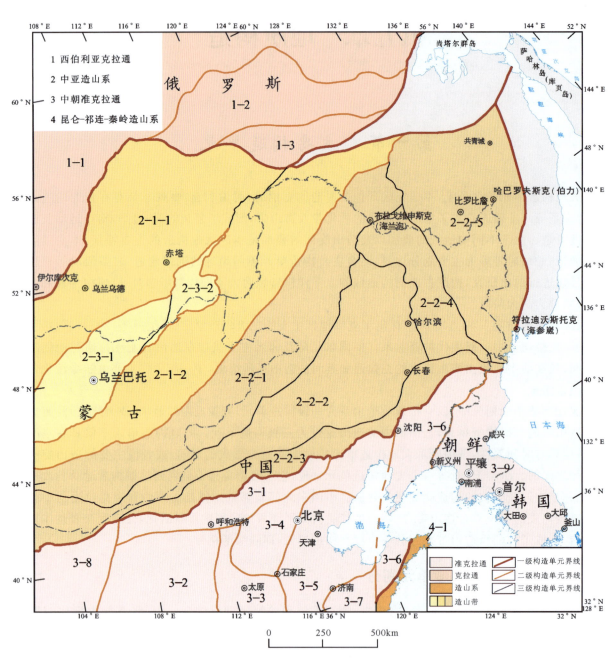

图 5-1 中国东北部及邻区前中生代构造单元划分简图

注:构造单元具体编号名称见表 5-1。

表 5-1 中国东北部及邻区前中生代构造单元划分表

一级构造单元	二级构造单元	三级构造单元
1 西伯利亚克拉通	1-1 南西伯利亚地台	
	1-2 阿尔丹地盾	
	1-3 斯塔诺夫地块	
2 中亚造山系	2-1 萨彦-额尔古纳造山带	2-1-1 萨彦-贝加尔-斯塔诺夫造山亚带
		2-1-2 中蒙古-额尔古纳地块
	2-2 天山-兴安造山带	2-2-1 南蒙古-兴安造山亚带
		2-2-2 内蒙古-吉黑造山亚带
		2-2-3 华北北缘造山亚带
		2-2-4 小兴安岭-张广才岭造山亚带
		2-2-5 布列亚-佳木斯-兴凯地块
	2-3 蒙古-鄂霍次克造山带	2-3-1 杭盖-肯特造山亚带
		2-3-2 Onon造山亚带
3 中朝准克拉通	3-1 冀北-阴山地块	
	3-2 鄂尔多斯地块	
	3-3 山西-太行地块	
	3-4 冀辽地块	
	3-5 华北东部地块	
	3-6 渤海东地块	
	3-7 鲁西地块	
	3-8 阿拉善地块	
	3-9 朝鲜地块	
4 昆仑-祁连-秦岭造山系	4-1 苏胶造山带	

二、中—新生代大地构造单元划分

通过对研究区内地层、岩浆岩、断裂系统、蛇绿岩和缝合带进行综合分析,将中—新生代时期的构造单元划分了2个一级单元,包括中国东部上叠造山系和亚洲东缘复合造山系;4个二级单元,包括西伯利亚上叠造山带、蒙古-兴安-吉黑上叠造山带、华北-辽吉-朝鲜上叠造山带、亚洲东缘造山带;并在二级构造单元中划分21个三级单元,包括乌兰乌德-莫戈恰隆起带、斯塔诺夫岛弧岩浆岩带、雅库提盆地、小兴安岭-张广才岭岩浆岩带、大兴安岭岩浆岩带、东蒙古岩浆岩带、三江-中阿穆尔盆地、结雅盆地、松辽盆地、漠河盆地、呼伦贝尔盆地、二连盆地、大青山-冀北-辽西岩浆岩带、胶-辽-朝隆起带、鲁西隆起带、太行山隆起带、渤海盆地、鄂尔多斯盆地、蒙古-鄂霍次克造山带、锡霍特-阿林增生造山带及萨哈林造山带(图5-2,表5-2)。

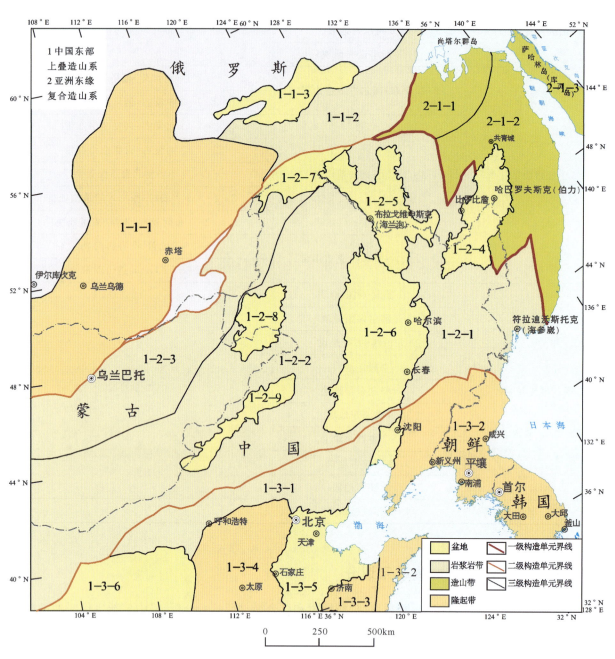

图 5-2 中国东北部及邻区中—新生代构造单元划分简图

注:构造单元具体编号名称见表 5-2。

表 5-2 中国东北部及邻区中—新生代构造单元划分表

一级构造单元	二级构造单元	三级构造单元
1 中国东部上叠造山系	1-1 西伯利亚上叠造山带	1-1-1 乌兰乌德-莫戈恰隆起带
		1-1-2 斯塔诺夫岛弧岩浆岩带
		1-1-3 雅库提盆地
	1-2 蒙古-兴安-吉黑上叠造山带	1-2-1 小兴安岭-张广才岭岩浆岩带
		1-2-2 大兴安岭岩浆岩带
		1-2-3 东蒙古岩浆岩带
		1-2-4 三江-中阿穆尔盆地
		1-2-5 结雅盆地
		1-2-6 松辽盆地
		1-2-7 漠河盆地
		1-2-8 呼伦贝尔盆地
		1-2-9 二连盆地
	1-3 华北-辽吉-朝鲜上叠造山带	1-3-1 大青山-冀北-辽西岩浆岩带
		1-3-2 胶-辽-朝隆起带
		1-3-3 鲁西隆起带
		1-3-4 太行山隆起带
		1-3-5 渤海盆地
		1-3-6 鄂尔多斯盆地
2 亚洲东缘复合造山系	2-1 亚洲东缘造山带	2-1-1 蒙古-鄂霍次克造山带
		2-1-2 锡霍特-阿林增生造山带
		2-1-3 萨哈林造山带

第二节　断裂系统和主要断裂带

一、断裂系统划分

李四光于 20 世纪初提出了构造体系的概念,认为其是由具有成生联系的各项不同形态、不同等级、不同性质和不同序次的结构要素所组成的构造带,以及构造带之间所夹的岩块或地块组合而成的总体。本书所指的断裂系统是指发育在一定构造域内,具有相同或相似地球动力学背景,对于区域构造格架具有控制意义的一系列不同规模、不同形态、不同等级、不同性质和不同演化历史的深大断裂带集合。依据构造等级划分的含义,可在同一断裂系统内划分出若干规模、尺度和影响等特征不同的断裂带,包括一级巨型断裂带、二级大型断裂带、三级中型断裂带。各断裂带均由主干断裂和分支断裂组成。其中,主干断裂泛指一个区域性断裂带,决定区域构造格架面貌或居于主导地位的断裂,它一般规模巨大,延伸较远,影响较深;分支断裂是指主干断裂附近出现的一系列与之相关的低级次构造,是主干断裂相对位移的产物。

一级巨型断裂带(黄汲清和姜春发,1962)包括超岩石圈断裂和岩石圈断裂。前者是指切穿岩石圈并深入软流圈的断裂,它是地球构造圈中规模最大的第一级断裂,一般构成大陆与大洋之间的分界;后者是指切穿岩石圈,但并不明显地进入软流圈的断裂,一般都有超基性岩等深部物质沿断裂呈线状分布,但缺乏良好的、大规模的蛇绿岩套。这些断裂带对地壳构造的形成和发展起着重大的作用,通常分割发展历史和构造状况完全不同的地壳块体,控制全球构造尺度内一级大地构造单元的划分。对于古造山带而言,其可包括古洋-陆构造边界及古大洋闭合形成的地壳对接带,以及板块与板块之间、克拉通与造山系之间及造山系与造山系之间的构造边界。

二级大型断裂带是指切割地壳并不明显进入上地幔的断裂,即超壳断裂。沿断裂带一般没有超基性岩分布,其可进一步分为硅铝层断裂及硅镁层断层。前者切穿整个地壳,但并不明显地进入上地幔,可伴有玄武质火山活动;后者切穿硅铝层,但并不明显地进入硅镁层,一般发育中性、酸性岩浆活动。这些断裂带长度可达数百千米至千余千米,可形成于不同的地质时代或构造旋回,控制一个板块或造山系内部二级构造单元的划分,常作为不同性质地块或地体之间、陆块区与造山系之间的界线。

依据区域大地构造格架与地质演化历史,中国东北部及邻区的深大断裂带可划分为古亚洲构造域断裂系统和太平洋构造域断裂系统(图5-3)。

二、主要断裂带特征

(一)西伯利亚南部地区

西伯利亚克拉通是被显生宙缝合带包围的拼合体,其基底是由多个地质单元通过约2.6Ga和约1.8Ga的构造热事件增生形成的单一克拉通(Rosen and Turkina,2007;王彦斌等,2011)。以北东向展布的Akitkan造山带及其向东北延伸的地球物理带为界,西伯利亚克拉通可划分为:包括Anabar地盾的西北克拉通区和包括阿尔丹地盾及斯塔诺夫地块的东南克拉通区(Zhao et al.,2002;李廷栋等,2008)。阿尔丹地盾和斯塔诺夫地块于约1.93Ga沿现在的Kalar剪切碰撞带缝合(Rosen and Turkina,2007)。西伯利亚南缘断裂带受控于西伯利亚古陆南缘大陆边缘的演化,包括北贝加尔断裂带(①)、斯塔诺夫断裂带(②)和西南斯塔诺夫断裂带(③)。该大陆边缘的形成可能始于中元古代早期裂陷槽的发育(李锦轶等,2009),至寒武纪一直处于被动大陆边缘(Zonenshain et al.,1990a,1990b)。新元古代末—寒武纪,伴随第一代古亚洲洋闭合,在贝加尔地区发育了萨彦-额尔古纳造山系。泥盆纪遭受裂解事件影响,二叠纪至侏罗纪末整个古陆发生了约180°的顺时针旋转(Kravchinsky et al.,2002),漂移至与现今相近的位置。燕山中期,伴随斯塔诺夫地块岛弧岩浆活动,斯塔诺夫断裂带(②)和西南斯塔诺夫断裂带(③)活动强烈。中、晚新生代以来,伴随天山-贝加尔活动构造带的发展,本区发育贝加尔裂谷系(冯锐等,2007)。

1. 北贝加尔断裂带

该断裂带位于贝加尔湖西的Akitkan造山带山前区,可称为Northern-Baikal剪切带,呈北东向展布。贝加尔湖以北地区受到中元古代早期大陆裂解的影响,发育厚度较大的沉积岩系(李锦轶等,2009),暗示西伯利亚克拉通南部贝加尔地区的陆缘始于Columbia超大陆裂解过程中,也由此奠定了Northern-Baikal剪切带的基本展布形态。里菲期,古亚洲洋陆缘系统形成,发育一系列岛弧、前弧和弧间盆地以及增生楔。兴凯期,古亚洲洋陆缘系统中若干块体与西伯利亚克拉通南缘发生碰撞拼合,Northern-Baikal剪切带控制了贝加尔-Muya造山带中兴凯期的岛弧岩浆活动与同碰撞花岗岩类的展布。沿该带发育约500Ma的麻粒岩相变质岩(Salnikova et al.,1998;Donskaya et al.,2000;Nozhkin

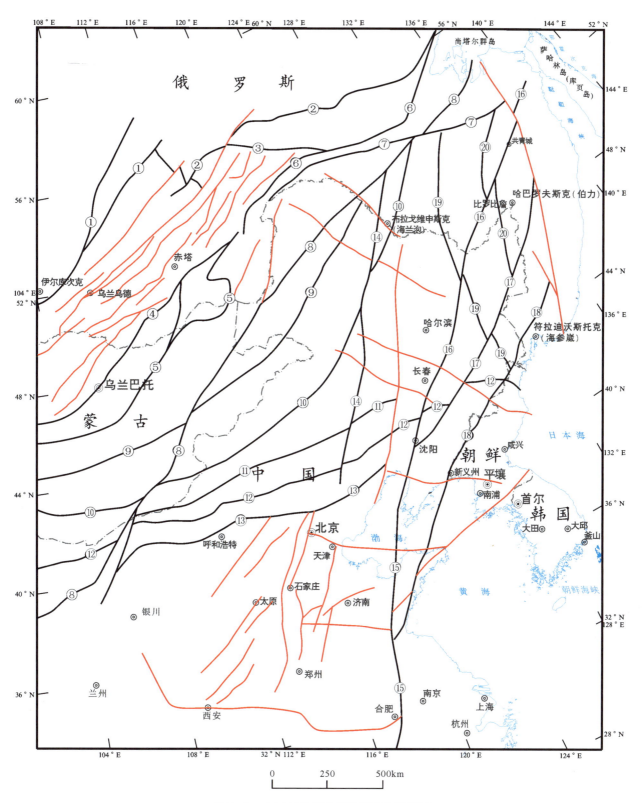

图 5-3 中国东北部及邻区断裂系统简图

①北贝加尔断裂带;②斯塔诺夫断裂带;③西南斯塔诺夫断裂带;④杭盖-肯特断裂带;⑤蒙古-鄂霍次克南缘断裂带;⑥北土库林格尔断裂带;⑦南土库林格尔断裂带;⑧东戈壁-德尔布干断裂带;⑨中央蒙古-牙克石断裂带;⑩贺根山-黑河断裂带;⑪索伦-西拉木伦断裂带;⑫赤峰-开原断裂带;⑬包头-承德断裂带;⑭嫩江-八里罕断裂带;⑮郯城-庐江断裂带;⑯依兰-伊通断裂带;⑰敦化-密山断裂带;⑱青岛-鸭绿江断裂带;⑲佳木斯-牡丹江断裂带;⑳跃进山断裂带

et al. ,2004)。Zhou 等(2018b)在研究古亚洲洋中微地块性质与演化时,认为这些微地块作为 Rodinia 超大陆的一部分参与了格林威尔造山运动,约在 0.6Ga 从东冈瓦纳大陆分离,并于约 0.5Ga 增生到西伯利亚克拉通南缘。因此推测,Northern-Baikal 剪切带形成于古亚洲洋演化背景,兴凯期作为萨彦-额尔古纳造山系和西伯利亚克拉通之间的构造边界发生了强烈活动。

新生代,伴随贝加尔地区地幔隆起,断裂带活动强烈,控制了盆-隆构造的形成与演化,发育了贝加尔裂谷系(杨巍然等,2003)。贝加尔裂谷系为典型的大陆裂谷构造,从蒙古北部的库苏尔湖向北东方向至雅库特南部的奥廖克马河,总长 1600 余千米,宽 70~250km(Mats,1993),该裂谷系发育于晚白垩世—始新世夷平面基础上,渐新世以来发生断裂变形,位移幅度达 10km,受两组走向平行、倾向相反的高角度正断层控制,断层活动由中心向北东和南西两侧逐渐变晚,控制了晚新生代沉积与现今地貌发育,热流等值线平行裂谷分布,地热的特征与当今大洋中脊情况有些类似(杨巍然等,2003)。依据现代地震资料,该断裂带所在的地震活动带向西南可延伸至天山、兴都库什地区,是正在发展中的板块边界(冯锐等,2007)。

2. 斯塔诺夫断裂带和西南斯塔诺夫断裂带

这两条断裂带分别位于斯塔诺夫地块北侧和西南侧。前者可称为 Stanovoy 剪切带,大体与 Kalar 剪切带重合,呈近东西向展布。伴随阿尔丹地盾和斯塔诺夫地块在古元古代的碰撞拼合,Stanovoy 剪切带基本形成,主要包括特尔坎达断裂和斯卡利断裂等,断裂活动破坏了麻粒岩相区域变质分带,表现出多期动力变质特征。第一期活动表现为等斜褶皱、香肠构造和花岗岩侵入带等,时代为(2050±50)Ma;第二期为遭受强烈原生劈理的深成型变闪长岩岩墙,时代为(1940±50)Ma;第三期活动伴随发育有石英-微斜长石交代岩的黑云母-角闪变余糜棱岩带和变余碎裂岩带,时代为(1940±45)Ma 和(1730±30)Ma(李有柱,2001)。

燕山期,斯塔诺夫地块发育与俯冲有关的岛弧岩浆作用和与碰撞有关的碱性岩浆作用,沿地块北侧发育伸展盆地,Stanovoy 剪切带构造活动强烈。沿剪切带发育 4 个阶段的火山-侵入杂岩,包括:晚三叠世—早侏罗世正长岩、层状花岗斑岩及流纹岩岩墙,中晚侏罗世白榴石碱性粗面岩、超基性岩、云煌岩岩墙,晚侏罗世—早白垩世碱性正长岩和二长岩,早白垩世白榴石-碱性正长岩、二长—正长岩、碱玄岩等(李有柱,2001)。断裂活动控制了侵入岩和岩墙的分布,叠加在古老断裂之上,对区域金、银、钛、铀矿成矿具有控制作用(宁静,2000;李有柱,2001)。

(二)北蒙古—鄂霍次克海地区

蒙古-鄂霍次克造山带,或称蒙古-鄂霍次克缝合带或褶皱带,在东亚大陆形成演化的历史上占有极为重要的位置(莫申国等,2005;李锦轶等,2009)。蒙古-鄂霍次克造山带属多期复合造山系,其前中生代构造演化与古亚洲洋构造域演化基本同步,揭示了西伯利亚古板块向南增生以及晚古生代活化和闭合过程,其后叠加了早中生代大陆裂解和中生代东北亚活动大陆边缘构造演化,致使该造山带具有"南北分带、东西分段"的构造格架,以及构造-岩浆活动由西向东逐渐变新的特点。该带可以 Onon 地体-上黑龙江盆地为界划分为东、西两个部分:西部演化可追溯至晚新元古代,属古亚洲洋构造域;东部为晚中生代东北亚大陆边缘增生及碰撞造山进程,属滨太平洋构造域叠加于古亚洲构造域之上。也有学者认为该造山带的形成始于蒙古-鄂霍次克洋盆的打开,其历史可追溯至志留纪之前,并一直持续到侏罗纪晚期海湾状洋盆闭合,其后早白垩世发生强烈的区域伸展作用(Donskay et al. ,2013;黄始琪等,2016)。中生代,伴随着蒙古-鄂霍次克洋的闭合,该区北东—近东西向断裂发育,且以大规模的左行走滑为特征,滑移量达上百千米(Lamb et al. ,1999)。

1. 杭盖-肯特断裂带和蒙古-鄂霍次克南缘断裂带

这两条断裂带属于蒙古-鄂霍次克造山带西段(或称为杭盖-达翰尔褶皱带)的构造边界,呈北东向展布,限定了主造山带的分布范围。杭盖-肯特断裂带位于杭盖-肯特-达翰尔浊积岩盆地(由杭盖-达翰尔褶皱带恢复)与北部西伯利亚板块南缘加里东期活动陆缘隆起带之间;蒙古-鄂霍次克南缘断裂带与阿达特萨格(Adaatsag)蛇绿混杂岩带的位置大体重合,位于杭盖-肯特浊积岩盆地东南缘,且毗邻东蒙古-额尔古纳地块。两条断裂带之间发育杭盖-肯特-达翰尔浊积岩系或增生楔(Sengör and Natalin,1996),乌兰巴托浊积岩地体研究显示,其由泥盆纪增生杂岩和石炭纪浊积岩构成,包含6个独立单元,它们之间均为逆冲断层接触关系,同时还发现石炭纪浊积岩系不整合覆盖在泥盆纪增生杂岩之上(Dorjsuren et al.,2006)。石炭纪浊积岩系碎屑锆石研究显示其形成时,南部是具有新元古代基底的早石炭世火山岛弧,北部为太古宙基底的大陆边缘弧(Parfenov et al.,2009)。早二叠世,南、北大陆在杭盖地区已经发生碰撞,陆相磨拉石上覆于褶皱的浊积岩上,伴随发育钙铝质花岗岩和花岗闪长岩岩浆活动,晚二叠世发育亚铝质花岗岩和正长岩(莫申国等,2005)。蒙古-鄂霍次克南缘断裂带的形成演化与阿达特萨格(Adaatsag)蛇绿混杂岩带的构造就位密切相关。该蛇绿混杂岩具有MORB型和OIB型特征(Tomurtoogo et al.,2005),其上发育岛弧火山岩,被石炭纪沉积岩覆盖,与早石炭世浅海沉积岩岩片呈逆冲叠瓦构造(Badarch et al.,2002),由此限定蒙古-鄂霍次克南缘断裂带在早石炭世发生了持续的逆冲推覆构造。综上所述,这两条断裂带在乌兰巴托石炭纪浊积岩沉积之前就已经形成,属于大洋两侧的陆缘断裂带,伴随泥盆纪的陆缘增生、石炭纪的岛弧活动以及二叠纪的碰撞-后碰撞作用,两条断裂带持续活动,以逆冲性质为主。

晚三叠世—早侏罗世,北蒙—外贝加尔和中蒙—额尔古纳地区发育正长花岗岩、二长花岗岩、正长岩及碱性花岗岩和镁铁质侵入岩等,花岗岩类具有A型和Ⅰ-A型过渡型或高度分异型Ⅰ型花岗岩特征(Li et al.,2013b)。在空间展布上,肯特岩基带位于北部杭盖-肯特断裂带两侧,北戈壁岩浆岩带在南部贯穿两条断裂带(Donskaya et al.,2013),岩体分布上具"钉合岩体"的特征,由此限定蒙古-鄂霍次克造山带西段形成于晚三叠世之前,两条断裂带在晚三叠世存在伸展走滑的运动学特征。古地磁资料显示,侏罗纪早期中亚地壳的变形反映了与蒙古-鄂霍次克海的封闭同时出现板内走滑运动,并受欧亚板块西伯利亚部分相对于其欧洲部分的顺时针旋转控制(Metelkin et al.,2010)。

伴随蒙古-鄂霍次克构造带西段的形成,蒙古-鄂霍次克南缘断裂带发生强烈的韧性剪切变形,以艾伦达瓦韧性剪切带最为典型。该剪切带面理产状为327°∠22°(平均),线理产状为322°∠19°(平均),带内S-C组构及不对称旋转碎斑发育,指示上盘由北西往南东发生强烈的推覆型剪切运动,形成时代为174~163Ma,其发生的动力学背景可能与"东亚汇聚"事件有关(黄始琪等,2016)。晚中生代在增厚岩石圈的重力垮塌背景下,地壳浅部的伸展作用强烈,在中蒙边界、蒙古及外贝加尔地区发育晚侏罗世—早白垩世拉张盆地和变质核杂岩,并伴随大规模的岩浆活动(孟庆任等,2002;黄始琪等,2016),在此背景下,两条断裂带活动强烈,以南东倾的伸展滑脱构造为主,控制断陷沉积盆地。

蒙古东南部Onon、Tost和Zuunbayan地区断层的左行走滑量研究显示,Onon地区新元古代至古生代地层的左行走滑量为70~95km,活动时代为白垩纪晚期之前的中生代(Lamb et al.,1999)。此外,还认识到这些断层均存在新生代的继承与活化。

2. 北土库林格尔断裂带和南土库林格尔断裂带

北土库林格尔断裂带北侧主要由西侧的乌尔坎(Urkan)地块和东侧的斯塔诺夫地块组成。乌尔坎地块以结晶片岩和片麻岩为基底,上叠色楞格-斯塔诺夫加里东褶皱带。该褶皱带主要表现为由里菲期和早古生代火山-沉积地层组成,发育酸性火山岩和奥陶纪深成岩,晚二叠世、早三叠世、中—晚侏罗世岩浆作用强烈,上叠坳陷盆地,多呈东西向展布,盆地南、北两侧受断裂控制,以Nyukzha盆地最大,充填巨厚的早白垩世陆相含煤碎屑岩沉积。斯塔诺夫地块以太古宙变质深成岩为基底，上叠燕山期岛弧火山-侵入岩，包括乌达-斯塔诺夫深成岩带和火山岩带，前者呈现英云闪长岩-斜长花岗岩、闪长岩-花岗闪长岩、二长岩-花岗岩-花岗闪长岩和二长岩-正长岩-花岗岩组合序列，晚期被花岗斑岩-正长岩-斑岩侵入（101Ma）；后者由熔岩、凝灰岩、玄武岩和安山岩构成，与陆相碎屑岩交替发育，火山岩属钙碱系列。由此暗示，该断裂带作为蒙古-鄂霍次克洋向北俯冲的边界断裂，其西段属西伯利亚板块的陆缘带，至少在奥陶纪或之前已经开始活动，并一直可延续至侏罗纪甚至早白垩世，其东段主要活动于侏罗纪—早白垩世。

南土库林格尔断裂带南侧主要由西侧的东蒙古-额尔古纳-玛门（Argun-Mamyn）地块和东侧的布列亚-佳木斯-兴凯陆块群组成。额尔古纳-玛门地块发育前寒武纪基底，多作为古生代和中生代侵入体的顶部残留物或作为岩块夹在年轻沉积组合之间，该地块还发育寒武纪中晚期—奥陶纪花岗岩、含图瓦贝生物群的上志留统、泥盆系陆源-碳酸盐岩及中生代粗碎屑陆相杂砂岩。该地块上的早古生代花岗岩和海相地层主要形成于额尔古纳-玛门地块南侧洋-陆俯冲背景，志留纪缺少火山活动产物，暗示地块北缘早古生代晚期为被动大陆边缘环境。沿额尔古纳-玛门地块北缘（大兴安岭北部）发育平行于地块北陆缘的岛弧花岗岩带，形成时代主体为晚三叠世—早侏罗世，部分地区可延伸到晚侏罗世、甚至早白垩世早期（刘宝山等，2021；李文龙等，2022）。在上黑龙江地区发育中晚侏罗世—早白垩世上黑龙江前陆盆地，其主要由前中生代变质基底、中晚侏罗世陆相沉积岩和早白垩世火山-火山碎屑岩3个部分组成，后两者呈角度不整合接触。晚侏罗世该盆地呈近东西向展布，具有南北高、中部低的构造分带特征，控制了盆地中沉积物的充填特征，盆地内还可见由北向南的"飞来峰"构造、逆冲推覆构造和大型走滑构造，主体形成时间为早白垩世（李锦轶等，2004b）。图面资料显示，布列亚地块零星发育新太古代变质深成岩，主体以发育华力西期—印支期褶皱带为特征，上叠燕山期陆缘弧火山-侵入岩带。由此暗示，南土库林格尔断裂带应属于蒙古-鄂霍次克洋向南俯冲的边界断裂，主要活动于晚三叠世—早白垩世。

两条断裂之间发育东西向延伸的造山带，属晚古生代—中生代褶皱带，可划分为东、西两段：西段为狭长带状延伸的乌尔坎-额尔古纳陆-陆碰撞带；东段呈"喇叭状"向东开口，为上黑龙江-尚塔尔褶皱带，东缘叠加西太平洋的鄂霍次克-楚克奇陆缘火山带。乌尔坎-额尔古纳陆-陆碰撞带主要由增生楔状体和Shilka蛇绿岩带组成，将里菲期蛇绿岩碎片与较老、较新的岩块拼合在一起。该带由蛇纹岩、蓝片岩、变质辉长岩、绿片岩、硅质岩和碳酸盐岩夹砂岩和粉砂岩等构成，早前寒武纪变质岩和花岗岩块也出现在蛇绿混杂岩带内，上叠下二叠统。上黑龙江-尚塔尔褶皱带由西部带、东部带及东缘的尚塔尔带组成。该褶皱带形成于晚侏罗世西伯利亚板块东部和布列亚-佳木斯复合地块的碰撞背景下，同时受到晚侏罗世晚期—白垩纪初古太平洋强烈的斜向俯冲影响（莫申国等，2005）。在西部带中，Tukuringra-Yankan带由志留纪—泥盆纪蓝闪石片岩带和绿片岩相变质的火山-硅质-陆源建造构成；Unya-Bom带、Tuksii带和Lan带均由半深海—深海斜坡相及复理石沉积建造构成，夹基性火山岩，沉积时代包括中泥盆世、石炭纪、早二叠世、晚二叠世、晚三叠世和侏罗纪等；Selendzha-Kerbi带是由晚前寒武纪和纽芬兰世变质岩组成的基底隆起带。在东部带中，局部可见晚泥盆世海相碎屑岩，发育晚三叠世和侏罗纪碎屑岩夹硅质黏土岩，中生代与古生代的变形不协调，中生代构造叠加在古生代褶皱基底之上。尚塔尔褶皱带发育巨厚的二叠纪海相-滨浅海相碎屑岩建造，泥盆系逆冲在二叠系之上。综上所述，上黑龙江-尚塔尔褶皱带包括了一套古生代构造杂岩复合体，构造背景为红海型海底裂陷槽链，于二叠纪闭合形成磨拉石沉积。在此基础上受古太平洋板块（法拉隆-库拉-伊泽纳奇洋盆和鄂霍次克海微板块）的向北俯冲作用影响，两条断裂带及之间的褶皱带叠加早中生代构造，晚侏罗世—早白垩世受东北亚与西北太平洋之间的汇聚作用影响，褶皱带东缘叠加陆缘弧岩浆活动，陆内发育凹陷盆地。新生代，两条断裂带以伸展作用为特征持续活动，分别控制北侧的上结雅沉积盆地和南侧的结雅沉积盆地。

3. 东戈壁-德尔布干断裂带

东戈壁-德尔布干断裂带，又称中蒙古-德尔布干断裂带（李锦轶等，2009），自西向东经过阿尔泰山脉、蒙古中戈壁省、乔巴山，延伸至中国大兴安岭北部的呼伦湖、黑山头镇、德尔布干河、金河河谷，至呼玛一带，消失于俄罗斯境内的阿穆尔州（孙晓猛等，2011；余大新等，2015；柴璐等，2019），总体构成一条大型的弧形断裂带，是蒙古弧的组成部分，为萨彦岭-贝加尔陆缘增生区与准噶尔-南蒙古-大兴安岭陆缘增生区的界线（李锦轶等，2009）。该断裂带的西段称为额尔齐斯-中蒙古断裂带（内蒙古自治区地质矿产局，1991），东段分布在中国境内，称为德尔布干断裂带（孙晓猛等，2011）。

德尔布干断裂带在中国境内延伸长达900km，总体呈北东向展布。该断裂带不仅是根河-拉布大林火山沉积断陷盆地的西缘边界断裂，作为嵯岗隆起与贝尔湖坳陷的分界断裂还控制了贝尔湖坳陷的形成与演化（孙晓猛等，2011）。同时，德尔布干断裂带还是额尔古纳成矿带（德尔布干成矿带）的东南边界断裂，对该地区晚中生代有色金属、贵金属矿床具有明显的控制作用（张炯飞等，2000；权恒等，2002；武广等，2007；祝洪臣等，1999，2005；郑常青等，2009）。

区域航磁资料显示，德尔布干断裂带表现为走向45°左右的不同磁场分界线，其西北侧为强烈升高的线性磁异常带，而东南侧磁场强度显著降低（孙晓猛等，2011）。1∶250万重力资料显示，在向上延拓10~20km不同深度水平135°方向导数上，德尔布干断裂带同样表现为显著的走向45°左右的重力场分界线，其西北侧表现为高重力异常，而东南侧则表现为低重力异常，表明断裂两侧地壳结构、基底及岩性具有较大差异性。该重力场分界线在向上延拓50km仍有显示，反映断裂切割深度至下地壳（孙晓猛等，2011）。莫尔道嘎镇—得耳布尔镇、上护林—三河乡、八大关牧场东南3条高精度（1∶10万）重磁剖面显示德尔布干断裂带切割深度可达25km，倾向南东（刘财等，2010），这也与大地电磁测深（1∶100万MT）所反演的结果相吻合。上述3条大地电磁测深剖面显示断裂带西北侧的隆起区电阻率远远高于东南侧的盆地区，电阻率曲线形态反映了断裂向南东倾斜（孙晓猛等，2011，刘财等，2010）。这些特征与地震反射资料也高度吻合，满洲里-绥芬河地学断面的广角反射地震资料显示，海拉尔盆地8km以上的地震波速等值线细而平直，连续性好，主要为密度相近、组成稳定、成层性好的浅变质沉积岩、火山岩及火山沉积岩；8km以下的断裂带两侧波速等值线不连续且变化强烈，反映出不同密度的地质体（杨宝俊等，1996；傅维洲等，1998）。海拉尔盆地地震剖面显示，在嵯岗隆起与乌尔逊、贝尔凹陷之间的德尔布干断裂带表现为一系列向北东向延伸并倾向南东的盆缘正断层组合（刘志宏等，2006；曹瑞成等，2009；孙晓猛等，2011）。

德尔布干断裂带主要分布在大兴安岭北部西坡的呼伦贝尔草原，地表覆盖严重，岩石露头稀少，极少见到并难以追索断裂踪迹，前人仅就嵯岗镇、伊和乌拉等地的典型出露区进行过详细研究（孙晓猛等，2011；郑常青等，2009；王英德，2010）。嵯岗镇发育的大型伸展变形带总体呈北东向展布，宽度大于3km，主要由构造片麻岩组成，叶理主要倾向南东或北东，部分倾向北西，倾角变化较大，在30°~60°之间；线理主要向南东或北东方向倾伏，总体具有向东伸展滑移的特征（孙晓猛等，2011）。条带状构造片麻岩露头尺度中发育不对称塑性流动褶皱、S－C组构和a型线理等，镜下可见相间定向排列的竹节状石英和细粒长英质矿物及石英晶体的三边平衡结构（孙晓猛等，2011），显示其形成于深部构造层次韧性变形带中，变质变形机制以岩石部分熔融、颗粒流动和扩散蠕变为主（杨振升等，2008；刘正宏等，2007a，2007b；王英德，2010）。伊和乌拉出露的构造变形带宽度近3km，岩石类型主要有未变形的细粒黑云母花岗岩、变质变形的英云闪长岩-花岗闪长岩类和变质表壳岩类，变形自西向东逐渐增强，依次出现片麻状花岗岩、糜棱岩化花岗岩、强韧性变形花岗岩（白云母石英片岩），面理总体倾向南东或北东东，部分倾向北西，倾角主体为55°~65°，线理倾伏向南东或北东东，少量倾伏向北西，发育糜棱叶理、S－C组构、拉伸线理、脆性节理等不同层次的变形组构，总体显示向南东伸展滑移的特征（郑常青等，2009）。部分学者综合德尔布干断裂带地球物理资料并结合地质资料认为，断裂带经历了长期、多阶段的地质构造演化(冯旸等,2019)。断裂带内古生代岩浆岩的发育显示其不但有早古生代加里东期岩浆侵位事件(武广等,2005;葛文春等,2005b,2007),而且还有晚古生代华力西期岩浆热事件的记录(郑常青等,2009),然而这些岩浆热事件与断裂活动的相关性仍需深入研究。郑常青等(2009)对海拉尔伊和乌拉构造变形带典型出露区的花岗闪长质片麻岩、白云母石英片岩中的黑云母和白云母进行 $^{40}Ar/^{39}Ar$ 同位素定年,分别获得 $(130.9±1.4)Ma$ 和 $(115.6±1.6)Ma$ 的坪年龄,反映了德尔布干断裂带早白垩世的伸展变形。

迄今为止,德尔布干断裂带的构造属性已比较清晰。前人尚未在断裂带内发现蛇绿岩、远洋沉积物、蓝片岩等可以代表板块/地块拼接的标志性资料,而地球物理资料显示德尔布干断裂带不具有断裂深切至莫霍(Moho)面或软流圈下部软流圈及俯冲板片下插等板块缝合带的特征(杨宝俊等,1996;孙晓猛等,2011)。由此,该带的构造属性应为一条大型伸展变形带,断裂切割深度可达下地壳。

近些年来,在中国东北北部、西伯利亚南部及蒙古北部等地陆续发现了数十个长轴呈北东向展布的中生代变质核杂岩(邵济安等,2001;Davis et al.,2002;Dongskaya et al.,2008;Zorin,1999),时代集中在158～110Ma,这与大兴安岭北部伸展背景下的大规模岩浆侵位时代(130～110Ma,早白垩世)基本一致(吴福元和孙德有,1999;吴福元等,2000,2003,2007;葛文春等,2005a;邵济安等,1999,2001,2005;Wu et al.,2011)。同时,东北亚分布大量的北东向中小型断陷盆地,包括中国境内的海拉尔盆地、二连盆地,蒙古的东戈壁盆地和贝加尔东南沿雅布洛诺夫山脉展布的早白垩世断陷盆地群,与晚侏罗世—早白垩世的伸展作用有关(李思田和吴冲龙,1986;张岳桥等,2004;Zorin,1999;吴根耀,2006,2007;葛肖虹和马文璞,2007;任建业等,1998)。大兴安岭北部额尔古纳地区大量的铅、锌、银、金等重要有色金属和贵金属的富集成矿,也受该时期伸展构造体制下的张裂隙控制(毛景文和王志良,2000;祝洪臣等,1999,2005;柴璐等,2019;王五力等,2012;朱群等,2014;权恒等,2002)。德尔布干断裂带的伸展变形期主要为早白垩世,同为该期区域性伸展事件的产物,受控的还有其北部额尔古纳大型伸展变形带(112～106Ma)(Zheng et al.,2015)。日本海沟—长白山—中国四平的地震层析成像显示,古太平洋板块俯冲可能不会超过长春—沈阳一线(王英德,2010)。因此,对该期伸展事件是与古太平洋板块的俯冲有关还是与蒙古-鄂霍次克构造带的演化有关仍存在争议。

东戈壁-德尔布干断裂带的南西段又称额尔齐斯-中蒙古断裂带、中蒙古断裂带或蒙古主构造线(Main Mongolian Lineament,简称MML)(李锦轶等,2009;潘佳铁等,2015;柴璐等,2019),延伸经过阿尔泰山脉、蒙古中戈壁省、乔巴山等地,是蒙古境内重要的地形分界线。受研究程度所限,该段断裂仍有很多问题亟待解决。余大新等(2015)对蒙古中南部地区面波相速度层析成像研究发现,穿过蒙古高原中部的中蒙古断裂带与蒙古中南部的地震波速度分布具有很好的一致性,暗示该断裂带一直延伸到整个岩石圈。潘佳铁等(2015)利用噪声层析成像发现,中蒙古断裂带南、北两侧相速度分布有明显差异,暗示该断裂带不仅是地表地形的分界线,还是地壳结构的分界线。该断裂带的这些特征均不同于德尔布干断裂带。同时,中蒙古断裂带和德尔布干断裂带的活动时期、运动学特征和两侧的地质组成及构造样式也不尽相同(李锦轶等,2009),因而两条断裂带是否为同一条断裂带仍需进一步研究。

(三)兴安—中南蒙古地区

该地区的大型断裂带受控于中亚造山带东段的构造演化控制,其基本格架形成于中元古代晚期到早古生代末古亚洲洋演化相关地块、岛弧带的增生碰撞。石炭纪—三叠纪初,伴随区域伸展和陆内造山等地质作用持续影响,断裂活动强烈,发育一系列裂谷洋盆、裂谷盆地、双峰式岩浆岩带和碱性岩带等(徐备等,2018)。中生代,在东亚多板块汇聚体制下(董树文等,2019),受蒙古-鄂霍次克洋演化和东北亚大规模左行走滑控制,断裂带持续活动,以控制印支期双峰式岩浆活动、早燕山期缩短变形带(董树文等,2019)、中燕山期变质核杂岩和伸展盆地(孟庆任等,2002)为特征。

1. 中央蒙古-牙克石断裂带

该断裂带在中国境内较为发育,自东北端的韩家园子、新林,经塔源、牙克石、头道桥向西南延伸,进入蒙古后走向转为北东东向,直至巴彦洪戈尔蛇绿岩南侧,主体倾向北西或北北西。沿断裂带发育韧性剪切带,分布有中元古代蛇绿岩块、早石炭世镁铁质—超镁铁质岩、混杂堆积,在头道桥地区发育蓝闪片岩、放射虫硅质岩并有双变质带发育。该断裂带形成于新元古代末期,属于萨彦-额尔古纳造山系和兴安-蒙古造山系的分界线,分隔了以前寒武纪和早古生代地质体为主体的北部单元和以古生代地质体为主体的南部单元。该断裂带古生代活动强烈,境内控制北西侧海拉尔-呼玛弧后盆地及南东侧多宝山岛弧的发育,并于早石炭世末形成蛇绿构造混杂岩带。

《黑龙江省区域地质志》中称之为环宇-新林推覆构造,认为其形成于早奥陶世—早志留世弧后洋盆背景,在海底强烈扩张期有蛇绿岩侵位。早志留世由北西向南东产生强烈的挤压推覆作用,现存岩石均不同程度发生韧脆性变形,早奥陶世—中志留世侵入岩变形最强烈(黑龙江省区域地质调查所,2018)。《内蒙古自治区区域地质志》中称之为红花尔基(头道桥)-伊利克得-阿里河深断裂带,属于超岩石圈断裂,为板块古俯冲带,活动时代为奥陶纪和泥盆纪,早二叠世末期存在挤压复活,航磁异常图上表现为呈北北东向延伸的线性正磁异常带或负磁异常带,两侧区域磁场略有差异,布格异常图上沿断裂带呈断续延伸的等值线密集带,梯级带北西侧为一区域性重力高,南东侧为一明显的区域重力低(内蒙古自治区地质调查院,2018)。在满洲里-绥芬河地球物理大剖面上,该断裂带途径的博克图地区呈现西倾深大断裂特征。在现代地貌上,中央蒙古-牙克石断裂带在我国作为大兴安岭北东东向中央隆起带与西北坡带的边界,东部出露大量的中生代侵入岩,而西部以断陷盆地和火山盆地为特征,暗示该断裂在中—新生代仍有活动。

图面资料显示,该断裂带是蒙古的一条重要断裂带,分割北部萨迪-额尔古纳造山系中蒙古-克鲁伦地块与南部天山兴安造山系南蒙古造山带。沿断裂带发育奥陶纪和泥盆纪—石炭纪超镁铁质岩与镁铁质岩,控制带两侧泥盆纪—石炭纪—二叠纪的花岗岩类展布及石炭纪—二叠纪火山-沉积地层的分布。中生代晚期,尤其是白垩纪,该断裂在构造演化上继承了新元古代—早中生代构造格架,且其持续活动控制了新一轮盆-山构造格局,性质以伸展构造为特征。沿断裂带,在中蒙古地区发育北东东向展布的系列燕山期盆地,沿断裂发育变质核杂岩。此外,该断裂带还对呼伦贝尔盆地和赛音山达喜马拉雅期盆地的东南边界具有明显的控制作用。

2. 贺根山-黑河断裂带

该断裂带主要展布在中国境内,呈北东向展布。该断裂带北起黑河市北的上马场,向西南经嫩江县、阿荣旗、扎兰屯、科尔沁右翼前旗,至贺根山、二连地区。传统认识上将其划归为"兴安地块"与"松嫩地块"的构造边界,本次将其厘定为南蒙古-兴安造山带与内蒙古-吉黑造山带之间的构造边界。该断裂带的活动行迹主要表现在东北段的嫩江—黑河地区(或称为嫩黑构造带)、中段的阿荣旗—扎兰屯—大石寨地区及西南的二连浩特—西乌珠穆沁旗地区(或称为二连—西乌旗断裂带)。

沿断裂带嫩江—黑河地区发育早石炭世科洛片麻杂岩、花岗质糜棱岩、含泥盆纪镁铁质—超镁铁质岩块的蛇绿混杂岩等。该断裂带活动大体可划分为两期:早期为早二叠世,断裂带呈现由北西向南东推覆,使得早石炭世科洛杂岩、晚石炭世—早二叠世宝力高庙组含火山-碎屑岩及侵入岩变形强烈,形成糜棱岩、初糜棱岩、构造片岩等,局部可见超糜棱岩,原岩结构大都被破坏;晚期构造活动发生在晚侏罗世早期,早—中侏罗世侵入岩受其构造影响明显,沿断裂带发育糜棱岩化。

阿荣旗—扎兰屯—大石寨地区的断裂活动在扎兰屯地区表现最为显著。断裂带倾向北西,倾角主体较陡,多在50°以上。断裂带活动大体可划分为3期:早期活动时间为晚石炭世—早二叠世(307~290Ma)(钱程等,2018b),具左行走滑性质,推测为造山后应力置换背景下的侧向逃逸;第二期活动发生在晚三叠世,基于强变形糜棱岩中的变质锆石及新生白云母的年代学研究确定其活动时间为240~220Ma,该期构造波及范围较广,该区几乎所有的前三叠纪地质体均有不同程度的表现,构造面理产状变化较大,走向基本一致,呈北东向,结合糜棱岩不对称变形与同构造辉长岩脉的研究,推测该期活动的性质为左行伸展;第三期活动发生在中—晚侏罗世(170~150Ma),左行走滑特征显著,发育L型构造岩。

二连—西乌旗断裂带走向北东东向。地质资料表明,断裂带东端被中—新生代火山岩掩盖,沿断裂带发育有带状分布的(超)基性岩(蛇纹岩),以贺根山地区最发育。在朝克乌拉地区的蛇纹岩发育大规模叠瓦状构造,叶蛇纹石化的二辉辉橄岩推覆到条带状辉长岩之上,而条带状辉长岩又推覆于斜长角闪岩之上。断裂带岩石破碎,糜棱岩发育,在钠长角闪片岩中可见碱镁闪石,暗示这里曾发育过高压构造作用(内蒙古自治区地质调查院,2018)。此外,该断裂带对该区的中—新生代构造地貌格局具有控制作用,断裂带以北为乌拉盖-霍林郭勒凹陷,盆地呈北东东向展布,属二连盆地的一部分,发育早侏罗世、晚白垩世含煤建造,新近纪发育湖相沉积;断裂带以南为苏尼特左旗-锡林浩特隆起带。由此推测,二连-西乌旗断裂带的活动时限大致包括晚石炭世—早二叠世、早中侏罗世、晚白垩世、新近纪等。该断裂带在地球物理场及卫星影像等方面均有所显示。航磁表现为不同磁场区的界线或线性梯度带,南、北两侧磁场特征明显不同,北侧为面状、条带状正磁异常区,南侧为平稳负磁场区,上延10km时仍有清楚反映。重力场上反映为不同重力场界线,从中国及邻区航磁图可以看出,沿阿尔泰向东经蒙古戈壁至二连浩特、西乌珠穆沁旗一带为线性升高异常带,这反映出额尔齐斯断裂带与二连-西乌旗断裂带可能有相连之势。锡林浩特—东乌珠穆沁旗大地电磁测深剖面成果显示,贺根山断裂带北侧北倾,南侧则南倾,断裂带处具有明显的壳幔高导层连通的渠道,是幔源物质上移的通道,贺根山断裂带从电性特征上推断其是切壳断裂,而且是重要的缝合带(徐新学,2011)。

(四)华北北部地区

华北北缘的构造演化历史可追溯至中元古代中期(约1.35Ga)Columbia超大陆裂解,其后发育巨厚的中元古代晚期—新元古代被动陆缘沉积(赵越等,2010)。华北北部地区的断裂带基本格架形成于寒武纪—奥陶纪时期古亚洲洋南向俯冲体制下的华北北缘增生造山作用(童英等,2010)、志留纪时期的弧后盆地伸展(张金凤等,2017)及中古生代大洋闭合发生的碰撞造山作用(Zhang et al.,2018a,2018b)。石炭纪—三叠纪,伴随强烈的区域伸展作用,这些断裂带控制区域裂谷系和碱性岩带及Ligurian型蛇绿岩带的发育(徐备等,2014,2018),在华北克拉通北部出现内蒙地轴(内蒙古隆起)(张拴宏等,2004)、晚古生代红旗营子杂岩(王惠初等,2012a)、二叠纪末和晚三叠世麻粒岩(邵济安等,2012)等。燕山期,在东亚多板块汇聚体制下,伴随大规模逆冲-褶皱构造发育、古老造山带复活和广泛的岩浆成矿作(董树文等,2019),断裂持续活动。晚侏罗世—早白垩世以来,燕山褶皱带隆升、剥露,区域岩石圈发生大规模减薄(张拴宏等,2007),断裂活动以强烈伸展为主。

1. 索伦-西拉木伦断裂带

索伦-西拉木伦断裂带是位于中国北方东部的一条规模较大的断裂带,宏观上呈近东西向走向,西起索伦,向东穿过苏尼特右旗、浑善达克沙地,随后沿西拉木伦河延伸,经过克什克腾旗、巴林右旗、阿鲁科尔沁旗等地进入松辽盆地,总长度达千余千米,宽几十千米,是一条长期活动的区域性大断裂。20世纪80年代以来,随着断裂带沿线或两侧的蛇绿混杂岩、晚古生代地层明显差异以及区域岩浆岩、地层古生物的发现和研究,索伦-西拉木伦断裂带作为两大古板块间十分关键的构造带而受到众多学者关注(黄汲清等,1980;Wang,1982;李春昱等,1982;王荃等,1986;王玉净和樊志勇,1997;黄本宏和丁秋红,1998;尚庆华,2004;徐备等,2018;邵济安,2017;李锦铁等,2007;刘建峰等,2014,2016)。一些学者根据古生物化石、蛇绿岩带、地层、岩相古地理、岩石地球化学、古地磁、地球物理等多学科的综合研究成果推测，索伦-西拉木伦断裂带（缝合带？）向东经过松辽盆地延伸至长春—延吉一线（葛肖虹和马文璞，2007；张梅生等，1998；李锦轶等，2007；许文良等，2019；刘永江等，2019；韩国卿等，2009）。近年来，部分学者的研究认为西拉木伦构造带可能是南、北两大古板块最终缝合的位置，并于晚二叠世—早中三叠世闭合（王玉净和樊志勇，1997；尚庆华，2004；王惠等，2005；李锦轶等，2007；刘建峰等，2016；杜继宇等，2019；Du et al.，2021）。然而，2010年后由于在内蒙古东乌珠穆沁旗北240km处满都胡宝拉格地区及吉林省汪清县大兴沟镇西北和盛村地区，相继发现含华夏植物群化石的早—中二叠统陆相地层，因此学者们对西拉木伦河"缝合带"的位置与闭合时间等问题又提出了新的质疑（周志广等，2010；李明松等，2011；孙跃武等，2012；张允平等，2021）。

航磁资料显示，索伦-西拉木伦断裂带表现为近东西向航磁负异常和低值带（张振法，1994；刘伟等，2008），有较大的幅度正负变化，向北倾斜，倾角较陡（刘伟等，2008），断裂带南侧磁异常总体呈北东向条带状，接近断裂带附近被北东向异常条带所截（张德润等，1997）。航磁解译的华北北缘莫霍面深度显示，沿断裂带莫霍面等深线呈近东西向线性展布（张振法，1994）。在重力特征上，断裂同样表现为近东西向的重力异常梯度带，宽10～20km（张振法，1994；刘伟等，2008）。张雅晨（2019）通过对重力数据的精细分析得出，断裂带两侧地壳结构差异明显，北部上地壳存在一低密度异常分布区，莫霍面深38～39km，而南部的低密度异常点分布在中地壳，莫霍面起伏明显为33～39km，推测是由洋陆俯冲和板块碰撞对接等强烈的构造运动引起软流圈上涌造成的。大地电磁测深和MT资料显示，与南侧相比，白音敖包北侧地壳上部电阻率高，高导层出现在下地壳（北侧地面埋深30km；南侧在中地壳，埋深20km），上地幔低速高导层深（北侧埋深120km，南侧埋深90～100km）（张振法，1994）。断裂在保康附近显示为推覆构造，扎鲁特—昌图MT剖面和科尔沁右翼中旗—辽源MT剖面显示在钱家店、保康附近均有高阻层推覆到低阻层之上的特征（刘伟等，2008）。地震资料显示，断裂两侧中下地壳结构迥异，南侧下地壳厚度大，地震纵波速度较小，中地壳厚约11km，且为单层结构；北侧下地壳厚度小，地震纵波速度较大，中地壳厚度和纵波速度均较大，且分两层（陈淑莲等，2012）。袁永真等（2015）根据克什克腾旗—库伦地区的重磁电特征分析，索伦-西拉木伦断裂带近东西向向东延伸，延伸了35km，为一条超壳断裂，倾向北北西。刘伟等（2008）根据MT资料二维反演结果结合地表露头认为，断裂东延由河套经过通辽、科尔沁左翼中旗及三县堡以东延伸至长春附近。韩国卿等（2009）结合松辽盆地基底、重力、MT剖面及岩石圈厚度等研究认为，索伦-西拉木伦断裂被松辽盆地西缘断裂左行错移，东延至通辽—科尔沁左翼中旗—长春一线。

研究表明，西拉木伦构造带在晚二叠世—三叠纪发生过强烈的碰撞造山作用（李锦轶等，2007；刘建峰等，2016；杜继宇等，2019）。在碰撞造山作用的背景下，索伦-西拉木伦断裂带在二叠纪末—三叠纪形成，表现为逆冲断层和早期地层在北北西-南南东向区域性挤压应力下形成北东东向褶皱（张欲清等，2019；姚欢等，2013）。随后在晚三叠世期间，断裂带经历了一期区域性的伸展（李锦轶等，2007；刘建峰等，2014；杜继宇等，2019），局部发育右行韧性剪切构造变形，矿物拉伸线理和眼球状构造发育，糜棱面理倾向不定，线理近水平—略向东倾斜（常利忠，2014；张欲清等，2019；方曙等，1997）。马艾阳（2009）在该期韧性变形发育的糜棱岩中获得白云母$^{40}Ar/^{39}Ar$年龄为(224.6 ± 1.1)～(223.1 ± 1.8)Ma。晚侏罗世，在古太平洋板块向欧亚大陆俯冲的背景下，北西-南东向挤压导致索伦-西拉木伦断裂带表现为早期地层中轴向北西向的褶皱构造，并使得二叠纪地层褶皱更加紧闭（张欲清等，2019）。新生代期间，索伦-西拉木伦断裂带具有张性活动特征（姚欢等，2013；赵秀娟，2012），表现为差异升降和断裂两侧新生代玄武岩喷发（高德柱等，2014）。赵秀娟（2012）通过对河流阶地的研究和热释光年代测定，认为断裂带自中更新世以后至少经历了两次大规模地壳抬升。

近年来，内蒙古东南部西拉木伦河地区发现多个大型的斑岩型钼铜矿床，又被称为西拉木伦河钼铜矿集区，因而受到国内众多学者的关注（曾庆栋等，2009；邹滔，2012）。该矿集区（带）沿西拉木伦河南岸一线延长200km，是我国第二大铜钼多金属矿集区，主要为斑岩型（车户沟钼铜矿、劳家沟钼矿、鸡冠山钼矿、熬伦花铜钼矿)和热液脉型(碾子沟钼矿床、扁扁山铜多金属矿床)(王一存,2018;孙兴国等,2008)。索伦-西拉木伦断裂带以南的华北北缘地区也是中国北方重要的铅、锌多金属矿床聚集地,如小营子、敖包山、硐子、荷尔勿苏等矿床(王春光,2016;芮宗瑶等,1994;聂凤军等,2003;毛景文等,2005;周振华等,2009)。

2. 赤峰-开原断裂带

赤峰-开原断裂带,又称康宝-赤峰断裂带、赤峰-铭山断裂带、赤峰-巴彦敖包断裂带或康保-围场断裂带等,在1∶100万沈阳幅区域地质调查中首次被提出(马国祥,2018)。赤峰-开原断裂带作为内蒙地轴北缘深断裂(洪作民,1988;陈井胜等,2015),自河北围场向东延伸,经过内蒙古赤峰、敖汉和辽宁阜新、开原等地,向东进入吉林省,总体呈近东西向展布,倾角多变且较陡,带内发育系列破碎带和韧性变形带(陈井胜等,2015)。

遥感资料显示,赤峰-开原断裂带南支主干断裂在区域上大致分为3段,西段分布于柳河以西,中段位于柳河—开原,东段为开原以东的清河断裂。西段主要表现为或深或浅颜色的条带状构造,中—东段解译标志为东段的清河东西向河谷(杨舒程等,2014)。在重力上,自白云鄂博经多伦到赤峰以东地区,是一条重力为45~50mgal的线性异常带;大地电磁测深剖面显示,断裂为倾向西北的低阻高导带(李波,2014)。重磁资料研究显示,赤峰-开原断裂带部位未见莫霍面等深线的线性展布特征,而是呈现为椭圆状,从深部反映出下部为一个完整的块体结构,未显示出切穿地壳进入莫霍面的特征(张振法,1994)。柏格庄—丰宁—正蓝旗地震剖面、海兴—易县—丰镇地震剖面以及华北北缘怀来—洪格尔大地电磁测深剖面的研究也给出同样结论(张振法,1994;梁宏达,2015)。地震剖面显示,断裂两侧地壳结构基本相同,上地壳速度值逐层增加,中地壳普遍发育低速高导层,埋深15~20km,下地壳速度层也逐层增加,显示两侧均为地台型陆壳结构,为地台内部断裂(张振法,1994)。大地电磁测深剖面的研究显示,断裂带表现为北西侧高阻、南东侧低阻的电性梯度带,该梯度带浅部近乎直立约10km,深部向北西方向以低缓角度延伸至20km深度,可能为浅部陡立、深部北西倾向的壳内断裂(梁宏达,2015)。但部分学者根据断裂带附近发育的晚古生代基性—超基性岩认为,该时期断裂切入上地幔(马国祥,2018;陈井胜等,2015)。孟宪森等(2007)依据地震活动和地质构造特征以该断裂为界划分了东北地震区和华北地震区,同时认为赤峰-开原断裂带一线明显存在一个岩石圈厚度变异带。

关于赤峰-开原断裂带的起源,部分学者认为其开始于太古宙末,形成于元古宙或早古生代(内蒙古自治区地质矿产局,1991;郝福江等,2010;陈井胜等,2015),但对起源仍存在争议。晚泥盆世,断裂带受华北板块北侧的俯冲作用影响,处于挤压环境,发育S型花岗岩。晚泥盆世晚期,张性构造发育,断裂切至地幔,形成北东东向展布的辉橄岩、橄榄岩、透辉岩及辉石岩等超基性岩杂岩体及北东东走向的壳幔混染闪长脉体(马国祥,2018;陈井胜等,2015)。晚石炭世,贺根山带闭合发生陆-陆碰撞,受此影响,赤峰-开原断裂带形成右行正斜滑韧性剪切带,并诱发花岗斑岩脉体侵位(马国祥,2018)。早二叠世—早三叠世,古亚洲洋持续俯冲、闭合及同碰撞环境下,断裂区处于挤压环境,形成左行正斜滑韧性剪切带(马国祥,2018;郝福江等,2010)。中三叠世—中侏罗世,断裂区处于北北西向的碰撞后张扭环形,切穿地壳诱发辉长脉、A型花岗岩侵位及韧脆性断裂,并发育左行正斜滑韧脆性剪切(马国祥,2018;陈井胜等,2015)。早白垩世,在古太平洋板块俯冲背景下,断裂显示右旋张扭特征(郝福江等,2010),伴随A型花岗岩发育,并控制了赤峰-朝阳金矿化带中一系列金矿床(点)产出(马国祥,2018;陈井胜等,2015)。

赤峰-开原断裂带以北的华北北缘地区是中国北方重要的铅、锌、钼多金属成矿聚集地,分布有小营子、敖包山、硐子、荷尔勿苏等铅锌多金属矿床(王春光,2016;芮宗瑶等,1994;聂凤军等,2003;毛景文等,2005;周振华等,2009),以及车户沟、鸡冠山、库里吐、元宝山、碾子沟、小东沟、半拉山、熬伦花等钼矿床(马艳军,2014)。该断裂带还是辽北盆地区和辽西盆地区的构造界线,断裂带两侧的基底组成及其性质、断陷区控盆断裂及断陷展布方向、早白垩世晚期—晚白垩世坳陷盆地的发育程度等显著不同(郝福江等,2010)。

3. 包头-承德断裂带

该断裂带位于中朝准克拉通北部,呈东西向展布。断裂带西起乌拉特前旗,向东经包头、武川、乌兰察布、张北、承德等,至辽西的凌源地区,为内蒙隆起(内蒙地轴)南部的构造界线。内蒙古地区称为临河-集宁断裂,西段位于五原至乌拉特中旗之间,作为阴山的山前断裂,控制厚达数千米的中—新生代沉积物,在区域磁场中反映为一条正、负磁异常变异带;中段和东段分布在乌拉山北缘至集宁以东,为正、负地貌的分界线,沿大青山北侧至察哈尔右翼中旗的地区发育由数条近东西向断层和糜棱岩带组成断裂束或大破碎带。破碎带的岩石包括乌拉山岩群片麻岩、元古宙基性侵入岩、古生代及中生代花岗岩等。中、东段重力场反映明显,属于重力高、低异常的转换部位;在区域磁场中,断裂南、北两侧之间出现一条呈近东西向带状分布的正、负磁异常变异窄带。临河-集宁断裂莫霍面等深线近东西向展布,有明显的梯级带,莫霍面由39km下降到42km。河北地区该断裂带又称为尚义-平泉断裂或尚义-赤城断裂。大地电磁剖面显示,该断裂带周边的莫霍面呈"北深南浅"的特征表现为:北侧以高阻为特征,壳幔结构简单;南侧构造信息复杂,受燕山运动改造明显(邓刘洋,2013)。

区域地质资料显示,断裂形成时间为太古宙末至古元古代,控制太古宇和古元古界的分布,断裂带及其北侧的新太古界色尔腾山岩群和古元古界二道凹岩群呈东西向带状分布。中元古代,断裂带南、北两侧大幅度断陷,沉积了渣尔泰山群和白云鄂博群类复理石建造,沿断裂发育碱性岩浆活动(王惠初等,2012b)。断裂在古生代活动仍很强烈,活动时间为中晚泥盆纪—早二叠世,主要表现为中晚泥盆世碱性和基性—超基性岩浆活动、晚石炭世—早二叠世花岗岩岩浆活动、早二叠世基性—超基性堆晶岩(赵越等,2010;邵积安等,2015;Huang et al.,2017;Zhang et al.,2018a)。崇礼—赤城地区的红旗营子(岩)群研究显示,其是一套包含早前寒武纪变质基底和晚古生代侵入岩的变质杂岩,暗示在中—晚泥盆世沿断裂带发生了强烈的区域伸展作用,局部地区可能出现新生洋壳,早石炭世之后至二叠纪断裂活动性质转变为挤压,导致裂谷闭合(王惠初等,2012a)。内蒙隆起和燕山褶皱带的隆升-剥蚀历史研究显示,在晚石炭世—早侏罗世断裂带两侧存在明显的差异性隆升,早侏罗世之后表现不明显,此次差异性隆升事件使得内蒙隆起上暴露出大量的前寒武纪基底岩石,而燕山地区的隆升-剥蚀作用主要发生在晚侏罗世—早白垩世之后(张拴宏等,2007)。大青山晚中生代的演化历史显示,其依次经历了晚侏罗世盘羊山逆冲推覆、早白垩世呼和浩特变质核杂岩伸展、早白垩世大青山逆冲推覆断层及早白垩世以来高角度正断层等复杂构造演化(刘江等,2014),这些构造运动与包头-承德断裂带活动密切相关。新生代以来,断裂带仍有继承性活动,在断裂带西部的乌拉山和大青山南麓地区控制河套平原的发育,断裂性质为正断倾滑(马保起,2000)。自始新世开始至全新世,断裂带北升南降的垂直运动明显加剧,以渐新世—上新世下沉幅度最大,可达4000m。第四纪断裂带南侧仍继续强烈下沉,第四系沉积最大厚度为2200m(马保起,2000)。该断裂带近期活动仍很明显,是现代地震活动带。

综上所述,包头-承德断裂带是一条具长期活动历史的复杂断裂带。该断裂带太古宙末—古元古代表现为高角闪岩相-麻粒岩相的高温韧性剪切带,中元古代地壳在伸展体制下抬升之后又叠加浅层次的绿片岩相低温韧性剪切活动;晚古生代—早中生代,断裂活动以区域伸展转变为挤压,断裂两侧发生差异性抬升,控制幔源岩浆活动;早白垩世以来断裂带活动以伸展右行走滑作用为主,对新生代沉积盆地具有强烈控制作用。

(五)滨西太平洋陆缘地区

侏罗纪—早白垩世早期,伴随蒙古-鄂霍次克洋关闭,古太平洋洋盆西侧的大洋板块(Farallon板块、Izanagi板块)向北推移(Isozaki et al.,2010;Li et al.,2019),在中国东部形成了一系列以北北东向延伸为主的左行走滑断裂带。自早侏罗世或三叠纪,古太平洋板块开始向欧亚大陆俯冲,在晚侏罗世—

早白垩世早期呈现小角度斜向俯冲特征,早白垩世晚期—古近纪俯冲方向以北西向为主,大洋板片逐渐后撤,新近纪以来伴随日本海打开,活动大陆边缘环境转变成沟-弧-盆体系,俯冲带开始快速后撤(唐杰等,2018;许文良等,2019)。自侏罗纪以来,滨西太平洋陆缘地区的断裂活动强烈,晚侏罗世—早白垩世的构造样式主要为小型断陷盆地和变质核杂岩,早白垩世末—古近纪发育火山-深成岩带和坳陷盆地,新近纪陆缘伸展作用强烈,以大陆裂谷玄武岩带为特征。

1. 嫩江-八里罕断裂带

该断裂带位于大兴安岭隆起带与松辽坳陷盆地之间,不但是大兴安岭和松辽盆地之间重要的盆—岭分界线,而且是整个东北地区东、西两侧岩石圈和地壳厚度的突变带,是东北地区重要的岩石圈断裂之一。该断裂带的形成演化无疑对松辽盆地的成因、大兴安岭的隆升机制及东北地区中—新生代以来的构造格局有重要的意义(韩国卿等,2014)。嫩江-八里罕断裂带的命名始见于《内蒙古自治区区域地质志》,北端自黑龙江省呼玛一带,向南沿嫩江流域到内蒙古自治区莫力达瓦达斡尔族自治旗,经黑龙江省齐齐哈尔西部、泰来,吉林省白城,再入内蒙古自治区境内,由扎鲁特旗、阿鲁科尔沁旗、奈曼旗西、平庄、八里罕再向南延入河北省,与平场-桑园大断裂相接,长1200km以上。该构造带包括了前人提及的嫩江断裂、大兴安岭东缘断裂、大兴安岭东坡断裂、嫩江-开鲁断裂等,是一大型的北北东走向韧性构造带,主体以伸展性质为主。大兴安岭重力梯度带是东北地区异常幅度和规模最大的一条断裂带,由于该重力异常梯度带位于地质上确定的黑河-嫩江-开鲁断裂以西,且二者大体平行,因此有学者将其厘定为一条向西倾伏的断裂构造(张兴洲等,2012),但大量的地表调查及一些重要地区物理资料显示其还存在向东倾斜的证据。

前人根据重磁场及满洲里—绥芬河地壳结构大剖面得出,本构造带为向东的低角度正断层,属深达莫霍面甚至切过莫霍面的深大断裂。也有学者认为本断裂带及抚顺-敦化-密山断裂带、伊通-依兰断裂带、沈阳-长春-哈尔滨(四平-德惠)断裂带、东吴-昌图断裂带构成了郯庐断裂带北延系。结合断裂带的地震活动特征及其在莫霍面图上的显示特征,该断裂带是松嫩幔隆深部西坡带与大兴安岭重力梯度带的过渡地带,明显控制松辽盆地的形成与演化。近期,大量韧性剪切带及隆-滑构造特征显示,该断裂带的性质主体表现为中生代多期活动的正断层或拆离断裂带,深部呈现"八"字形结构特征,即西侧倾向西或北西西、东侧倾向南东或南东东。

在横跨断裂带上,前人进行了大量的地球物理剖面勘查。满洲里—绥芬河地学断面(GGT)地震学研究(傅维洲等,1998)显示,大兴安岭与松辽盆地的地壳厚度存在很大差异,前者厚度为37~39km(局部地段可达41km),后者厚度为33~37km,二者之间的过渡区地壳厚度更薄。在地壳二维速度图上,在断裂带位置具有"八"字形地壳结构。刘财等(2011)在扎兰屯—齐齐哈尔地区获得了松辽盆地西部边界带深部构造的地电学证据,全剖面显示了"八"字形结构特征,并认为嫩江断裂东倾且可能切割深度不超地壳。内蒙古新巴尔虎左旗—黑龙江齐齐哈尔深地震测深剖面(李英康等,2014),确定了大兴安岭东侧的莫霍面深度为34.5~36.4km,松辽盆地的莫霍面深度为32.4~36.2km,上地壳10km之上盆-山结构显著,中下地壳与上地壳不同,界面存在向西插入的特征,松辽盆地西侧的齐齐哈尔东断裂和嫩江断裂具有向东倾的特征。诺门罕—齐齐哈尔深反射地震、MT、广角地震剖面模型(鹿琪等,2019)显示,柴河镇附近莫霍面由西侧的45km至东侧37km,再向东变为31~38km;上地壳西侧为16~18km,东侧为12~15km;中地壳变化较大,在8~12km之间,且中部地壳到岩石圈地幔存在分叉的两条高阻带,该高阻带呈"八"字形形态,推测与本次厘定的"八"字形深部结构一致。张鹏辉等(2020)在突泉南部完成了一条大地电磁测深和一条地震剖面,也获得了横向上"八"字形低阻条带深部电性结构。

该断裂带北段,即嫩江断裂,主体构成了兴安地块和松嫩地块的缝合边界,位置大体与前人厘定的黑河-谢列姆扎河缝合带(李锦轶等,2009;张兴洲等,2012)重合,暗示该带上可能存在时代比较老的断裂活动记录。但对嫩江断裂是向南延至白城地区,还是向西南延至二连—贺根山一带,学者们还有不同的意见(李锦轶等,2009)。近期调查表明,嫩江-白城带可能是松嫩地块与大兴安岭弧盆系的拼合位置,也可能是松嫩地块西缘的一条边界断裂带(或陆缘增生带)。本次厘定的前中生代构造格架显示,松嫩地块西部发育龙江-乌兰浩特岛弧,其向南可延伸至洮南地区,岛弧带的前缘断裂即为嫩江-八里罕断裂带北段的前身。换言之,嫩江-八里罕断裂带北段古生代就已经形成,控制多期岛弧岩浆作用,以及龙江—乌兰浩特地区诸多早前寒武纪基底的出露与剥蚀。在形成演化上,断裂带的古生代活动表现为嫩江缝合带的形成与演化。中晚志留世—早石炭世,伴随多宝山岛弧演化,断裂带沿黑河—嫩江—扎兰屯西向俯冲(谢鸣谦,2000);早石炭世末—晚石炭世多宝山岛弧与松嫩地块碰撞拼合,缝合带形成(李锦轶等,2009),控制俯冲型活动陆缘钙碱性岩浆弧和碰撞后高钾钙碱性花岗岩带。进入二叠纪,沿断裂带发育后造山伸展作用,在黑河、扎兰屯、扎赉特旗地区发育造山后A型花岗岩(292~260Ma)。碰撞后保留的二叠纪沉积,特别是哲斯期的浅海、滨海海侵作用,沿嫩江—扎兰屯—白城一线仍然为在平面上自南向北呈下宽上窄的"尖山"形古地理状态(王成文等,2009;张兴洲,2011)。

区域资料显示,该断裂带的中—新生代活动强烈,主要表现为糜棱岩带、脆性断裂系、侵入岩带、火山盆地、小型断陷盆地、小型压陷盆地、山前大型冲洪积扇(洪积台地)等。同时,该带中的糜棱岩和岩浆岩对区域矿产的分布具有重要的控制作用。依据地球物理特征、构造样式及地质演化特征,本断裂可划分为呼玛-阿荣旗段、甘南-突泉段、科尔沁右翼中旗-查布嘎段、红山-八里罕段4段。

呼玛-阿荣旗段在重力上表现较好,其南部被伊尔施-扎兰屯北东向异常带截断,在区域磁场中,沿嫩江河谷为一大而稳定的负异常带。构造样式主要表现为中型断陷盆地、侵入岩带、糜棱岩带、基底隆滑构造等。该段形成始于早石炭世末北大兴安岭弧盆系和松嫩地块之间的碰撞拼合,晚石炭世—早二叠世控制后造山岩浆岩带。该段还控制两侧前中生代的沉积建造,东、西两侧分属不同地层分区。中生代,构造活动控制中侏罗世塔尔气西断陷盆地的沉积与展布及白垩世大杨树盆地西侧的构造边界,北部控制新开岭中侏罗世侵入岩的展布,中部控制早白垩世火山盆地的展布及火山沉积,南部控制中侏罗世尼尔基岩体的展布及晚侏罗世早期韧性变形带。晚新生代,该段断裂再次复活,控制现代盆(松嫩平原)-岭(大兴安岭隆起)地貌。前人通过布格重力异常、航磁异常深反射剖面研究确定了断裂带的大致展布位置,并认为其性质为伸展拆离断层或大型低角度正断层(傅维洲和贺日政,1999;张振法和葛昌宝,2000;赵文智和李建忠,2004;陈洪洲等,2004)。郑常青等(2015)在腾克、金星及嘎拉山地区获得糜棱面理为110°~135°∠45°~65°,线理倾伏向为10°~25°,倾伏角为10°~35°,运动性质均为左行走滑,在金星镇韧性剪切带获得变形岩石的新生白云母激光$^{40}Ar/^{39}Ar$测年结果为$(112.9±1.2)$Ma,在嘎拉山花岗质糜棱岩中获得黑云母$^{40}Ar/^{39}Ar$年龄为$(123.0±0.7)$Ma,白云母$^{40}Ar/^{39}Ar$年龄为$(124.4±0.9)$Ma。韩国卿等(2014)对尼尔基地区的北北东向韧性剪切带进行了研究,认为其具左行剪切特征,白云母激光$^{40}Ar/^{39}Ar$测年结果为$(159±0.61)$Ma,代表了L型构造岩左行剪切变形后的快速隆升时间,并认为松辽盆地断陷早期演化可能受控于以嫩江-八里罕断裂带为代表的左行走滑剪切作用。

甘南-突泉段在重力上表现为近南北向带状异常,其南部被林西-白城北东向异常带截断。构造样式主要表现为小型火山盆地群、侵入岩区带、糜棱岩带、基底隆滑构造等。该段形成始于晚石炭世—早二叠世大兴安岭弧盆系和松嫩地块之间的碰撞拼合,并由此奠定了该段构造带雏形和基本展布特征。该段控制了两侧块体前中生代的沉积建造。中生代活动控制中侏罗世新林-宝力根花北断陷盆地及早白垩世龙江盆地的构造格局与沉积特征,以及晚白垩世大兴安岭隆起和松辽凹陷西部斜坡带和凹陷区的构造格架。晚新生代,该段断裂复活,控制现代盆-岭地貌。韩国卿等(2009)对岭下地区韧性剪切带进行了研究,认为其具有左行剪切特征,变形温度在400℃左右,其古应力值为29.2~41.32MPa,反映走滑动力变质事件变形层次较低,为中低温韧—脆性变形。汪岩等(2019)获得岭下地区花岗质糜棱岩面理倾向为115°~160°,倾角小于35°,a型线理近水平,并确定其原岩年龄为早二叠世,变形时代为157~153Ma和137~117Ma。

科尔沁右翼中旗-查布嘎段在重力上表现为北北东—近南北向带状异常,被北东向带状异常改造强烈,南部被西拉木伦东西向异常带截断,航磁异常图上呈现大片负磁场中有一条北东向延伸的狭长线性正异常带,呈拉长的"S"形。构造样式主要表现为小型火山盆地群、基底隆滑构造等。自早白垩世中晚期开始,断裂控制扎鲁特旗地区的火山盆地,在早白垩世晚期—晚白垩世活动逐渐强烈,控制大兴安岭隆起和开鲁凹陷中凸起区与凹陷区的构造格局与沉积演化。晚新生代,该段断裂复活,控制现代盆-岭地貌。

红山-八里罕段在重力上表现为北北东—北东向带状异常,被近东西向带状异常改造明显。构造样式主要表现为侵入岩区带、糜棱岩带、基底隆滑构造等。该带中生代活动较强,控制晚侏罗世—早白垩世天山口盆地,以及晚白垩世大兴安岭隆起、开鲁凹陷中凸起区与凹陷区的构造格局。晚新生代,该段断裂复活,控制现代盆-岭地貌。此外,赤峰市东侧的地震资料显示,震中分布也具北东向展布的特征,可能与该段断裂现代活动有关。20世纪80年代以来,学者把红山-八里罕断裂带看作是喀喇沁隆起的东缘边界拆离断层,其北部的老哈河断裂控制元宝山盆地沉积,但近期发现红山-八里罕断裂带并非单纯的拆离断层,其可能在伸展拆离过程中具有左行走滑分量或是后期遭受过左行走滑剪切作用改造(邵济安等,2001),并在开鲁西部左行截断了近东西向的西拉木伦构造带(韩国卿等,2009)。不同地区和不同类型构造岩的年代学研究表明,114~112Ma为红山-八里罕断裂带左行走滑与正断式剪切的转向时期,走滑时间主要集中在134~117Ma(刘伟等,2003;王新社和郑亚东,2005;王新社等,2006)。

综上所述,嫩江-八里罕断裂带中北段黑河—突泉地区于晚古生代形成构造带雏形,并于中侏罗世—晚侏罗世晚期存在活动,控制断陷盆地,在早白垩世中晚期与科尔沁右翼中旗-查布嘎段和红山-八里罕段贯通,组成一条巨型的左行走滑断裂带,在早白垩世晚期—晚白垩世控制大兴安岭隆起与松辽盆地凹陷西侧的构造格局,晚新生代断裂带整体复活,控制现代山地-平原地貌格局。断裂带滑移量研究显示,早白垩世晚期以来,断裂带南段的现今累计走滑位移量为40~50km(韩国卿等,2012)。

2. 郯城-庐江断裂带

郯城-庐江断裂带(简称郯庐断裂带),是由地质部航空物探大队904队于1957年基于山东郯城至安徽庐江一带的一条醒目的航磁正异常带首次发现并命名的,它是纵贯中国东部大陆边缘的一条北东—北北东走向的巨型断裂带,经历了漫长的演化过程和多期次的活动历史,在中国境内长度大于2400km,宽度最大可达40km(Zhu et al.,2018)。通常所说的郯庐断裂带是指郯城-庐江断裂带中南段,它南起湖北武穴,向北延伸经过安徽庐江、山东郯城、渤海湾、下辽河盆地等地(Zhu et al.,2018)。郯庐断裂带北段通常指渤海湾以北,特别是沈阳以北的分支部分。关于郯庐断裂带北段的分支仍有一些争议,主要集中在断裂带北段自沈阳向北呈现2个分支(依兰-伊通断裂和敦化-密山断裂)(朱光等,2000;Zhu et al.,2018;徐嘉炜和马国锋,1992)还是3个分支(依兰-伊通断裂、敦化-密山断裂、沈阳-长春-哈尔滨断裂)(万天丰等,1996;孙晓猛等,2008,2010,2016;王书琴,2010;王书琴等,2012)。本部分的郯庐断裂带所指的主要为沈阳以南的郯城-庐江断裂带中南段。

航磁资料显示,郯庐断裂带为一条北北东向的线性航磁正异常条带(魏斯禹等,1990;Jiang et al.,2020);航磁ΔT异常显示,断裂带表现为一系列北北东—北东向线性和串珠状异常带(王小凤等,2000)。断裂带还显示为不同磁场构造单元的分界线,其东主要表现为胶辽和南黄海的负磁场异常夹持胶东南现状正异常带,西则主要表现为华北正磁异常(马杏垣,1986;王小凤等,2000)。在重力场上,郯庐断裂带主要表现为北北东向的布格重力异常梯度带,其东界总体特征为突变的密集重力梯度带,西界显示为不同重力场的过渡带(王小凤等,2000),莫霍面深度特征显示断裂带表现出不明显的上地幔隆起地带(王小凤等,2000;Jiang et al.,2020)。在遥感图上,郯庐断裂带线性构造十分醒目,显示为条带状、直线状深浅色块分界面,或是细、长直线状深浅色线,平面上大致呈鱼骨状;南、北两段走向略有变化,南段走向由北北东向转为北东向,北段则呈帚状向北东撒开,具有自南向北分段递进生长迁移的特点(王小凤等,2000)。间阳—海城—东沟深地震剖面(卢造勋等,1988)、济南—荣成地震测深剖面(魏计春,

1990)、连云港—临沂—泗水地震测深剖面(张碧秀和汤永安等,1988)、HQ-13(五河—嘉山)全地壳反射地震剖面及大地电磁测深剖面(陈沪生等,1993)及随县—马鞍山深地震测深剖面(郑晔和滕吉文,1989)的解译和研究显示,郯庐断裂带处于地幔隆起部位,并显示为深切至莫霍面的超壳断裂,具有"下窄上宽"的特征(张碧秀和汤永安,1988),并向东倾斜,且倾角较陡(刘福田,1986;王小凤等,2000)。远震P波层析成像显示出沿断裂具有明显的横向不均一性:150km深度内,断裂以西存在明显的高速异常,而以东则显示出低速异常特征;230~470km内,断裂西北部可见明显的低速异常,而以东则显示出高速异常特征(Lei et al.,2020)。断裂南部高分辨率三维地壳横波特征显示出浅部(0~5km)低速和中上地壳高速的特征(Terhemba et al.,2020)。地温场上,郯庐断裂带显示出浅部地热异常带及高热流递变带沿断裂分布的特征(王小凤等,2000),南段的宿松到五河现今地温梯度呈现出由南到北增大的趋势(王一波等,2019)。

前人对郯庐断裂带的演化过程及动力机制做过大量研究。研究表明,郯庐断裂带历经了自中三叠世至第四纪多期演化(万天丰,1995;万天丰和朱鸿,1996;朱光等,2004,2018;王德华,2017),其起源为中三叠世华北克拉通与华南陆块的陆-陆碰撞造山(Okay and Songör,1992;王小凤等,2000,Zhu et al.,2009;Li et al.,2017b;Zhao et al.,2016c;朱光等,2018);晚中生代受古太平洋俯冲作用影响发生多期活化(Xu et al.,1987;朱光等,2004,2018;Zhu et al.,2005,2010,2012b;Wang,2006;Li et al.,2020b)。中三叠世—早侏罗世期间(244~181Ma),受华北克拉通与华南陆块陆-陆碰撞的影响,郯庐断裂带开始发生左行走滑韧性剪切,仅表现为断裂带南部大别与苏鲁造山带之间的走滑韧性剪切,并未延伸入现今的渤海地区(Zhu et al.,2009;Zhao et al.,2016c;朱光等,2018;Li et al.,2020b)。中侏罗世末(162~150Ma),郯庐断裂带首次复活,呈现左行平移,表现为大别山东缘的走滑韧性剪切带,产状陡立,矿物拉伸线理平缓(Wang,2006;Zhu et al.,2005,2010),代表古太平洋板块俯冲作用的开始(Maruyama et al.,1997;朱光等,2018)。随后晚侏罗世,断裂进入构造活动平静期。早白垩世初期,郯庐断裂带再次活化发生左行平移活动,表现为大别山东段的走滑韧性剪切带(139~102Ma)(Zhu et al.,2005,2010)、张八岭隆起段的走滑韧性剪切带(143~119Ma)(Zhu et al.,2005)和沂沭断裂带的走滑韧性剪切带(132Ma)(Zhu et al.,2009),这期强烈的左行平移活动使得郯庐断裂带向北延伸入东北地区(Xu et al.,1993a;朱光等,2018;顾承串等,2016),其动力学背景是依泽奈崎板块板块向北西西向高速低角度俯冲(Maruyama et al.,1997;Xu et al.,1993;Wang et al.,2011;朱光等,2018)。早白垩世中晚期,郯庐断裂带转换为伸展构造,表现为巨型的正断层带(Zhu et al.,2010,2012b),控制了系列裂谷盆地(如合肥盆地、嘉山盆地、胶莱盆地、渤中盆地和辽河盆地)、大型地堑(如沂沭地堑)和强烈中酸性岩浆活动(135~100Ma)(王薇等,2017),这与华北克拉通东部峰期破坏时限一致(Wu et al.,2005a;Wang et al.,2011;朱日祥等,2012),为依泽奈崎板块俯冲后撤导致的弧后拉张(Kusky et al.,2014;朱光等,2018)。早白垩世末,郯庐断裂带主要为左行走滑活动,表现为张八岭隆起南段相间出现的左行走滑韧性剪切和区域非透入性变形特征,卷入该期变形的岩脉侵位时间为134~124Ma(王微等,2015;韩雨等,2015),伸展岩浆活动持续至103Ma(Zhu et al.,2010),它们共同限定了该期左行平移发生时间(朱光等,2018)。该断裂带在早白垩世末期左行平移的动力机制是古太平洋板块低角度快速俯冲背景下区域挤压(Zhang et al.,2003;刘伟等,2004;Zhu et al.,2012b),标志着华北克拉通峰期破坏的结束(Wu et al.,2005a;朱日祥等,2012;朱光等,2018)。晚白垩世期间,郯庐断裂带呈现弱伸展活动,仅在沂沭地堑内局部控制上白垩统沉积(Zhu et al.,2012b),受区域近南北向张性应力作用的影响,断裂表现为斜向拉张(朱光等,2018),为古太平洋板块俯冲大洋板片后撤的响应。古近纪到新近纪期间,郯庐断裂带呈现伸展活动,控制了玄武岩的喷发和合肥盆地与渤海湾盆地东部的发育(Ren et al.,2002;牛漫兰等,2005;Zhu et al.,2012b;朱光等,2018)。第四纪期间,受近东西向挤压应力影响,郯庐断裂带主要发育右行逆冲平移活动,控制华北东部最强的地震活动带(Liu et al.,2015;Zhu et al.,2015;朱光等,2018)。

关于郯庐断裂带两盘走滑位移,前人做过一些研究,但仍然存在争议。徐嘉炜(1980)依据断裂两侧大别与苏鲁超高压变质带的对应关系,认为西侧徐州地区新元古界碳酸盐岩与东侧辽东地区同时代地层层位相当,通过鲁西泰山群与沈阳东部太古宙杂岩对比,认为断裂带最大位移可达700km。乔秀夫(1981)通过对燕山青白口群盆地和太子河-浑江及辽南青白口纪盆地的研究,认为二者是相连统一的东西向分布盆地,基本没有位移,从而提出郯庐断裂带主体部分中生代期间基本无平移的不同观点,认为徐淮地区十几米的曹店组与辽南数千米的永宁群并非一体,是两个沉积区孤立的盆地产物。张用夏和李卢玲(1984)基于扬子准地台北界及其内部古老结晶地块、大别隆起与苏鲁隆起、元古宙磷矿层及古老变质火山岩系的错动和对应关系,认为断裂带最大位移在400~600km之间。徐学思(1984)通过对淮北及辽南震旦系的对比分析,认为二者层序、沉积特征、标志层、生物群及含矿性极为相似,应来自于同一沉积坳陷区,从而得出断裂带错距可达550km的结论。陈丕基(1988)依据断裂带两侧晚侏罗世—早白垩世沉积与生物群对比,认为断距可达740km。万天丰等(1996)根据华北板块南缘断裂的错开距离判断郯庐断裂带的最大左行走滑位移为430km。Gilder等(1999)根据郯庐断裂带东、西两侧岩石的古地磁对比结果,推测其左行走滑距离应不小于550km。王小凤等(2000)通过古地磁的分析则认为郯庐断裂带两侧中侏罗世以后不存在大规模的水平位移,晚侏罗世时期东侧地块可能发生了15°~25°的逆时针旋转。梁光河(2018)认为断裂两侧的山东蒙阴和辽宁瓦房店两个金刚石矿成矿年龄、元素分布特征几乎相同,两者距离是760km,大致代表了总体左行走滑量。段吉业等(2005,2015,2018)依据细河群至二叠系的生物群特征,认为唐山与本溪—白山原本应为东西一线,大连与莒县—新泰原本应为东西一线相连,后期经过错动呈现今状态,反推得到郯庐断裂带之错距,结合大别山—苏鲁超高压变质带的错距,认为郯庐断裂带南、北错距规模有所差别,南部为500~600km,中部为440km,北部仅为210~310km,断裂东盘内发育一定规模的推覆缩距。

郯庐断裂带对成矿成油的控制作用始终是人们关注的一个问题。郯庐断裂作为中国巨型的深大断裂,是中国已知的最大的导矿构造和控矿构造(毛景文等,1999;翟裕生,1997;徐方等,2015),其活动影响着中国东部的岩浆作用和有关固体矿产(尤其是金多金属、金刚石等)和能源(油气)矿产的产出(曾普胜等,2020)。大量地质与地球物理证据表明,郯庐断裂带目前已切穿岩石圈(朱光等,2002a;牛漫兰等,2002,2005;Chen et al.,2006;Zhu et al.,2018),同时郯庐断裂带导入的幔源流体导致沿断裂的大量能源-资源聚集。沿郯庐断裂带分布众多金、银、金铜、金银、金刚石、铁、铁钴、铜、铅锌、镍、锑、汞等金属矿产,以及大庆、辽河、渤海湾、胜利、中原等一系列大型—特大型油田(曾普胜等,2020;赫英等,2002)。郯庐断裂带中南段燕山期活动对金矿的控制作用显著,如岭金矿区、五河金矿、胶东金矿、龙泉站金矿等,波及范围内发育大量成矿相关的脉岩和浅成(超浅成)侵位及火山活动,成矿作用与郯庐断裂带生成、发展、演化阶段具有明显的同步性(王小凤等,2000;石文杰,2014;梁光河,2018;汪青松等,2020)。

3. 依兰-伊通断裂带

依兰-伊通断裂带为中国东北地区重要的大型断裂构造,走向北东,自南向北依次经过沈阳、铁岭、伊通、舒兰、尚志、方正、依兰、佳木斯、鹤岗等地,于萝北一带进入俄罗斯,中国境内长度大约为900km(顾承串等,2016)。依兰-伊通断裂带又称为佳木斯-伊通断裂(佳伊断裂)带(孙晓猛等,2006,2010;王书琴等,2012;高万里等,2018),与敦化-密山断裂带以及沈阳-哈尔滨断裂带(黄汲清等,1977;万天丰等,1996;孙晓猛等,2006,2010;王书琴等,2012)共同组成了郯庐断裂带的北段(徐嘉炜和马国锋,1992;徐嘉炜等,1984,1995;朱光等,2002b)。有人认为依兰-伊通断裂带为郯庐断裂带北延的主干断裂(董学斌等,1980;顾承串,2017)。

地球物理勘探资料显示,依兰-伊通断裂是一条陡立的、切穿莫霍面的断裂(郭孟习等,2000;王小凤等,2000;朱光等,2002b;周伏洪,1985;董学斌等,1980;杜晓娟等,2005;Xu et al.,2017;顾承串,2017)。这与沿该断裂带在伊通、舒兰、尚志、方正等地可见新生代幔源玄武岩(刘嘉麒,1987;刘贤华,1990;Xu et al.,1993b;朱光等,2001;张辉煌等,2006;周琴等,2010)的地质特征相一致。从重力异常上看,依兰-

伊通断裂在尚志—依兰—佳木斯一线表现出每千米变化 $4\times10^{-5}\mathrm{m/s^2}$ 的异常梯度带,沿断裂出现不连续的负值低异常区同时伴生正异常区的特征,舒兰-伊通段显示断裂两侧重力异常差异明显,近断裂西侧异常变化梯度明显大于东侧,同时西侧相对东侧显示出明显的北西向切穿北东向异常带的特征(杜晓娟等,2005)。在航磁特征上,断裂舒兰-伊通段整体表现为形态不一的负异常带,异常等值线大致呈南北向延伸,向三江平原延伸,峰值较低,断裂西部小兴安岭显示正异常区,峰值较高,异常方向明显(杜晓娟等,2005)。断裂北部深地震数据研究显示(Xu et al.,2017),依兰-伊通断裂带发育大规模的负花状构造并延伸进入中下地壳,同时切割至莫霍面,断裂西侧松辽盆地莫霍面深度为36km,而东侧的张广才岭为34km。重磁反映的地壳结构和绥芬河—满洲里地学断面的研究显示(徐新忠等,1994;金旭和杨宝俊,1994;郭孟习等,2000;王小凤等,2000;杜晓娟等,2005),依兰-伊通断裂带反映出重磁的线性低值带和两侧地壳厚的陡变带不同,断裂两侧差异明显:西侧地壳厚33~35km,地壳平均速度为6.18km/s,显示为二层结构,以幔隆为特征,且有较大规模的低速层,具有以正值为主的地球物理场区;东侧地壳厚34~36km,地壳平均速度为6.43km/s,显示出三层结构,以幔坳为特征,未发现明显低速层,具以负值为主的地球物理场区。

依兰-伊通断裂带控制中国境内长宽比最大的地堑发育,即依兰-伊通地堑,最宽处约30km。这一地堑自南向北又可进一步划分为威远堡地堑、叶赫地堑、伊通地堑、舒兰地堑、尚志隆起、方正地堑、依兰隆起和汤原地堑(刘茂强等,1993;顾承串,2017;孟婧瑶等,2013)。前二者是白垩纪断陷,其余属古近纪地堑,地堑内沉积层主要为白垩纪和新生代巨厚的含煤河湖相碎屑岩(刘茂强等,1993;王小凤等,2000;朱光等,2001;李献甫等,2002),其中古近纪陆相沉积最厚可达5km(顾承串等,2016)。在赤峰-开原断裂以南的华北克拉通上,依兰-伊通断裂旁侧主要出露新太古代—古元古代高级变质基底和中—新元古代海相地层(辽宁省地质矿产局,1989)。在兴蒙造山带内,断裂外侧出露的主要为中生代中性—酸性为主的岩浆岩(Wu et al.,2011)。断裂旁侧其他出露的岩石还包括局部的古生代浅变质火山-碎屑岩系(吉林省地质矿产局,1989;黑龙江省地质矿产局,1993),依兰北部的晚三叠世—早侏罗世蓝片岩和黑龙江杂岩(Wu et al.,2007b,2011;Zhou et al.,2009),以及北端萝北一带的泛非期高级变质麻山杂岩等(Wilde et al.,2000,2003;顾承串等,2016)。

对于依兰-伊通断裂带的起源时代、活动特征和构造背景,学者们研究程度不高,存在一些分歧,有伸展构造、左行张扭和左行压扭性质等观点(许志琴,1984;Xu et al.,1987;徐嘉炜和马国锋,1992;刘茂强等,1993;王小凤等,2000;王书琴等,2012;朱光等,2002b;张岳桥和董树文,2008)。但多数认为印支期郯庐断裂带还没有延入东北地区。敦化-密山断裂带上韧性剪切带的黑云母 $^{40}\mathrm{Ar}/^{39}\mathrm{Ar}$ 年龄显示,郯庐断裂带在中晚侏罗世末期已扩展至东北地区[(161±3)Ma](孙晓猛等,2008;王书琴,2010),而依兰-伊通断裂带并未发现相应证据。依兰-伊通断裂带可能起源于郯庐断裂带在早白垩世初期的活化,该期活动是郯庐断裂带晚中生代最强的一期平移,整条断裂皆卷入了这期左行走滑,并且扩展至依兰-伊通断裂(朱光等,2018;顾承串等,2016),威远堡、叶赫和舒兰等多处的韧性剪切带内变形与未变形的岩体或岩脉限定该期左行走滑的时限为160~126Ma(顾承串等,2016;顾承串,2017),并推测其动力来源主要为古太平洋板块的斜向俯冲(Zhu et al.,2010;孟婧瑶等,2013;梁琛岳等,2015;朱光等,2018),同时也受蒙古-鄂霍次克洋最终关闭的影响(孙晓猛等,2006;顾承串等,2016)。四平市石岭子镇发育的大型逆冲断层系和断层相关褶皱及其南延叶赫镇发育的右行走滑-逆冲断层系是依兰-伊通断裂带广布的构造样式,显示其晚白垩世晚期(74~53Ma)遭受到广泛而强烈的右行走滑-逆冲作用,与库拉板块俯冲转变为太平洋板块的近北西向俯冲影响有关(孙晓猛等,2010;王书琴等,2012;万阔等,2017)。古近纪时期,依兰-伊通断裂带发生强烈的伸展并伴随右行走滑,形成汤原地堑、方正地堑、舒兰地堑和伊通地堑,这与此时期太平洋板块低速正向俯冲使得东亚大陆边缘发生的弧后扩张有关(Maruyama et al.,1997)。至渐新世末期,由于日本海弧后扩张,断裂带进入挤压反转阶段,结束了地堑的演化(孙晓猛等,2010;王书琴等,2012;顾承串等,2016)。中新世以来,依兰-伊通断裂带活动相对较弱,油气勘探资料

（李献甫等，2002；杨承志等，2014）和第四系断层研究（唐大卿等，2010；翟明见等，2016；Yu et al.，2018）显示，中新世断裂带以拗陷作用为主，并伴随玄武岩喷发（牛漫兰等，2005；王书琴等，2012），第四纪呈现为逆-右行平移（翟明见等，2016；顾承串，2017）。古地震研究结果表明，依兰-伊通断裂带是中国东北地区最大的发震断裂，具备强震发震能力（$M \geqslant 7$）（欧阳兆国，2017），探槽揭示发现在距今1700年前发生过7级以上的地震（闵伟等，2011），同时断裂北段断层氢气浓度呈现出"南低北高"的特征，氢气浓度高值地区对应地震活动较强的地区，低值地区对应地震活动较弱的地区，二者有较好的耦合关系（康健等，2020）。

关于依兰-伊通断裂带的水平位移量，学者们一直存在争议。陈丕基（1988）认为断裂带两侧辽西和黑龙江东部中生代盆地层序可对比，得出其总体错距为740km。Uchimural等（1996）基于中生代沉积岩的古地磁研究，估算出断裂带在白垩纪期间的左行平移量达800km。部分学者基于依兰-伊通断裂带对华北克拉通北部边界断裂的左行错动，认为依兰-伊通断裂带的水平位移量并没有如此巨大，而分别得出50km（万天丰，1995）、36km（徐嘉炜等，1984）、35km（顾承串，2017）和25km（洪作民，1988）的水平位移量。

依兰-伊通断裂带发育的地堑具有良好的油气勘探前景，当前在伊通断陷、方正断陷和汤原断陷均已发现工业油流井（吴河勇和刘文龙，2004；唐大卿等，2009；顾承串，2017）

4. 敦化-密山断裂带

敦化-密山断裂带（敦密断裂带）是郯庐断裂带在东北地区（北段）的分支之一，走向北东-南西，南起沈阳，向北依次延伸经过抚顺、清原、梅河口、桦甸、敦化、宁安、牡丹江、穆棱、鸡东、密山、虎林等地，在虎头镇北部穿过乌苏里江延入俄罗斯境内，长大于1000km，宽约10km（孙晓猛等，2016；刘程，2019）。敦化-密山断裂带与依兰-伊通断裂带以及沈阳-哈尔滨断裂带（黄汲清等，1977；万天丰等，1996；孙晓猛等，2006，2010；王书琴等，2012）共同组成了郯庐断裂带的北段（徐嘉炜和马国锋，1992；朱光等，2002b）。部分学者基于敦化-密山断裂带大幅度的左行位移量和切割深度特点，认为其为郯庐断裂带北延的主干断裂（黄汲清等，1974；Xu et al.，1987；王小凤等，2000；郭孟习等，2000；李碧乐等，2002；吴根耀等，2007，2008；孙晓猛等，2008，2016）。

地球物理资料表明，敦密断裂带是一条断面陡立、规模宏大、波及范围广且切割深至莫霍面的深大断裂（董南庭和吴水波，1982；陈圣波，1996；郭孟习等，2000；王小凤等，2000；朱光等，2002b；Xu et al.，2017）。在航磁特征上，敦密断裂带显示为宽5～8km的线性负磁异常带，线性平稳负磁场背景上北东段显示出系列杂乱正负异常变化的线性磁场带，南西段则叠置了线性分布的串珠状正磁异常区（郭孟习等，2000；王小凤等，2000）。在重力特征上，敦密断裂带北西侧重力异常梯度宽缓，轴向近东西向，南东侧重力异常梯度相对较陡，轴向多呈北东向（郭孟习等，2000）。国家地震局深部物探成果编写组（1986）在敦密断裂带沿线抚顺、海龙、敦化计算出莫霍面断距分别为2.5km、1.2km、2.0km。满洲里—绥芬河地学断面（徐新忠等，1994；金旭和杨宝俊，1994；郭孟习等，2000；王小凤等，2000；朱光等，2002b；杜晓娟等，2005）显示敦密断裂带两侧不同的地壳结构特征，西侧中地壳为一薄低速层，东侧中地壳变厚为一高速层，同时下地壳变薄，莫霍面东抬西降错距3km，断裂带下软流圈明显上拱，比西侧张广才岭地区抬升了36km，比东侧绥芬河地区抬升了14km。

敦密断裂带在白垩纪之后发生了多次伸展活动，一定程度上控制了系列陆相沉积断陷的发育，这些盆地有南部的抚顺盆地、梅河盆地、桦辉盆地和敦化盆地，以及北部的宁安盆地、鸡西盆地、勃利盆地和虎林盆地等（刘程，2019）。断裂带沿线的前寒武纪地层主要出露于华北克拉通，包括太古宙高级变质TTG和表壳岩系结晶基底及不整合覆盖之上的中—新元古界滨浅海相、半深海相碎屑岩与碳酸盐岩沉积盖层（辽宁省地质矿产局，1997；吉林省地质矿产局，1997）。沿线的古生界在华北克拉通内主要为梅河盆地与桦辉盆地东侧的寒武系—二叠系陆表海碎屑岩和碳酸盐岩建造（吉林省地质矿产局，1997）。

在桦甸—敦化一线,地层以上古生界碳酸盐岩与火山碎屑岩等沉积地层为主(曹花花等,2012;Wang et al.,2015c)。鸡西—密山一线发育下古生界千枚岩、板岩、大理岩和石英片岩等(乔健等,2018),上古生界浅变质的泥盆系—石炭系海相过渡到海陆交互相沉积建造和二叠系陆相酸性火山岩、火山碎屑岩夹少量砂岩(黑龙江省地质矿产局,1997;董策,2013)。沿断裂带发育的侏罗系仅分布在敦化—穆棱附近,以火山岩为主(刘程,2019)。沿断裂发育的白垩系,在南部盆地以湖相-河流相等陆相沉积为主,北部盆地为陆相沉积夹海相沉积建造,局部有晚白垩世陆相中酸性火山岩(刘程,2019;Xu et al.,2013b)。新生界有古近系含油页岩和煤系沉积地层(Wu et al.,2000;姜翠莹,2009;胡菲等,2012;Sun et al.,2013;张超等,2015),新近系以松散砾岩和砂岩为主的陆相沉积(于鸿禄,1996;张兴洲和马志红,2010)及新近纪玄武岩(刘嘉麒,1987;Liu et al.,2001;秦秀峰等,2008)。敦密断裂带岩浆岩发育且类型多样,时间跨度也较大,常与延伸所经过的各个构造单元的演化历史密切相关(辽宁省地质矿产局,1989;吉林省地质矿产局,1988;黑龙江省地质矿产局,1993;Wu et al.,2011)。

对敦密断裂带的左行走滑特征学者们已有广泛共识(Xu et al.,1987;1993;Xu and Zhu,1994;张宏,1994;王小凤等,2000),然而对其起源时代、多期活动特征及动力背景仍存在一些争议。断裂起源时限有三叠纪(于鸿禄,1996;王小凤等,2000;王枫等,2016)、中侏罗世末—晚侏罗世初(郝建民和徐嘉炜,1992;孙晓猛等,2008,2010,2016)或晚侏罗世末—早白垩世初(徐嘉炜和马国锋,1992;徐嘉炜等,1995;张宏,1994)等。动力背景的争议有华南与华北碰撞产生的远程效应(万天丰,1995;张岳桥和董树文,2008)、古太平洋俯冲作用(Xu et al.,1987;郝建民和徐嘉炜,1992;于鸿禄,1996;孙晓猛等,2008,2010)或蒙古-鄂霍次克洋闭合作用(王书琴等,2012;顾承串等,2016)等。近年来,在知一镇韧性剪切带获得黑云母单矿物 $^{40}Ar/^{39}Ar$ 年龄为中晚侏罗世[(161±3)Ma],暗示郯庐断裂带在中晚侏罗世末期已扩展至东北地区并发生左旋走滑,与完达山地体走滑-拼贴增生共同形成于依泽奈崎板块北北西向俯冲的构造背景下(孙晓猛等,2008;王书琴,2010)。而刘程(2019)在总结区域资料的基础上,结合敦化-密山断裂带相关系列韧性剪切带内变形和未变形岩体及岩脉的锆石U-Pb年龄认为,敦密断裂带应起源于早白垩世初期的左行走滑,而不是前人认为的三叠纪或侏罗纪,正是早白垩世初期的左行平移活动才使得郯庐断裂带向北扩展到东北地区。敦密断裂带在白垩纪—古近纪活动的动力来源为古太平洋板块的俯冲作用,多期演化活动与古太平洋板块俯冲方式的交替变化所导致的活动陆缘挤压与伸展活动交替密切相关(刘程,2019)。早白垩世期间,敦密断裂带转变为强烈的伸展变形[(132.2±1.2)Ma](孙晓猛等,2016),表现为系列北东-南西向脆性正断裂和对多个早白垩世断陷盆地发育的控制作用,是古太平洋板块斜向俯冲背景下东北亚大陆边缘在早白垩世欧特里夫期(Hauterivian)—阿尔布期(Albian)发生强烈区域伸展作用的产物(Zhu et al.,2010;孟婧瑶等,2013;梁琛岳等,2015;孙晓猛等,2016;朱光等,2018;刘程,2019)。晚白垩世初,敦密断裂带又经历了一期左行平移活动,切割早期韧性剪切带和导致早白垩世盆地内部或继承早期脆性断层发育,系列盆地火山岩与被错断岩脉锆石U-Pb定年限定了这期左行平移活动时间为102~96Ma,与此时太平洋快速海底扩张推动古太平洋板块向北高速俯冲的构造背景有关(Larson and Pitman,1972;Larson,1991;Cottrel and Tarduno,2003;Sager,2006;Beaman et al.,2007;Jahn et al.,2015;刘程,2019)。晚白垩世—古近纪期间,敦密断裂带又转变为伸展伴有右行分量的活动,并控制断陷盆地的发育。密山市至辽宁省清原县的大型走滑-逆冲断层和断层相关褶皱的研究(孙晓猛等,2016)及盆地内部上白垩统及古近系之间的角度不整合接触(刘程,2019),反映出晚白垩世末期发生构造反转后的右行走滑-逆冲事件及沉积间断。所不同的是,孙晓猛等(2016)认为该期右行走滑-逆冲事件规模大且影响范围很广,导致整个断裂带遭受了强烈的改造,形成对冲式断裂系统。该期活动与太平洋板块低速正向俯冲使得东亚大陆边缘发生的弧后扩张有关(Maruyama et al.,1997)。新近纪期间,敦密断裂带表现为弱伸展活动,沿断裂可见少量新近纪陆相沉积(于鸿禄,1996;陈晓慧等,2011)和大规模的玄武岩喷发(刘嘉麒,1987;Liu et al.,2001;秦秀峰等,2008),尤其是桦甸-鸡东段的玄武质火山活动最为强烈。这与切入上地幔的断裂活动造成降压、软流圈上隆的高热流背景及丰富的软流圈流体沿断裂活动造成的地幔部分熔融有关(朱光等,2002b)。

前人对敦密断裂带的左行走滑水平位移量有过一些研究,但一直存在争议。王枫等(2016)通过系统总结松嫩-张广才岭地块东缘、佳木斯地块及兴凯地块之上的古生代—中生代火成岩年代学空间分布,认为敦密断裂带至少经历了两期平移,总平移距离约400km。张兴洲(1992)认为兴凯地块和佳木斯地块之上的麻山群与黑龙江群在变质建造上具有可对比性,推测敦密断裂带左行错移150km。张理刚(1992)根据对中国东部中生代花岗岩长石同位素示踪结果划分的不同地球化学省研究,认为敦密断裂带左行平移距离达400～450km。赵春荆等(1996)和王小凤等(2000)基于断裂两侧特殊标志层的对比研究,认为敦密断裂带左行位移量达129～250km。郭孟习等(2000)依据地球物理和地质图分析认为,其左行平移后保留的位移量为150km,总体平移量可达300km。刘程(2019)依据断裂对辽源增生带(或华北克拉通边界断裂)的错动限定了敦密断裂带的左行位移量为170km,并结合顾承串(2017)和Gu等(2018)确定的35km左行位移量,认为郯庐断裂带北段左行错动总位移量达205km。

包括敦密断裂带在内的整个郯庐断裂系统在中生代的走滑平移,对中国东部中生代金矿形成具有明显的控制作用。该北东—北北东向断裂带的形成、活动及其伴生的大量中酸性岩浆岩发育与金矿化的时空分布、成因等密切相关。敦密断裂带两侧金矿化比较普遍,主要有辽北的王家大沟金矿、下大堡金矿、线金厂金矿、暖泉子金矿,吉南的石棚沟金矿、二道甸子金矿、夹皮沟金矿、海沟金矿、刺猬沟金矿、金城铜金矿等,其均受到主干断裂及其次级构造的控制作用(李碧乐等,2002)。祁程等(2017)认为敦密断裂带通过制约铀源运移、沉积盆地分布、沉积建造就位、热液活动以及对碱性岩体侵入和破坏,从而对铀矿成矿产生影响。同时,敦密断裂带的演化对中晚侏罗世—第三纪(古近纪+新近系)含煤岩系的时空展布具有明显的控制作用,密山断隆区以东,赋存中晚侏罗世和第三纪含煤岩系,密山断隆以西的鸡东断陷区赋存晚侏罗世和第三纪含煤岩系,下城子断隆区西南宁安断陷区赋存第三纪含煤岩系(于鸿禄等,1996)。敦密断裂带能源矿产的研究(崔贤实和刘洋,2012;胡菲等,2014;刘招君等,2016)显示,断裂活动演化控制了系列含油页岩盆地,如抚顺盆地、梅河盆地、桦甸盆地、敦化盆地、宁安盆地、鸡西盆地和虎林盆地,油页岩主要形成于古近纪始新世卢泰特期湖盆鼎盛时期,厚度自西南的抚顺盆地到东北的虎林盆地逐渐变小,沉积环境由深湖相到半深湖相再到湖沼相。

5. 青岛-鸭绿江断裂带

青岛-鸭绿江断裂带是一条具有多期演化历史的大型构造活动带,是中国北方重要的北东东向断裂构造之一,部分学者认为其属于郯庐断裂带的重要分支(Xu et al.,1987;Xu,1989;张国仁等,2006;Zhang et al.,2018c,2019;张帅,2019)。中国东北地区的鸭绿江断裂带是青岛-鸭绿江断裂带的主干断裂,它由数条相互平行的断裂构成,主干断裂基本被江道占据,延伸经过丹东、梨树、四道沟、古楼子、拉古哨、腰岭子、绿江村等地,向南跨海与山东境内的阜平-即墨断裂带(或称青岛断裂带)(吴冬铭等,2008)相连构成青岛-鸭绿江断裂带,向北经吉林省长白山玄武岩覆盖区后进入俄罗斯境内(张国仁等,2006)。青岛-鸭绿江断裂带总体绵延长达千余千米,呈北东向,其形成与发展演化历史显示其明显控制了两侧中生代沉积建造、岩浆岩、有色金属和贵金属矿产的分布(董南庭等,1989;张国仁等,2006)。

在遥感图上,鸭绿江断裂带段形迹清晰,主要沿鸭绿江展布,在辽东上升隆起区与朝鲜山区之间形成狭窄的谷地,直指长白山口,在鸭绿江断裂东南侧的朝鲜境内多条北西向断裂展布明显,而在西北侧的中国境内则分布不明显,而北东向断裂展布明显(杨舒程等,2014)。在重力场上,鸭绿江断裂带布格重力异常显示,断裂带以负重力场为主,其等值线长轴大体呈北东向展布(董南庭等,1989),在吉林省内显示为北东向的串珠状异常带,西北侧重力异常轴向呈北东向,南东侧各异常轴向多呈北西向和近南北向展布(吴冬铭等,2008)。航磁资料显示,鸭绿江断裂带ΔT等值线长轴呈北东向展布(董南庭等,1989)。另外,鸭绿江断裂带十分发育基性—超基性岩体以及基性火山岩,如北东段的石人沟、西北岔、青林子、宣羊砬子、南城子等岩体及中段的集安县南部辉石橄榄岩体等。其中,深成包裹体测温资料显示方辉橄榄岩来源深度为99～171.6km，二辉橄榄岩来源深度为56.1～89.1km，辉石岩来源深度为49.6～99km，而鸭绿江断裂带北东段的莫霍面深度仅为35～36km，据此董南庭等（1989）、张普林等（1994）认为青岛-鸭绿江断裂带为切割至上地幔的岩石圈断裂。

学者对青岛-鸭绿江断裂带的起源进行了研究，但在起源性质和时间方面仍存在争议，如起源于左行压扭（Xu et al.，1987；张宏，1994；张国仁等，2006；张岳桥和董树文，2008；Zhang et al.，2018c，2019；张帅，2019）、伸展构造（董南庭等，1989），还是逆冲构造（王小凤等，2000；刘如琦等，2006）。起源时间包括中元古代末期（董南庭等，1989；颜雷雷，2016）、晚三叠世—早侏罗世（张国仁等，2006；张岳桥和董树文，2008）、晚侏罗世（王小凤等，2000）、早白垩世（Xu et al.，1987；Xu，1989；张宏，1994；朱光等，2002b，2003，2004；Zhang et al.，2018c，2019；张帅，2019）以及早白垩世晚期（刘如琦等，2006）等。董南庭等（1989）认为中元古代末期，伴随中条运动，青岛-鸭绿江断裂带起源于在稳定的刚性的老岭古陆东南缘发生的以垂直运动为主的断裂活动。张国仁等（2006）基于对丹东地区相关韧性剪切带的研究，在气象台山获得糜棱岩带黑云母K-Ar年龄为221Ma、247Ma，侵入糜棱岩带且未卷入韧性剪切作用的花岗岩锆石U-Pb年龄为135Ma，认为青岛-鸭绿江断裂带起源于晚侏罗世—早白垩世。也有学者认为青岛-鸭绿江断裂带应起源于左行走滑，并依据鸭绿江断裂段未变形岩体（131～122Ma）和上覆火山岩（131～100Ma）、变形岩体（160～156Ma）、火山岩、未变形脉体（127～114Ma）和变形脉体（164～146Ma）限定了断裂带左行运动的起源时间在146～131Ma之间，形成背景是依泽奈崎板块的北北西向快速斜向俯冲（Zhang et al.，2018c，2019；张帅，2019）。早白垩世开始，青岛-鸭绿江断裂带进入了长期漫长的演化历史。早白垩世期间（132～100Ma），青岛-鸭绿江断裂带处于强烈的伸展作用，新生了系列北北东—北东向正断层，同时早期不同方向的断层发生复活，控制了一系列早白垩世伸展盆地的发育，并伴有广泛岩体、岩脉侵位和盆地内的火山喷发，该期伸展是依泽奈崎板块北西西—北西向高角度俯冲同时华北克拉通峰期破坏背景下的产物（Zhang et al.，2018c，2019；张帅，2019）。晚白垩世初（100～97Ma），断裂再次活化并发生左行平移运动，新生一系列的左行平移断层和牵引褶皱，并终止了早白垩世盆地的发育，该期活动受依泽奈崎板块消亡和太平洋板块的北向低角度高速俯冲影响（Zhang et al.，2018c，2019；张帅，2019）。晚白垩世（97～70Ma），该断裂带局部表现为右行张扭性活动，控制了晚白垩世古楼子盆地的发育，该期形成于古太平洋板块俯冲角度变陡，同时俯冲速度变慢的地球动力学背景（Zhang et al.，2018c，2019；张帅，2019）。在晚白垩世末，该断裂带又转变为逆-右行平移活动，导致晚白垩世盆地消亡，该期活动与此时太平洋板块由北向高角度低速俯冲转变为北西西向低角度高速俯冲有关（Maruyama et al.，1997；Zhang et al.，2018c，2019；张帅，2019）。青岛-鸭绿江断裂带在古近纪期间处于构造平静期。新近纪以来，该断裂带北段局部发育了大规模的玄武岩喷发活动，以临江—两江地区最为强烈（董南庭等，1989；Wang et al.，2003），指示该断裂带处于弱伸展背景。第四纪以来，青岛-鸭绿江断裂带发生复活，且地震活动性较强，活断层广泛出现，主要为逆-右行平移活动（夏怀宽和许东满，1993；钟以章等，2012；万波等，2013）。该断裂带沿线在近代发生过多次M_S=5～6级以上的地震，强度最大的是1994年在鸭绿江口所发生的M_S=6.75级地震（夏怀宽和许东满，1993）。李振英（1991）依据丹东地区8条浅层人工地震测线综合地球物理与地质解释，青岛-鸭绿江断裂带在该地区未错动上伏全新统，说明断裂在全新世时期没有大规模活动。焦伟（2006）基于断裂带历史地震活动资料分析，认为青岛-鸭绿江断裂带中段的地震活动强度强于东北段，结合地震地质条件分析，中段及其邻近地区具备发生中强地震的地质构造背景，有可能是未来发生较大地震的危险地区。

青岛-鸭绿江断裂带在白垩纪期间经历了伸展活动，并控制了一系列伸展盆地的发育，自南西向北东分别有丹东盆地、古楼子盆地、茧场沟盆地、绿江村盆地、凉水盆地、麻线沟盆地以及集安盆地（董南庭等，1989；夏怀宽和许东满，1993；张国仁等，2006；Liu et al.，2011；李吉焱等，2013），这些盆地在中—新生代期间还遭受了多期构造反转（董南庭等，1989；夏怀宽和许东满，1993；张国仁等，2006；张帅，2019）。青岛-鸭绿江断裂带内及两侧为重要的金、铜、铅锌等成矿带，两侧现已发现有关的矿床、矿点200余处，矿产地具有分布集中、成群出现的特点(于成广,2016)。鸭绿江成矿带中生代形成的矿产主要为受岩体控制的金、银及铜钼等多金属矿,与岩浆活动密切关系。矿体主要分布于岩体与围岩的接触部位或者岩体内部,如五龙金矿、猫岭金矿、万宝源铜钼矿、桓仁铜锌矿、张家堡子铅锌矿、四道沟金矿、高家堡子银矿等(于广成,2016)。沿青岛-鸭绿江断裂带已查明的矿产资源差异显著,在主干断裂西侧的中国丹东地区,虽有数十处金矿床分布(百万久,1979),但目前已探明的规模和储量均不是很大,而东侧朝鲜平安北道分布的金矿不但数量多而且储量大(张国仁等,2006)。鸭绿江断裂带两侧包括五龙金矿、青城子铅锌矿、造岳金矿和检德铅锌矿等一批世界知名的大型、超大型矿床,其成矿基底构造为形成于古元古代的辽吉裂谷,成矿地层为辽宁境内的辽河群和朝鲜一侧的摩天岭群,成矿岩浆活动为古元古代和中生代的岩浆侵入事件,成矿高峰期集中于古元古代裂谷发育活动期和中生代构造-岩浆活动的活化期(宋建潮等,2009)。通过与朝鲜北部大型有色金属矿床和贵金属矿床的对比,鸭绿江断裂带中国辽东一侧有着极其广阔的找矿远景和巨大的找矿潜力(宋建潮等,2009)。

6. 佳木斯-牡丹江断裂带

佳木斯-牡丹江断裂带主干断裂南段沿牡丹江展布,北段沿汤旺河展布,向北进入俄罗斯境内,总长度大于1200km。断裂中段被依兰-伊通断裂带切断,但位移量不大。佳木斯-牡丹江断裂带走向近南北,倾向西,倾角为40°~85°,具有逆冲特征。大地构造上,佳木斯-牡丹江断裂带被认为是小兴安岭-张广才岭造山带与布列亚-佳木斯-兴凯地块的构造界线,沿断裂带发育有张广才岭群和黑龙江构造混杂岩,断裂带两侧地质体在晚志留世—早泥盆世完全拼合。这次拼合作用规模极大,把早期形成的蛇绿岩、蓝片岩和周围的岩石混杂在一起,构成南北向的混杂岩带,与此同时,在断裂带西侧的小兴安岭-张广才岭造山带形成一系列规模巨大呈南北向展布的加里东期花岗岩带,该花岗岩带将两侧焊接为一体。沿断裂带有新生代玄武岩分布,可见其不仅形成时代久远,而且继承性活动影响一直不断,是一条持续活动的区域性大断裂(王桂梁等,2007;吴咏敬,2009;袁桂林,2010)。佳木斯-牡丹江断裂带东侧主要分布元古宙和加里东期花岗岩,西侧则主要分布印支期和燕山期花岗岩。

在航空遥感图上,佳木斯-牡丹江断裂带显示为线性影像带(袁桂林,2010)。在航磁特征上,断裂带表现为呈南北向分布的负磁异常带,两侧磁场形成强烈的反差,表现为西侧的高磁异常和东侧的低磁异常分界线(袁桂林,2010;王选平,2014)。在重力特征上,断裂表现为重力梯度带和南北向正负异常转换带,断裂以东为正值场,以西为负值场,90°水平一阶导数图上表现为一条明显的正异常条带(吴咏敬,2009;杜晓娟等,2009;袁桂林,2010;王选平,2014)。在深部结构上,断裂带两侧显示出不同特征,上地幔高导层西侧深度为100km,东侧仅为60km,壳内高导层自东向西逐渐加深(杜晓娟等,2009)。张兴洲等(2015)结合满洲里—绥芬河地学断面资料认为,断裂带以西是松辽盆地发育区,以莫霍层和壳内高导层埋深小为特点,埋深分别为29~38km和15~20km;以东分布有以三江、勃利和鸡西等为代表的众多中小型盆地,受太平洋大陆边缘构造的影响,岩石圈结构较为复杂,东端出现向东倾斜的双壳内高导层。地震资料显示,断裂浅部近于直立,向下逐渐变缓,向西倾斜,断裂方向与壳内高导层延伸方向一致,说明壳内高导层与牡丹江断裂带密切相关(杜晓娟等,2009)。王晓伏(2011)依据中国东北绥化—虎林一线的深反射地震测线剖面认为,牡丹江断裂带的深部地区存在着一条大约30°倾斜的反射带,向西斜插入松辽盆地东缘的上地幔。吴咏敬(2009)依据断裂展布方向信息和地震震中资料,推断断裂深度大于30km,具有走滑性质。

通常认为,佳木斯-牡丹江断裂带是小兴安岭-张广才岭造山带与布列亚-佳木斯-兴凯地块的界线,于前寒武纪时期已形成,在加里东期、华力西期均再次活动,沿这条带两侧发育有早古生代岩浆岩和二叠纪辉长岩、闪长岩、花岗闪长岩等。黑龙江东部古生代—早中生代岩浆作用研究显示,晚三叠世张广才岭地区存在双峰式火山岩和A型流纹岩,显示出陆内伸展环境(Wu et al.,2002,2007b),其形成应与古亚洲洋最终闭合后的伸展环境相关(Xu et al.,2009;许文良等,2012)。佳木斯-牡丹江断裂带两侧发育的中—晚二叠世花岗岩和佳木斯地块上不同于小兴安岭-张广才岭造山带的晚三叠世—早侏罗世岩浆作用缺失(Wu et al.,2011),暗示三叠纪早期两侧块体沿佳木斯-牡丹江断裂带可能存在一期裂解事件(许文良等,2012)。早—中侏罗世,陆缘钙碱性火山岩和陆内双峰式火成岩组合的出现及张广才岭群和黑龙江群构造混杂岩的就位,暗示两侧块体在早—中侏罗世再次拼合(叶慧文等,1994;李锦轶等,1999;Wu et al.,2007b;Zhou et al.,2009,2010),也暗示环太平洋构造体系的开始(许文良等,2012)。黑龙江东部白垩纪和古近纪岩石古地磁研究显示,在晚白垩世之后,佳木斯-牡丹江断裂带东侧的佳木斯地块相对于稳定的欧亚大陆整体发生了30°~40°的逆时针旋转,动力背景来自太平洋板块白垩纪以来强烈俯冲作用下断裂带的重新活化(王海龙等,2011)。

7. 跃进山断裂带

东北亚东部陆缘发育呈北东—北北东向展布的晚白垩世安第斯式大陆边缘岩浆弧,由北侧的鄂霍次克-楚科奇火山带和南侧的锡霍特-阿林带组成。跃进山断裂带呈北北东向平行于锡霍特-阿林造山带,倾向南东东,倾角较陡,具有明显的逆冲运动学特征,主要形成于中生代。晚新生代,该断裂带在三江地区复活,具有正断层性质,控制三江盆地的形态与发育。该带作为缝合带分割东侧的锡霍特-阿林带(中国境内为饶河增生杂岩或称为完达山地体)和西侧的佳木斯地块,控制中国东部最新的蛇绿构造混杂岩带。佳木斯地块具有微陆块特征,主要由麻粒岩相-角闪岩相的麻山群、蓝片岩相-绿片岩相的黑龙江群和大面积展布的与俯冲-碰撞有关的古生代岩浆岩组成,上叠燕山期陆相火山盆地,局部地区发育中生代海相沉积。东侧的锡霍特-阿林造山带以发育中侏罗世—早白垩世初期加积楔和弧碰撞花岗岩带(132~100Ma)为特征,上覆晚白垩世—古近纪陆缘火山岩,该岩浆活动可划分为110~94Ma玄武质—安山质火山喷发、94~84Ma英安质—流纹质火山喷发、70~60Ma中酸性火山喷发和古近纪双峰式火山喷发4期活动。跃进山断裂带的展布及其形成演化与锡霍特-阿林造山带的形成演化密切相关。

中国境内的饶河增生杂岩由一系列近平行的呈北北东向构造岩片组成,具有大型叠瓦状断裂带特征,其前锋带即为跃进山断裂带。在地下深处存在一个近水平的拆离面,拆离面之上的叠瓦状断裂带、拆离面之下的原地基底以及基底之下的贝尼奥夫带组成了"三层结构"(万阔,2017)。在俯冲增生过程中,伴随构造推移大量断层面和褶皱轴面倾向发生反转,由指向大陆变为指向洋盆方向。断裂带的构造线整体呈现出向西凸出的弧形特征,从北向南由北北东向转为北北西向,再转为北西向。岩石建造组合类型包括:蛤蟆顶子蛇绿岩,中—晚三叠世深海相硅质页岩夹多层细碎屑岩建造,晚三叠世—早侏罗世巨厚复理石建造夹数层硅质岩、超基性—基性熔岩,早侏罗世深海相陆源碎屑沉积岩建造和海相高钛、富碱拉斑质玄武质火山岩建造。由此推测,中三叠世—早侏罗世,整个完达山地区处于深海洋盆环境,发育SSZ型蛇绿岩和深海远洋沉积,晚三叠世—早侏罗世浊积岩建造较为发育。早侏罗世开始,大洋洋壳沿大和镇断裂仰冲于佳木斯地块之上,跃进山逆冲推覆构造开始形成;至中—晚侏罗世,那丹哈达地体与西侧的佳木斯地块东缘发生拼合,侏罗纪增生杂岩发生构造就位,自此进入锡霍特-阿林大陆边缘演化阶段。早白垩世断裂活动相对较强,在皮克山一带形成火山沉积-断陷盆地,下部为陆相复成分砾岩、粉砂岩互层夹煤层,上部为安山岩-英安岩-流纹岩,同期陆缘弧侵入岩浆作用强烈。该陆缘弧岩浆作用一直持续至晚白垩世末,延伸至新生代早期。

三江盆地富锦地区临山岩体花岗闪长岩的锆石U-Pb年龄为54Ma,暗示富锦隆起的时限应为始新世之后,三江盆地"两坳一隆"格局也形成于渐新世之后(王智慧等,2016)。三江盆地东侧浓江凹陷的构造演化显示,浓江凹陷断裂走向北东,以张性构造和扭性构造为特征,张性构造样式有"Y"形、阶梯形和堑垒结构等,扭性构造样式可分为反转构造和负花状构造,断裂活动自古近纪开始,古近纪末—新近纪初活动强烈,新近纪末发生挤压反转,第四纪之后较为稳定(刘华,2018)。由此推测,跃进山断裂带在晚新生代发生了强烈的伸展作用,控制了三江盆地的构造演化与构造格局。

第三节 蛇绿混杂岩

出露在缝合带中的蛇绿岩是大洋岩石圈的残留,它的出现对于确定古板块的边界具有重要的意义。在地质演化过程中,古亚洲构造域东段经历了多阶段多旋回的构造演化以及洋陆转换过程,进而残留了不同时代和类型的蛇绿岩。依据这些蛇绿岩的形成时代和分布特征,本次工作将研究区内前中生代蛇绿岩划分为新元古代早期、新元古代晚期、早古生代早期和晚古生代4期,分别对应前古亚洲洋、第一代古亚洲洋、第二代古亚洲洋和后古亚洲洋(残余或再裂解洋盆)。除此之外,在中国东北的最东部还发育少量的中生代蛇绿岩。

一、新元古代早期蛇绿岩

研究区内的新元古代早期蛇绿岩最早是由 Mitrofanov 和 Mintrofanov 于1983年发现并报道的,并称之为 Shaman 蛇绿岩。这条蛇绿岩带出露于北贝加尔地区,Amandsk 河(Bagdarin 河左侧支流)上游,呈北东向带状展布,厚1~2.5km。在保存较为完好的剖面上,自下而上可分为5层:①深绿色阳起石片麻岩夹橄榄岩、纯橄岩、蛇纹岩和滑石透镜体;②深绿色中—细粒辉长岩;③深绿色角闪辉长-辉绿岩和辉绿岩,含蛇纹石化超基性岩透镜体;④灰绿色玄武岩和安山岩;⑤深绿色阳起石片岩。所有岩石均发生叶理化,且被剪切,逆冲推覆到上泥盆统—下石炭统之上。在其他区域,可见斜长花岗岩脉侵入基性岩和超基性岩中。

目前,对于这套蛇绿岩的年龄数据较多。Nekrasov 等(2007)在 Usoi-Tocher 地区的斜长花岗岩中获得 SHRIMP 锆石 U-Pb 年龄为(972±14)Ma。Bol. Kiro 河源头与蛇纹石化超基性岩伴生的堆晶辉长岩 SHRIMP 锆石 U-Pb 年龄为(939±11)Ma,玄武岩年龄为(892±16)Ma(Gordienko et al.,2009)。上述年龄数据表明这套蛇绿岩的形成时代为新元古代早期,但对于这套蛇绿岩的就位时代目前还无定论。从区域地质特征上来看,这套蛇绿岩往往与一套新元古代早期(850~750Ma)杂岩伴生,岩石组合和地球化学特征显示岛弧或者活动大陆边缘的大地构造背景。而在新元古代早期,西伯利亚克拉通作为 Rodinia 超大陆的一部分,其南部靠近劳伦大陆,这一时期克拉通南缘处于一种被动陆缘的伸展环境,与杂岩所反映的构造背景截然相反。结合上述资料,初步认为这套新元古代早期蛇绿岩和岛弧杂岩体并不属于古亚洲洋构造域,应是古亚洲洋构造域开始之前的产物,因此代表了前古亚洲洋的残余洋壳。

二、新元古代晚期蛇绿岩

研究区的新元古代晚期蛇绿岩包括西伯利亚南缘贝加尔-穆雅造山亚带北缘的 Mamakan 蛇绿岩和额尔古纳地块南缘的新林-吉峰蛇绿岩。在研究区西侧的蒙古中西部同样存在着同时期的蛇绿岩,主要集中在蒙古-鄂霍次克造山带内杭盖-肯特浊积岩盆地南缘,例如汉泰希尔蛇绿岩、达里夫蛇绿岩和巴彦洪戈尔蛇绿岩等。上述蛇绿岩共同代表了第一代古亚洲洋的洋壳。

1. Mamakan 蛇绿岩

Mamakan 蛇绿岩出露于贝加尔-穆雅造山亚带北缘的 Yakor-Kaalu 地区,可分为 Kaalu 超基性岩地体和 Sredniy-Mamakan 超基性—基性岩地体。Kaalu 地体主要沿 Kaalu 河和 Sredniy Mamakan 河两岸分布,表现为多个超基性岩岩块、蛇纹石化纯橄岩和方辉橄榄岩透镜体夹于一个构造混杂岩中。

Sredniy-Mamakan 地体位于 Sredniy 和 Pravyi Mamakan 河之间,面积约100km^2,这个蛇绿岩地

体南部和东南部均被文德纪—寒武纪含铬铁矿沉积地层不整合覆盖。这个蛇绿岩地体主要包括橄榄岩、变角闪辉长岩、变辉长岩、堆晶辉长岩、玄武岩、硅质岩和脉状斜长花岗岩和斜长岩。局部可见辉绿岩脉和斜长花岗岩脉侵入堆晶辉长岩中,同时也可见辉长岩脉侵入辉绿岩中,因此可能代表了一个席状岩墙杂岩的根部。

Kröner等(2015)在侵入堆晶辉长岩的两个斜长花岗岩中分别获得SHRIMP锆石U-Pb年龄为(640±4)Ma和(650±6)Ma,表明Mamakan蛇绿岩的形成时代为新元古代晚期。对这套蛇绿岩的就位时代,目前也有较为详细的报道。贝加尔-穆雅造山亚带内的北穆雅杂岩中榴辉岩的变质锆石U-Pb年龄分别为(631±1)Ma、(632±6)Ma和(630±7)Ma,且角闪石$^{40}Ar/^{39}Ar$年龄为(636±6)Ma,这表明这一地区在635Ma时期发生过一期高压变质事件(Skuzovatov et al.,2019a)。在造山亚带北缘,文德系与下伏里菲系之间存在一个明显的区域不整合面,文德系局部可见发育一套磨拉石建造(Delvaux et al.,1995)。这些磨拉石的片理呈陡立状,而其上的寒武纪碳酸盐岩中却未变形,这也间接表明了这期变形作用也发生在文德纪与寒武纪之间。除上述特征外,从贝加尔—穆雅地区新元古代沉积岩中获得碎屑锆石U-Pb年龄和Nd同位素资料均表明,在约635Ma时均发生较为明显的转变,这表明了沉积物源由单向沉积向双向沉积的一个转变(Powerman et al.,2015;Chugaev et al.,2017;Gladkochub et al.,2019)。综合上述前人研究成果,结合区域地质资料,本次工作认为Mamakan蛇绿岩的就位时间为约635Ma,即贝加尔-穆娅岛弧与西伯利亚克拉通碰撞拼合,两者之间的第一代古亚洲洋北侧洋盆消失。

2. 新林-吉峰蛇绿岩

新林-吉峰蛇绿岩带位于中国东北大兴安岭北段,沿额尔古纳地块南缘的新林-喜桂图断裂呈北东向展布,由4个蛇绿岩组成,从西南到东北分别为吉峰蛇绿岩、噶仙蛇绿岩、环二库蛇绿岩和新林蛇绿岩。

吉峰蛇绿岩位于内蒙古鄂伦春自治旗吉峰林场南东7km处,主要由二辉橄榄岩、纯橄榄岩、变辉长岩和变玄武岩组成,与围岩均呈断层接触。Feng等(2016)从其中具有E-MORB特征的变辉长岩中获得锆石U-Pb年龄为(647±5)Ma。噶仙蛇绿岩出露于噶仙北东约15km处,主要由橄榄辉石岩和辉绿岩墙组成,缺失枕状玄武岩和斜长花岗岩等,与围岩倭勒根岩群呈断层接触。冯志强(2015)从噶仙辉绿岩中获得锆石U-Pb年龄为(668±10)Ma,地球化学特征显示其为活动大陆边缘SSZ型蛇绿岩。余宏全等(2012)提及其中橄榄辉石岩选锆石离子探针年龄为(628±10)Ma。环二库蛇绿岩位于大杨齐镇北西15km,主要由橄榄辉石岩、辉长岩、角闪辉长岩和玄武岩组成,均呈透镜体状夹于变沉积岩中。杜兵盈等(2017)从其中N-MORB变辉长岩中获得锆石U-Pb年龄为(697±3)Ma。新林蛇绿岩位于新林镇东部、大乌镇东南部、小库达音河和塔源西多蒂河东部附近,其中又以新林镇东部发育最好。除蛇绿岩岩石序列最上部的深海远洋沉积之外,其余岩石组合均出露在新林蛇绿岩中,包括地幔橄榄岩、堆晶铁镁质—超铁镁质岩、辉长岩、辉绿岩墙和枕状玄武岩。Gou等(2020)从其中的堆晶辉长岩中获得锆石U-Pb年龄为(669±8)Ma,地球化学特征显示为洋中脊环境。综上所述,吉峰、噶仙、环二库和新林蛇绿岩的形成年龄介于697～628之间,因此额尔古纳地块南缘的新林-吉峰蛇绿岩带形成时代应为新元古代中晚期,代表了第一代古亚洲洋的北侧洋盆。

在新林-喜桂图断裂西南段的头道桥地区分布有一套头道桥杂岩,出露在北山和南山两个区域,主要包括蓝片岩、绿片岩和白云钠长片岩,其中蓝片岩原岩为玄武岩,地球化学特征显示其具洋岛玄武岩和洋中脊玄武岩亲缘性。年代学资料显示,蓝片岩的原岩形成年龄为(511±5)Ma、(516±17)Ma(Zhou et al.,2015)和(516±11)Ma(Miao et al.,2015),而侵入其中的花岗岩脉体年龄为(492±1)Ma,据此限定了蓝片岩的形成时代,即玄武岩的高压变质作用时间应介于511～492Ma之间(Zhou et al.,2015)。在额尔古纳地块北段兴华渡口岩群的麻粒岩相变质作用约发生在500Ma(Zhou et al.,2011a,2011b)。

与此同时,在新林-喜桂图断裂北东段塔河地区的塔河岩体由斑状正长花岗岩、二长花岗岩、角闪碱长花岗岩和辉长岩组成,为一套后造山岩石组合,形成时代介于494～480Ma之间(葛文春等,2005b)。综上所述,新林-吉峰蛇绿岩所代表的第一代古亚洲洋北侧洋盆的闭合时代为早古生代早期。

三、早古生代早期蛇绿岩

研究区内的早古生代早期蛇绿岩主要分布在蒙古的东南部和内蒙古的中南部,分别为蒙古东南部的曼莱蛇绿岩和克鲁伦蛇绿岩,内蒙古中南部的温都尔庙蛇绿岩。除此在外,在研究区的西侧,还分布着同时代的佐伦、戈壁-阿尔泰河和扎河坝等蛇绿岩。上述蛇绿岩共同代表了第二代古亚洲洋的洋盆。

1. 曼莱蛇绿岩

曼莱蛇绿岩位于蒙古东南部的 Huree 地区,主要由超铁镁质岩、枕状熔岩和硅质岩等组成,可分为西、东两部分,岩性组合差异较大。西部蛇绿岩可见玄武岩、硅质岩、超铁镁质岩、辉长岩和辉石岩呈岩块状夹于基质岩石中,局部可见斜长花岗岩和辉长岩与超铁镁质岩呈断层接触,基质主要为片岩和硅质沉积岩。相对西段来说,东段岩石组合较为单一,主要由巨厚的超铁镁质岩组成,同时伴生大量的辉绿岩。

对于这套蛇绿岩的研究鲜有报道。Zhu 等(2014)在蛇绿岩的辉长岩和斜长花岗岩中分别获得锆石 U-Pb 年龄为(509±5)Ma 和(482±4)Ma,基性岩地球化学特征显示为 SSZ 型,据此认为这套蛇绿岩代表了一个早古生代早期洋盆的洋壳;同时还发现,在蛇绿岩的周围分布一个早古生代岛弧火山岩带,其中安山岩的年龄为(487±5)Ma,表明这一时期还存在俯冲作用,而覆盖凝灰岩的年龄(391±5)Ma 限定了蛇绿岩的侵位时代应早于中泥盆世。

2. 克鲁伦蛇绿岩

克鲁伦蛇绿岩位于蒙古东部,克鲁伦地体的南西部,包括蛇纹岩、辉石岩、辉长岩、辉绿岩和玄武质火山岩,多呈岩块状夹于一个混杂岩中。蛇纹岩风化面呈灰色,内部呈深绿色,变形强烈。辉石岩粒度较粗,变形程度较蛇纹岩弱。辉长岩可分为堆晶辉长岩和块状辉长岩两类。辉绿岩广泛发育,多呈脉状,宽从几厘米至 2m 不等。玄武质火山岩可分为玄武岩和玄武安山岩两种。除上述岩石外,克鲁伦蛇绿岩中还存在少量的斜长花岗岩脉体及岩块。

Miao 等(2016)在蛇绿岩中的堆晶辉长岩和斜长花岗岩中分别获得的锆石 U-Pb 年龄为(507±4)Ma 和(501±6)Ma,而侵入其中的花岗岩年龄为(440±6)Ma。上述数据表明,克鲁伦蛇绿岩的形成时代为 507～501Ma,而构造就位时间早于 440Ma。地球化学特征显示,克鲁伦蛇绿岩为 SSZ 型。

3. 温都尔庙蛇绿岩

温都尔庙蛇绿岩带断续出露在内蒙古南部的温都尔庙—图林凯—乌丹一带,主要由方辉橄榄岩、纯橄榄岩、辉长岩、玄武岩、枕状玄武岩,以及代表远洋沉积的硅质岩和铁、锰结核组成。岩石地球化学特征显示,变超基性岩和玄武岩具有地幔岩石特征,代表了洋壳岩石的残留。Jian 等(2008)从图林凯地区的变辉长岩和斜长花岗岩中分别获得锆石 U-Pb 年龄为(480±2)Ma 和(490±7)Ma,除此之外,多个区域地质调查项目在温都尔庙蛇绿岩中获得锆石 U-Pb 年龄为 523～458Ma。在蛇绿岩带南侧发育含早—中奥陶世笔石化石的岛弧钙碱性火山岩带。因此,温都尔庙蛇绿岩的形成时代极可能为寒武纪—早奥陶世。对于温都尔庙蛇绿岩的就位时间,前人也有较为详细的研究。Jong 等(2006)测定了内蒙古南部乌兰村地区蓝片岩相变质的温都尔庙俯冲增生杂岩中多硅白云母的 $^{40}Ar/^{39}Ar$ 坪年龄为(453±2)Ma 和(449±2)Ma,进而限定了温都尔庙蛇绿岩的就位时间约 450Ma,这一年龄与廖闻等(2015)在内蒙古西部图古日格地区强变形带中白云母的$^{40}Ar/^{39}Ar$等时线年龄(440±7)Ma近似,进一步限定了温都尔庙蛇绿岩就位的时间上限。除高压变质事件外,在内蒙古东南部还广泛发育顶志留统—下泥盆统西别河组底部磨拉石,不整合在奥陶系、奥陶纪岩浆岩和温都尔庙蛇绿岩之上(张允平等,2010)。结合上述资料,温都尔庙蛇绿岩的就位时代应早于普里道利世(顶志留世)。

四、晚古生代蛇绿岩

晚古生代蛇绿岩主要分布在中国内蒙古的中南部,按照其形成时代,又可细分为晚泥盆世—早石炭时和晚石炭世—早中二叠世两期,目前学者对于这两期蛇绿岩的构造意义还存在争议。本次工作结合区域地层、岩浆岩和古生物等信息,认为晚泥盆世—早石炭世蛇绿岩为再裂解洋盆,而晚石炭世—早中二叠世蛇绿岩可能为再裂解或残余小洋盆。

(一)晚泥盆世—早石炭世蛇绿岩

研究区内的晚泥盆世—早石炭世蛇绿岩主要沿中蒙边界分布,在中国境内分布在二连浩特—贺根山—迪彦庙一线,向西延伸至蒙古境内,被称为二连-贺根山蛇绿岩带和迪彦庙蛇绿(构造混杂)岩带。除此之外,在蒙古-鄂霍次克构造带中段Onon造山亚带南缘还出露Adaatsag蛇绿岩。本次工作认为这一时期的蛇绿岩可能为后期再裂解洋盆的洋壳残余。

1. 二连-贺根山蛇绿岩带

二连-贺根山蛇绿岩总体呈北东向沿中蒙边界展布,向西可延伸至蒙古境内,由二连浩特蛇绿岩带和贺根山蛇绿岩带组成。

(1)二连浩特蛇绿岩带:二连浩特蛇绿岩带出露在内蒙古二连浩特市北东约60km,分布面积可达28km²,可分为南部、中部和北部。其中,南部和北部以蛇纹石化超铁镁质岩和碳酸盐岩化超铁镁质岩为主,中部则主要由玄武岩组成;在南部的超铁镁质岩中可见斜长花岗岩脉侵入其中,中部可见两层流纹岩;除此之外,在各处散落有一些灰岩、辉长岩和硅质岩块,所有超铁镁质岩均与围岩呈构造接触。

Yang 等(2017)在一个流纹岩样品中获得SHRIMP锆石U-Pb年龄为(361±6)Ma,而两个斜长花岗岩的锆石U-Pb年龄分别为(356±5)Ma和(348±5)Ma。无独有偶,Zhang等(2015c)在蛇绿岩中的辉长岩中分别获得锆石U-Pb年龄为(354±5)Ma和(353±4)Ma。上述年代学资料表明,二连浩特蛇绿岩带形成时代为晚泥盆世—早石炭世。

(2)贺根山蛇绿岩带:贺根山蛇绿岩带包括贺根山地区的一系列蛇绿岩残片,其中较大的包括5个,自西向东分别为朝克乌拉蛇绿岩、贺根山蛇绿岩、松根乌拉蛇绿岩、乌斯尼黑蛇绿岩和梅劳特乌拉蛇绿岩。

朝克乌拉蛇绿岩主要由超镁铁质岩和辉长质岩类组成,包括蛇纹石化橄榄岩、橄榄岩、蛇纹石化辉石橄榄岩、蛇纹岩、蚀变辉长岩、片理化泥质硅质岩、紫红色硅质岩和玄武质。在贺根山西侧巴格达乌拉北部,紫红色硅质岩呈孤立的岩块分布,大小各异。贺根山蛇绿岩主要为超铁镁质岩和铁镁质岩石,包括蛇纹石化辉石橄榄岩、纯橄榄岩、辉石橄榄岩、辉长岩以及少量辉绿岩和片理化玄武岩等。纯橄榄岩中分布的透镜状、豆荚状、似脉状铬铁矿产丰富。在贺根山蛇绿岩南西端,分布有紫红色含铁碧玉岩、放射虫硅质岩和灰白色细粒大理岩残块。松根乌拉蛇绿岩主要由超镁铁质岩组成,岩石类型包括含铬铁矿蛇纹石化斜方辉石橄榄岩、蛇纹岩、辉石橄榄岩、纯橄榄岩和少量辉长岩及辉绿岩。乌斯尼黑蛇绿岩主要由斜辉辉橄岩组成,其中夹杂有大小不一的岩块,如单辉辉橄岩、纯橄榄岩、二辉辉橄岩、二辉橄榄岩、橄辉岩及辉石岩等。梅劳特乌拉岩块主要由绢云蛇纹岩组成,其余还包括含铬铁矿蛇纹石化斜方辉石橄榄岩、蛇纹岩、辉石橄榄岩、纯橄榄岩及辉长岩、辉绿岩、硅质岩、白云岩和斜长花岗岩。

对于贺根山蛇绿岩带的形成时代,目前有较多的研究资料。刘学义(1983)在贺根山放射虫硅质岩

中鉴定出 *Entactinia*. sp. 和 *Tetrentactinia* sp. 等,时代为晚泥盆世。曹从周等(1986)在同一地点的硅质岩中发现了腔肠动物门栉水母类的一种支柱构造,为 *Melanosteus* sp.,时代为中—晚泥盆世。包志伟等(1994)从贺根山地区获得蛇绿岩 Sm-Nd 等时线年龄为(403±27)Ma。Jian 等(2012)从贺根山地区变橄榄岩中辉长岩墙和斜长花岗岩中获得锆石 U-Pb 年龄分别为(354±7)Ma、(333±4)Ma。黄波等(2016)从贺根山铁镁质堆晶杂岩中获得辉长闪长岩和玄武岩锆石 U-Pb 年龄分别为(341±3)Ma 和(359±5)Ma。上述古生物和年代学资料表明,贺根山蛇绿岩带形成于晚泥盆世—早石炭世,并被下二叠统格根敖包组不整合覆盖。除上述年龄外,一些学者还在贺根山地区获得一些早二叠世(Miao et al.,2008)和早白垩世(Nozaka and Liu,2002;Jian et al.,2012;黄波等,2016)年龄数据。

2. 西乌旗迪彦庙蛇绿构造混杂岩

迪彦庙蛇绿构造混杂岩分为南、北两个带,北带为北部白音布拉格蛇绿构造混杂岩带,南带为孬来可吐蛇绿构造混杂岩带,与寿山沟组和大石寨组呈断层或韧性剪切带接触,被上侏罗统满克头鄂博组和下白垩统白音高老组不整合覆盖。

白音布拉格蛇绿构造混杂岩带出露于白音布拉格—陶勒斯陶勒盖—温多尔图一带。该带蛇绿岩组合主要为蛇纹石化方辉辉橄岩、层状辉长岩、中粗—细粒均质块状辉长岩、斜长岩、细碧岩、枕状玄武岩、球颗玄武岩、角砾状玄武岩、角斑岩和石英角斑岩等,其中以玄武岩、细碧岩最为发育、厚度最大,构成蛇绿岩的主体,上覆岩系为硅质岩、硅质泥岩及洋岛玄武岩(OIB)。外来岩块主要为上石炭统本巴图组碎屑岩和碳酸盐岩等。孬来可吐蛇绿构造混杂岩带出露于孬来可吐—迪彦庙一带,北侧与寿山组呈构造接触,南侧被第四系覆盖。该带蛇绿岩组成主要为蛇纹石化方辉辉橄岩、层状辉长岩、中粗—细粒均质块状辉长岩、细碧岩、玄武岩、角斑岩、石英角斑岩,其中以细碧岩、细粒均质辉长岩最为发育,上覆岩系为硅质岩、硅质泥岩及洋岛玄武岩(OIB)等岩片。

在西乌旗迪彦庙蛇绿构造混杂岩中,可以识别出蛇绿岩、洋岛火山岩、海相沉积岩和岛弧火山-沉积岩等不同大地构造背景下的物质残片。这些不同的岩片分属于蛇绿混杂岩带、岛弧-弧前盆地、岛弧-陆缘岩浆弧火山岩-侵入岩、大陆边缘盆地等大地构造岩相。蛇绿构造混杂岩带普遍强烈糜棱岩化和片理化,发育菱形网格状强变形带和弱变形域,形成各种糜棱岩。蛇绿构造混杂岩与下二叠统寿山沟组和大石寨组为构造接触关系,在构造接触部位寿山沟组和大石寨组地层发生密集劈理化、碎裂岩化、千枚岩化,局部发生糜棱岩化和片理化。

Li 等(2018a,2018b)从迪彦庙蛇绿岩的 3 个辉长岩中获得的锆石 U-Pb 年龄分别为(361±13)Ma、(357±4)Ma 和(340±14)Ma,略早于其中的斜长花岗岩年龄[(329±2)Ma、(327±2)Ma],Song 等(2015)从迪彦庙蛇绿岩的辉长岩和玄武岩中获得的锆石 U-Pb 年龄分别为(347±2)Ma、(305±4)Ma,而从西乌珠穆沁旗地区出露的辉长岩和席状岩墙中获得的锆石年龄分别为(356±5)Ma、(329±3)Ma。上述年代学资料表明,迪彦庙蛇绿岩的年龄为早石炭世,地球化学特征显示为 SSZ 型。综合上述资料,迪彦庙古洋盆之内的洋内俯冲开始于早石炭世,导致一个洋内弧洋壳的形成。

3. Adaatsag 蛇绿岩

Adaatsag 蛇绿岩位于蒙古-鄂霍次克构造带杭盖-肯特浊积岩盆地东南缘(Tommurtogoo et al.,2005),在乌兰巴托西南约 180km。该蛇绿岩自下而上较完整,最下部为蛇纹石化橄榄岩和方辉橄榄岩,在蛇绿岩的北东部出露最好,类似的岩石呈岩块状夹于东部的蛇绿混杂岩中。堆晶序列以层状斜辉石岩、辉长岩和伟晶辉长岩为代表,可见宽约 2m 的浅色伟晶辉长岩脉侵入层状辉长岩中。超铁镁质岩呈透镜状夹于花岗岩中。在蛇绿岩的主要露头中,层状辉长岩之上为角闪辉长岩,再向上逐渐转变为夹斜长花岗岩透镜体的浅色辉长岩,含角闪石浅色辉长伟晶岩脉宽度可达 2m;上部的辉长岩中夹辉石岩、斜长花岗岩脉和辉绿岩墙,席状岩墙宽度可达 2m;上覆有橄榄玄武质熔岩,厚度可达 300m;在玄武岩的上部出露有深海远洋沉积物,主要分布在蛇绿岩的北部,自下而上包括红色燧石岩、硅质长石砂岩、热液沉积物、高钛片岩和富碱的菱铁矿-石英斜长石片岩。这些沉积物代表了深海海底的沉积物逐渐接受陆源或弧源物质的横向变化。Tomurtogoo 等(2005)从浅色辉长伟晶岩脉中获得单颗粒锆石的 $^{207}Pb/^{206}Pb$ 蒸发年龄为(325±1)Ma,认为该数据记录了蒙古-鄂霍次克洋壳的形成时间。但从区域地质特征上来看,蛇绿岩上部的深海远洋沉积物被钙碱性玄武岩、安山岩和英安岩所覆盖,可能代表了俯冲过程中形成的岛弧,而在岛弧火山岩之上存在一套含中石炭世化石的沉积岩(Bryozoa 组)。同时,Adaatsag 蛇绿岩西段和东北段的混杂岩发育含志留纪珊瑚化石的灰岩和砂岩岩片,且与早石炭世浅海沉积岩岩片之间呈逆冲叠瓦构造(Badarch et al. ,2002)。石炭纪浊积岩系的沉积碎屑锆石测年研究表明(354~339Ma)(Thomas et al. ,2008),碎屑锆石来源于早石炭世火山弧,暗示 Adaatsag 蛇绿岩的形成时代可能早于早石炭世,并具有晚古生代"活化缝合带"混杂岩的特点。

(二)晚石炭世—早中二叠世蛇绿岩

晚石炭世-早中二叠世蛇绿岩主要分布在内蒙古南部和东南部,其中晚石炭世蛇绿岩包括西乌珠穆沁旗南侧的达青牧场蛇绿岩。早—中二叠世蛇绿岩包括索伦山蛇绿岩、满都拉蛇绿岩、乌兰沟蛇绿岩、西拉木伦蛇绿岩、呼和哈达蛇绿岩和牤牛海蛇绿岩等。

1. 达青牧场蛇绿岩

达青牧场蛇绿岩位于内蒙古林西县与西乌珠穆沁旗之间,最早由 Liu 等(2013)报道。该蛇绿岩主要由席状岩墙、枕状玄武岩和燧石岩组成,大致相当于蛇绿岩套的上半部岩石组合。席状岩墙为辉绿岩,枕状玄武岩多发生变形。Liu 等(2013)在两个玄武岩样品中获得锆石 U-Pb 年龄为(318±3)Ma 和(315±4)Ma,略早于 Song 等(2015)在席状岩墙中的辉绿岩中获得的(298±4)Ma 年龄数据。结合上述年龄数据,达青牧场蛇绿岩的形成时代为晚石炭世。

2. 索伦山蛇绿岩

索伦山蛇绿岩主要分布在中蒙边境的巴音查干—索伦敖包—巴彦敖包一带,呈东西向展布,全长约 150km。蛇绿岩的岩石组合为超铁镁质岩、辉长岩、辉绿岩、枕状玄武岩和深水硅质岩,其中超铁镁质、铁镁质岩石约占 96%。其中,出露较大的超铁镁质岩块包括索伦山岩块、阿不盖岩块和乌珠尔少布特岩块,主要由蛇纹石化辉石橄榄岩、纯橄榄岩和橄榄辉石岩等组成,蛇纹石化较强。基性熔岩为斑状玄武岩、球粒玄武岩和气孔杏仁状玄武岩等,下部多呈块状构造,向上变为枕状构造,多呈条带状或团块状产出。上覆岩系为基性火山岩和红色硅质岩互层产出。上述蛇绿岩块呈混杂状夹于早—中二叠世硅泥质岩、含放射虫硅质岩、岩屑砂岩及火山碎屑岩基质中。

对于索伦山蛇绿岩的形成时代仍存在着晚泥盆世之前和二叠纪两种认识,其中大多数学者的资料支持后者。李钢柱等(2017)从索伦山地区的硅质岩中识别出早二叠世放射虫动物群,进而认为索伦山蛇绿岩形成时间持续到早二叠世。薛建平等(2017)在索伦山蛇绿岩中的玄武岩中获得锆石 U-Pb 年龄为(287±9)Ma,这与 Miao 等(2007)和柳志华等(2020)在堆晶辉长岩、玄武岩和辉长岩中获得的锆石 U-Pb 年龄较为接近,均表明蛇绿岩形成时代为早二叠世。Luo 等(2016)在索伦山蛇绿岩中的两个辉长岩和一个斜长花岗岩中分别获得的年龄为 259Ma、257Ma 和 263Ma,代表了索伦山蛇绿岩的形成时代。地球化学特征显示,辉长岩和玄武岩具有 MORB 特征,再者年代学数据中辉长岩具有捕获锆石 Hf 同位素的大范围(-5.27~+10.19)。这些特征显示,在这些铁镁质岩石形成过程中地壳物质扮演了很重要的角色。来自含放射虫硅质岩的主量元素表明,该区为一个大陆边缘环境,这也同时被岩石组合所证实。陆缘碎屑岩(砂岩和砂泥质岩石)插入硅质岩中。来自索伦山蛇绿岩北侧和南侧的砂岩碎屑锆石显示与蛇绿岩呈构造接触的晚石炭世—早二叠世地层沉积在早古生代造山带之上。这些岩石学、地球化学、年代学和同位素资料表明，索伦山蛇绿岩是一个晚二叠世陆缘型单元，形成于一个洋盆打开的早期阶段，是早古生代造山带裂解作用的产物。因此，本书认为二叠纪索伦地区产出于一个陆内裂谷伸展环境。

3. 西拉木伦蛇绿岩带

西拉木伦蛇绿岩常常被认为与索伦山蛇绿岩相连，属于其东延部分，两者共同构成一条重要的构造带。西拉木伦蛇绿岩西起温都尔庙地区的乌兰沟，向北东穿过浑善达克盆地，经西拉木伦河抵达阿鲁科尔沁旗九井子地区。较为典型的蛇绿岩出露点包括乌兰沟、柯丹山、杏树洼、二八地、五道石门和九井子等地。

南部柯丹山-西拉木伦段由柯丹山、九井子和杏树洼等蛇绿岩块和基质组成，蛇绿岩多呈孤立的构造块体与志留纪浅变质岩构造接触（王荃等，1991）。其中，柯丹山蛇绿岩块岩石类型为变质橄榄岩、辉长岩、纯橄榄岩和辉石岩，普遍蛇纹石化，岩石类型不全；柯丹山东蛇绿岩块为变橄榄岩、玄武岩、枕状熔岩、硅泥质岩等，基质为强变形蛇纹石化超基性岩和粉砂岩；小苇塘蛇绿岩为纯橄榄岩、方辉橄榄岩、辉石岩、辉长岩、辉绿岩、蚀变玄武岩及放射虫硅质岩，其中超铁镁质岩普遍蛇纹石化和片理化。上述岩块均呈长条状和透镜状零星分布，与顶志留统西别河组呈构造接触。九井子蛇绿岩为蛇纹石化纯橄榄岩、蛇纹石化方辉橄榄岩、蚀变辉石岩、辉长岩、辉绿岩、蚀变玄武岩和放射虫硅质岩，其中在地表上蚀变玄武岩最为发育。

对于西拉木伦蛇绿岩的形成时代，目前仍存在早古生代和晚古生代两种认识。邵济安等（2017）介绍了柯单山、五道石门、林西杏树洼、巴林右旗下好道肚和石灰窑等地的蛇绿岩或蛇绿混杂岩，对其中所含的微体化石进行了鉴定，在柯单山以东8km花敖包硅质岩中发现有中奥陶世介形虫 $Ecfoprimitia$ sp.，在五道石门硅质岩中发现有孔虫 $Ammodiscus$. sp.（志留纪—现代）、小腕足类 $Acrotretidal$（寒武纪—奥陶纪），放射虫 $Spbaerellari$，林西二八地硅质岩中牙形刺 $Panderodus$ sp.（奥陶纪—志留纪），化石面貌总体上具有奥陶纪特征（何国琦和邵济安，1983）。同时根据野外观察发现，小苇塘地区的蛇绿岩块大多以无根岩块的形式被裹挟在含中—晚志留世化石的杏树洼组中，表明蛇绿岩形成于早古生代。陈森煌等（1991）从柯丹山蛇绿岩的变质橄榄岩中获得的 Sm-Nd 等时线年龄为 $(665±46)$ Ma，辉长岩 Rb-Sr 等时线年龄为 $600\sim570$ Ma。上述资料均表明，西拉木伦蛇绿岩存在早古生代的洋壳残余。除上述资料外，近年来还有一些学者在西拉木伦蛇绿岩中获得一系列年代学资料。王玉净和樊志勇（1997）在小苇塘村东部的硅质岩中发现中二叠世中、晚期的放射虫化石。刘建峰等（2016）从九井子蛇绿岩中的辉长岩中获得的锆石 U-Pb 年龄为 $(275±2)$ Ma，与1:25万林西幅区调工作中柯丹山蛇绿岩辉长岩脉的年龄一致。Miao 等（2008）从半拉山的堆晶辉长岩中获得的锆石 U-Pb 年龄为 $(256±3)$ Ma。Song 等（2015）从杏树洼蛇绿岩中的蛇纹岩中获得的锆石 U-Pb 年龄为 $(280±3)$ Ma，根据地球化学特征，本书认为杏树洼蛇绿岩形成于弧/弧前/弧后环境。王炎阳等（2014）从五道石门枕状玄武岩中获得的锆石 U-Pb 年龄为 $(277±3)$ Ma，认为其形成于早二叠世，但也指出五道石门枕状玄武岩是早二叠世伸展环境中基性岩浆活动的产物，而不属于蛇绿岩。初航等（2013）对乌兰沟地区的变质基性火山岩进行了锆石 LA-ICP-MS 定年和岩石地球化学研究，结果表明，变质基性火山岩中锆石来源复杂，多为基性岩浆从围岩或其他源区捕获的，锆石年龄变化从新太古代到早中生代，其中最小年龄范围为 $261\sim246$ Ma，限定了该变质基性火山岩的原岩形成于晚二叠世—早三叠世或之后。基性火山岩的地球化学特征接近 E-MORB 型，并且有向 OIB 型演化的趋势，可能代表了扩张规模有限的洋盆环境。

4. 大石寨蛇绿混杂岩带

大石寨蛇绿混杂岩带走向为北东-南西，宽约 5km，长约 100km，包括西南部的大石寨蛇绿混杂岩、中部的那林扎拉格蛇绿混杂岩和东北部的巴达尔胡蛇绿混杂岩。大石寨蛇绿混杂岩显示为岩块-基质结构,与其他蛇绿混杂岩类似。这个混杂岩的岩块包括蛇绿岩中的超基性岩、火山岩、硅质岩、辉长岩和变形的板岩基质,大小从米级至千米级,大多数为600~1000m。总体来说,超基性岩块在平缓板岩基质中呈独立块体存在,岩石碎裂且发生蛇纹石化。

在大石寨地区向东50km,在那林扎拉格地区出露一个1km×10km的蛇绿混杂岩,被早白垩世花岗岩侵入。这个构造混杂岩在地貌上与呼和哈达地区相似,以砂质板岩基质和独立岩块为特征,存在多个超基性岩、火山岩等,并被上二叠统林西组覆盖。Zhou等(2018a)对大石寨蛇绿混杂岩进行了细致的调研和年代学研究。其中,大石寨地区的安山岩年龄为(294±1)Ma,呼和哈达地区辉长岩年龄为(294±1)Ma,巴达尔胡地区辉长岩的年龄为(287±1)Ma[其中基质中的凝灰岩年龄为(281±1)Ma]。地球化学特征显示,大石寨蛇绿岩为典型的SSZ型蛇绿混杂岩,并且构造侵位时代在晚二叠世沉积之前。

5. 牤牛海蛇绿岩

牤牛海蛇绿岩位于内蒙古东部突泉县突泉镇东南的牤牛海一带,露头岩石多呈灰褐色、灰紫色、灰绿色和灰黑色。岩石类型以蛇纹石化橄榄岩为主,包括蛇纹石化辉石橄榄岩、蛇纹石化异剥辉石橄榄岩、蛇纹石化超镁铁质岩、蛇纹岩(科马提岩?),局部见蛇纹岩。岩石多呈粒状、鳞片变晶结构,偶见蛇纹石呈鬣刺草状,宏观岩石见枕状构造,原岩可能为类似科马提质超镁铁质喷出岩。各岩石间多以断层破碎带接触,且冷侵位于早二叠世地层中。

值得指出的是,上述几个二叠纪蛇绿岩的形成时期伴随赋存早—中二叠世华夏植物群化石的华北型陆相红层在东乌珠穆沁旗北部及吉林省汪清北部地区发育,也伴随中朝准克拉通上巨大的二叠纪前陆盆地形成。加之,西拉木伦二叠纪蛇绿岩产出于中朝准克拉通北缘的早古生代陆缘增生带内,索伦山-呼吉尔图等蛇绿混杂岩又常与早古生代蛇绿岩块或变质岩块伴生,其构造岩片的产状与晚期断裂系统一致。据此,本书认为二叠纪蛇绿岩的形成与晚石炭世—早二叠世以来发生的板块拼合及古缝合带的活化裂解有关。

五、中生代蛇绿岩

饶河蛇绿岩最早是由李春昱发现并命名的(李春昱,1980),位于黑龙江省东北角乌苏里江西岸饶河地区,是中国东部陆域内的唯一发育中生代残余洋壳的地方。饶河蛇绿岩北侧为松花江,南侧为兴凯地块,西侧为跃进山断裂带,东侧与乌苏里江和锡霍特-阿林俯冲增生杂岩带相邻。饶河蛇绿岩呈南北向构造位于晚三叠世至早—中侏罗世的浊积岩系中,研究发现中三叠世—中侏罗世的岩石单元都呈外来岩块的形式存在于晚侏罗世的混杂堆积中,而上部的晚侏罗世—早白垩世砂岩为这套混杂岩的盖层沉积(邵济安等,1991;邵齐安和唐克东,1995)。饶河蛇绿岩下部为超镁铁质堆晶岩和层状辉长岩,钠长岩和席状辉绿岩群位于其上。枕状熔岩和球粒熔岩的上面是放射虫硅质岩,后者中仍夹有基性熔岩和火山碎屑岩。近些年研究者通过对饶河蛇绿岩中的岩石学、地球化学、同位素年代学分析也认为其形成于中生代古太平洋俯冲过程(程瑞玉等,2006;Zhou et al.,2014;Sun et al.,2015)。张国宾(2014)在关门咀子—大岱林场一带枕状熔岩中获得的锆石LA-ICP-MS U-Pb谐和年龄为(222±10)Ma,Zhou等(2014)在饶河县北西20km辉长岩中获得的锆石U-Pb谐和年龄为(216±5)Ma,程瑞玉等(2006)在大岱辉长岩中获得的锆石U-Pb加权平均年龄为(166±1)Ma,因而限定了该蛇绿岩形成时代为中三叠世—晚侏罗世。

第六章 构造演化历史

从全球超大陆旋回的角度来看，前青白口纪为 Rodinia 超大陆聚合期，南华纪至二叠纪为 Pangea 超大陆聚合期，中生代开始进入现代洋陆体系转换阶段。自元古宙以来，中国东北部及邻区主要受古亚洲洋构造域和太平洋构造域两个构造域的控制。在古亚洲洋构造域，研究区处于冈瓦纳与西伯利亚两个巨大克拉通之间，早期机制并不是陆块之间的大洋盆、大陆块的机制，而是小洋盆、微陆块的机制。在演化过程中，位于冈瓦纳与西伯利亚之间的一系列小洋盆消失、微陆块间发生软碰撞，弱造山作用使得造山活动相对较弱，没有发育强烈的高压变质等陆陆碰撞作用。洋壳的消失位于石炭纪之前。石炭纪—二叠纪开始，研究区处于残余海盆发展阶段，出现大规模伸展环境下的火山岩系和大规模碱性或偏碱性花岗岩侵入，华力西期造山后并没有形成大高山，而是发育大型三叠纪沉积盆地。中生代以来，由于印度板块的持续向北运动，以及北美大陆板块与欧亚大陆板块之间的持续汇聚与碰撞（许文良等，2022），加之欧亚大陆与中生代—现代太平洋板块之间的相互作用，致使欧亚大陆东部边缘表现为活动大陆边缘的构造特点，具有宏观东西分带、南北分段的特点（张允平等，2016）；大陆地壳构造演化，具有以欧亚古陆为核心向东不断增长的平面特征，大陆地壳外侧早期裂离地块、弧盆系的侧向增生、大陆边缘类型的转换（被动-活动型、走滑-俯冲、山弧-岛弧）及各种岛弧类型的转换，体现了欧亚大陆与北美大陆、古太平洋-现今太平洋（太平洋、菲律宾海）板块之间的陆-陆、洋-陆和洋-洋板块之间相互作用的复杂过程及大陆地壳不断向外增长的历史。

一、太古宙—元古宙

中朝准克拉通发育多个前中太古代古陆核（伍家善等，1998a，1998b；Zhai and Liu，2003），中太古代末至新太古代围绕古陆核的陆壳增生形成了微陆块（Zhai et al.，2000；Zhai，2004），新太古代末期东、西陆块沿遵化-赞皇混杂岩-造山带杂岩带拼合作用完成克拉通化（Kusky et al.，2004，2008）。古元古代活动带（胶辽、晋豫和丰镇活动带）则记录了裂谷→俯冲→碰撞的过程（Zhou et al.，2017a；翟明国，2019）。中—新元古代，中朝准克拉通开始陆台演化阶段，发育第一套沉积盖层，局部发育多个裂陷槽（如北部的燕辽裂陷槽和南部的熊耳裂陷槽等）（翟明国和彭澎，2007）。寒武纪—中奥陶世克拉通发育以碳酸盐岩为代表的陆表海沉积，为第二套沉积盖层，晚石炭世—二叠纪为一套海陆交互相沉积，代表了第三套沉积盖层。

西伯利亚克拉通内出露多个太古宙—古元古代变质基底，包括 Aldan 地盾、北 Anabar 地盾、Olenek 隆起、Sharizhalgay 隆起、Angara-Kan 隆起和 Baikal 隆起。其中，中—新太古代以麻粒岩-片麻岩和变质花岗-辉绿岩带为标志（Rosen et al.，1994；Rosen，2003；Smelov and Timofeev，2007），而地体间的碰撞拼合及克拉通的形成发生在古元古代末期（约 1.8Ga）。从中元古代开始，西伯利亚克拉通进入陆台演化阶段，发育多套沉积盖层。中—新元古代（第一套沉积盖层）大陆架盆地沉积主要发育在克拉通边缘（Pisarevsky and Natapov，2003）和陆内裂谷内。寒武系—上奥陶统凯迪阶（第二套沉积盖层）遍布整个克拉通，主体为一套浅海相陆源碳酸盐岩和石膏-白云岩沉积（Kanygin et al.，2010），志留系—二叠系（第三套沉积盖层）为一套陆源碎屑沉积岩，而陆相沉积开始于晚石炭世。其中，中—晚泥盆世，克拉通上的先成拗拉槽发生构造活化,发育大量与伸展作用有关的火山活动。

二、新元古代晚期—早古生代初期

新元古代晚期,当冈瓦纳大陆形成时,西伯利亚南侧的萨彦—蒙古一带则开始裂解,克拉通边缘的新元古代被动陆缘沉积(Khudoley et al.,2001;Sovetov et al.,2007;Stanevich et al.,2007;Gladkochub et al.,2007)、萨彦—贝加尔地区基性脉岩群(780~740Ma)(Gladkochub et al.,2007)和叶尼塞地区双峰式脉岩群(797~792Ma)(Likhanov and Santosh,2017)记录了这一裂解事件,同时在中国东北额尔古纳地块上也存在同时期伸展背景下的岩浆活动(Wu et al.,2012;孙立新等,2012;Tang et al.,2013;Ge et al.,2015;赵硕等,2016a,2016b)。上述裂解事件形成萨彦-额尔古纳小洋盆-微陆块体系,包括萨彦—外贝加尔和中蒙古—额尔古纳等地,蛇绿岩的年代一般为南华纪—震旦(文德)纪,以贝加尔—穆亚地区的Mamakan蛇绿岩带(650~640Ma)(Kröner et al.,2015)、中国东北大兴安岭北段的新林-吉峰蛇绿岩带(697~628Ma)(Feng et al.,2016;余宏全等,2012;杜兵盈等,2017;冯志强等,2019)和蒙古中部巴彦洪戈尔蛇绿岩(655~636Ma)(Jian et al.,2010)等为标志。这是古亚洲洋时代最老的洋盆体系,本书称其为第一代古亚洲洋。第一代古亚洲洋于新元古代晚期—寒武纪中期闭合,可分为两期闭合:早期的洋盆闭合发生在西伯利亚克拉通南缘的贝加尔—穆亚地区,以约630Ma的高压变质作用(Shatsky et al.,2012,2015;Kröner et al.,2015;Skuzovatov et al.,2019a,2019b)和文德系—寒武系磨拉石与下伏里菲系之间的区域不整合面(Delvaux et al.,1995)等为标志;晚期的洋盆闭合事件被俄罗斯贝加尔地区寒武纪—奥陶纪弧岩浆岩(Gordienko et al.,2006,2010.2015;Gladkochub et al.,2014)、蒙古湖区—拜德拉格地区寒武纪—奥陶纪弧岩浆岩(Rudnev et al.,2013,Janoušek et al.,2018;Buriánek et al.,2017)、大兴安岭地区早古生代后碰撞岩浆岩(武广等,2005;葛文春等,2005b,2007;Yi et al.,2017)和头道桥地区约500Ma的蓝片岩相高压变质作用(Zhou et al.,2015)等记录了下来。第一代古亚洲洋的闭合作用形成萨彦-额尔古纳造山系。

三、早古生代中期—晚古生代早期

早古生代早中期,处于冈瓦纳边缘的哈萨克斯坦-古中国地台大规模裂解,形成第二代古亚洲洋,包括乌拉尔-天山-兴安等小洋盆-微陆块体系,第二代古亚洲洋的蛇绿岩的时代为寒武纪—奥陶纪,包括蒙古中南部的Gobi Altai蛇绿岩(523~518Ma)(Jian et al.,2014)、Manlay蛇绿岩(509~482Ma)(Zhu et al.,2014)、Gurvan Sayhan - Zoolen蛇绿岩(520~511Ma)(Jian et al.,2014)、Kherlen蛇绿岩(507~501Ma)(Miao et al.,2016)和中国内蒙古中南部温都尔庙蛇绿岩(497~480Ma)(Jian et al.,2008)等,部分可延迟到早—中泥盆世(D_{1-2})。第二代古亚洲洋盆从中奥陶世晚期开始收缩,形成了一系列的弧岩浆岩带,包括中朝准克拉通北缘早古生代岩浆岩带(Zhang et al.,2013,2014b;柳长峰等,2014;Wu et al.,2016;Zhou et al.,2017b,2018a;钱筱嫣,2017;张维和简平,2008;Liu et al.,2020;裴福萍等,2014;Pei et al.,2016;Wang et al.,2016a;Ma et al.,2020)、牡丹江早古生代岩浆岩带(Wang et al.,2012a;Wang et al.,2016a,2017b;Xu et al.,2018)、锡林浩特-多宝山早古生代岩浆岩带(唐建洲等,2018;Jian et al.,2008;Chen et al.,2016;石玉若等,2004;Feng et al.,2017;葛文春等,2007;Zeng et al.,2014;余宏全等,2012;杨泽黎等,2017,2018,2020)。至志留系普里道利统沉积之前,天山-兴安系的大部分小洋盆可能已经消失,内蒙古西部图古日格地区强变形带白云母$^{40}Ar/^{39}Ar$年龄(约440Ma)(廖闻等,2015)和南部温都尔庙地区高压变质蓝片岩和多硅白云母$^{40}Ar/^{39}Ar$年龄(453~446Ma)(唐克东,1992;Jong et al.,2006)记录了洋盆闭合的事件。志留系普里道利统—下中泥盆统沉积物与下伏地质体之间的区域性不整合标志着造山事件的结束,如中朝准克拉通北缘的志留系普里道利统—中泥盆统沉积(西别河组)不整合在早古生代蛇绿混杂岩、岛弧火山岩、加里东期花岗岩和弧后盆地复理石沉积之上(张允平等,2010;裴福萍等,2014);大兴安岭地区志留系罗德洛统—普里道利统含Tuvaella沉积(卧都河组)不整合在下伏先形成的地质体之上(李宁和王成文,2017;张允平等,2021);中国东北地区东部下—中泥盆统沉积(黑龙宫组、黑台组)不整合在加里东期花岗岩之上(黑龙江省地质矿产局,1997;李宁和王成文,2017)等。志留纪—中泥盆世时期,可能只有乌拉尔—南天山和斋桑—南蒙古一带仍继续保持洋盆体制(Buslov et al.,2001)。上泥盆统法门阶浅海相地层之下存在广泛的区域性角度不整合,如内蒙古中部苏尼特左旗地区上泥盆统—下石炭统色日巴彦敖包组与下伏地质体之间的不整合面(张臣和吴泰然,1999;贺跃等,2018;王树庆等,2021)等及约383Ma的蓝片岩相变质作用(徐备等,2001)均标志着第二代古亚洲洋盆体系已经消失,古亚洲洋动力体系的碰撞造山过程基本完成,冈瓦纳与西伯利亚两个大陆的复杂大陆边缘已经汇合,形成初始的Pangea超大陆。

四、晚泥盆世—早石炭世

晚泥盆世—早石炭世,古亚洲洋全区处于碰撞后(即后造山)伸展阶段,出现巴音沟和恩格尔乌苏等多个小洋盆,而位于内蒙古东部的二连浩特-贺根山蛇绿岩带和迪彦庙蛇绿岩所代表的小洋盆就是其中的典型代表。二连浩特-贺根山蛇绿岩带包括二连浩特蛇绿岩和贺根山蛇绿岩,二连浩特蛇绿岩年代学资料显示其形成于361～348Ma(Zhang et al.,2015b;Yang et al.,2017),贺根山蛇绿岩的化石资料(刘学义,1983;曹从周等,1986)和年代学资料(359～333Ma)(Jian et al.,2012;黄波等,2016)也表明其形成于晚泥盆世—早石炭世。迪彦庙蛇绿岩分布于二连浩特-贺根山蛇绿岩带的东侧,年代学资料也表明其形成于晚泥盆世—早石炭世(361～329Ma)(Song et al.,2015;Li et al.,2018a,2018b)。贺根山蛇绿岩的地球化学特征(Jian et al.,2012;Zhang et al.,2017b)、副矿物(黄竺等,2015)、基底(徐备等,2018;张焱杰等,2018)和中泥盆世陆相植物化石的出现(邵济安等,2019)均显示其形成于陆壳伸展区而非大洋中脊的深部岩浆过程(徐备等,2018;邵济安等,2019)。同时,上石炭统—下二叠统格根敖包组底部的不整合面表明洋盆消失的时间不晚于晚石炭世(鲍庆中等,2011),结束方式为陆壳物质的填充,而未发展到沟-弧-盆的演化阶段(邵济安等,2019)。斋桑—南蒙古、乌拉尔—南天山等地区在晚泥盆世—早石炭世时期则可能处于残余(再活化)洋盆阶段(Buslov et al.,2001;张允平等,2021)。

五、晚石炭世—二叠纪

晚石炭世—早二叠世时期,天山—兴安地区进入残余海盆发展阶段。在中朝准克拉通与西伯利亚克拉通之间碰撞结合带之上的内蒙古额济纳旗—乌拉特后旗—苏尼特右旗—镶黄旗—苏尼特左旗—锡林浩特、东乌珠穆沁旗—西乌珠穆沁旗—扎鲁特旗—吉林中部,广泛发育上石炭统—下二叠统阿木山组(本巴图组、格根敖包组)浅海相沉积(内蒙古自治区地质矿产局,1991;Zhao et al.,2016a,2016b,2016c),与陆表海沉积同时发育的双峰式侵入岩和火山岩广泛分布(汤文豪等,2011;潘世语,2012;Liu et al.,2013;李可等,2014;Zhou et al.,2016),均形成于板内伸展背景(Wang et al.,2016b;Pang et al.,2016;庞崇进等,2018)。早—中二叠世,海陆交互相沉积普遍发育,沉积序列和化石资料显示其沉积环境为滨浅海相-陆相沉积(Zhao et al.,2017c;Zhu and Ren,2017;徐严等,2018;栗进等,2018;张焱杰等,2018;Wang et al.,2021)。在这一阶段,古亚洲洋域形成大规模面状分布的火山岩系(Zhang et al.,2008,2011a,2017b;李红英等,2016;Yu et al.,2017;张晓飞等,2016,2018b;王炎阳等,2014;关庆彬等,2016;那福超等,2021)和大量花岗岩侵入体(Sun et al.,2000;Ma et al.,2019b;Cheng et al.,2014;Pang et al.,2017;Tong et al.,2015;Zhao et al.,2017c),其形成于陆内伸展背景(徐备等,2018;那福超等,2021)但缺乏强烈的挤压造山作用。与此同时,含华夏植物群化石的红色陆相沉积已经拓展到东乌珠穆沁旗北部的满都呼宝拉格地区(周志广等,2010;辛后田等,2011),在东部含华夏植物群化石的陆相地层也拓展到了吉林省汪清县大黑山镇西北的和胜村地区(李明松等,2011)。经历短暂的隆升、剥蚀后,晚二叠世陆相沉积覆盖全区,局部发育红海型小洋盆,以温都尔庙地区乌兰沟、索伦山和吉林中部地区的晚二叠世蛇绿岩为代表(初航等,2013;王子进等,2013;Luo et al.,2016),小洋盆被稍晚的陆源物质充填而消失(Luo et al.,2016;徐备等,2018)。石炭纪—二叠纪时期,两大克拉通之间的持续汇聚和挤压,导致出现塔里木-华北巨大前陆盆地、北缘构造前锋带和北侧复合造山区的巨型构造格局(张允平等,2010)。至此,古亚洲洋动力体系消亡,Pangea超大陆旋回结束,古亚洲构造域和Pangea超大陆最终形成。

六、三叠纪—早侏罗世

华北板块与西伯利亚板块在晚泥盆世—石炭纪晚期发生碰撞后,华北及其以北地区晚古生代的残余海水内形成广泛的海相-陆相沉积序列,该沉积建造反映的古亚洲洋构造域碰撞-超碰撞过程一直延续到中三叠世(张允平等,2010)。晚三叠世—早侏罗世,构造格架继承了原有的东西向构造体制,为造山期控制下伸展、裂解作用(宋维民等,2020),大规模走向滑动断裂的位移规模在蒙古南部地区达数百千米(Webb and Johnson,2006)。美国地质调查局(USGS)在有关俄罗斯西西伯利亚盆地石油地质与资源研究报告中(Ulmishek et al.,2003),利用油气田钻探、地震和地质的研究资料编制的基底构造图,显示了平原覆盖层下面的贝加尔期褶皱带、加里东期褶皱带和华力西期褶皱带的分布情况,揭示了西伯利亚平原地区三叠纪裂谷构造发育于贝加尔期、加里东期和华力西期褶皱基底之上,西西伯利亚的三叠纪裂谷构造规模宏大且占据西伯利亚古陆西缘的叶尼塞-贝加尔褶皱带和西部乌拉尔褶皱带之间的广大地区。Jahn(2009)报道了蒙古-鄂霍次克褶皱带外贝加尔地区广泛发育碱性—过碱性花岗杂岩及相关的双峰式火山岩,其同位素年龄集中于230~190Ma时段的碱性杂岩的$\varepsilon_{Nd}(t)=0\sim4$,与中亚造山带典型的正值特征基本相同。这一大陆地壳内部的伸展构造特征,与外贝加尔褶皱区晚三叠世—早侏罗世碱性—过碱性岩浆岩带的构造环境遥相呼应(宋维民等,2020)。

七、中—晚侏罗世—早白垩世初(瓦兰今期)

该时期主要表现为洋盆消亡、闭合,陆块之间的碰撞造山。在西部地区,蒙古—鄂霍次克复合造山系;形成蒙古-兴安褶皱-逆冲带、冀北-辽西褶皱-逆冲带,沉积火山-沉积磨拉石-类磨拉石(中侏罗世末—早白垩世初)。蒙古-鄂霍次克构造带主要分布在俄罗斯和蒙古境内,西起蒙古中部的杭盖山脉,向东至鄂霍次克海的乌达海湾,总体近北东-南西向,北临西伯利亚板块,南临蒙古-图瓦、额尔古纳及佳木斯-布列亚等地块交织的蒙古造山带,东临今太平洋板块。关于蒙古-鄂霍次克洋闭合时间学者一直存在争议,一些学者认为其在三叠纪—晚侏罗世闭合(Zonenshain et al.,1990a,1990b),也有一些学者认为其在中—晚侏罗世闭合(Zorin,1999;Parfenov et al.,2001),另一些学者认为东段在晚侏罗世—早白垩世闭合(李锦轶等,2013;Sengör and Natalin,1996;Yakubchuk and Edwards,1999;Kravchinsky et al.,2002;Cogné et al.,2005),还有一些学者认为其在中晚侏罗世—早白垩世早期闭合。蒙古-鄂霍次克造山系属复合造山系,起源于新元古代—早古生代,经历了晚古生代—中生代蒙古-鄂霍次克洋的俯冲-闭合及西伯利亚与蒙古-中国北方陆块群之间的碰撞作用(张允平等,2016)。南侧蒙古-北中国陆块群具有被动陆缘属性,应与蒙古-鄂霍次克洋闭合有关。在大兴安岭北部漠河地区形成巨厚的中侏罗世前陆盆地陆相类磨拉石和含煤沉积(孙广瑞等,2002;幸仁臣等,2003;李锦轶等,2004a;和钟铧,2008;侯伟等,2010;肖传桃等,2015)。洛古河东早白垩世花岗斑岩体的锆石U-Pb年龄为(129.82±2.2)Ma,显示后碰撞花岗岩的岩石地球化学特征(武广等,2009)。早泥盆世的结晶灰岩、泥灰岩以"飞来峰"形式逆冲于前陆盆地的中侏罗统碎屑岩之上(黑龙江省地质矿产局,1997)。中—晚侏罗世的磨拉石沉积代表一次碰撞作用(Tomurtogoo et al.,2005)。在华北古陆块北部燕山—大青山及其以北地区,普遍发育褶皱-逆冲作用,形成山前和山间断陷、坳陷和压陷盆地,沉积火山-沉积磨拉石(或类磨拉石),同时发育与这一时段构造背景有关的逆冲断层、飞来峰和花岗质侵入岩。漠河盆地的地层学及构造研究成果揭示，在晚侏罗世—早白垩世发生由北向南的逆冲推覆（张顺等，2003），并于130～127Ma沿东西向断裂发育左行滑动（武利文等，2005；李锦轶等，2004b），说明蒙古-鄂霍次克湾闭合于中—晚侏罗世之间。南北向的强烈挤压造成蒙古-鄂霍次克地壳的深层次滑脱和大规模逆冲变形（Johnson，2004）。燕辽地区在早中生代板内造山推覆-逆冲-走滑体系就极其发育（Davis et al.，1998；王根厚等，2001；张长厚等，2002，2004a，2004b，2006；和政军和牛宝贵，2004；和政军等，2007），基本上沿燕辽沉降带分布，呈向东南凸出的弧形，并形成早中生代东西—北东向叠瓦状逆冲推覆构造，形成前陆冲断构造带。同时，在这种持续挤压的背景下，自北向南初步形成早中生代北东向的额尔古纳隆起带、海拉尔沉降带、东乌旗隆起带、二连沉降带等板内造山和隆-坳相间的构造格局（宋维民等，2020）。二连盆地中侏罗世巴通期晚期—卡洛夫期（166～164Ma）及晚侏罗世末—早白垩世初（153～138Ma）均处于挤压构造环境，锆石裂变径迹定年结果显示该区在中侏罗世晚期发生了一期强烈的隆升事件（郭知鑫，2018）。在这一时期，二连盆地处于同挤压沉积阶段，盆地具明显类磨拉石建造特征。除二连盆地以外，贝加尔湖北侧的Baikal—Patom（Jolivet et al.，2009）、贝加尔湖东南侧的外贝加尔（Zorin，1999）等地区也发生了强烈的碰撞造山活动。此外，在东戈壁盆地（Heumann et al.，2018）、突泉盆地（丁秋红等，2013）、鄂尔多斯盆地（Yang et al.，2015）等地区也都发育了同时代的角度不整合沉积、沉积间断、同造山类磨拉石建造、逆冲断层和褶皱作用等，记录了这期挤压作用。火山-沉积磨拉石包括大兴安岭地区万宝组（新民组）—塔木兰沟组—土城子组（木瑞组）、辽西地区海房沟组—蓝旗组—土城子组、冀北地区的九龙山组—髫髻山组—后城组，无论从岩石组合-地层序列，还是从时空展布，它们均具有可对比性，共同代表一次重大事件的产物。从区域展布方向来看，大兴安岭地区与冀北—辽西地区的中上侏罗统火山岩主体呈北东向展布，与蒙古-鄂霍次克构造带的方向具一致性，而早白垩世早期开始火山岩带主体呈北东向展布，两大阶段火山岩带在空间展布上具有明显的交角（杨晓平等，2019）。蒙古-鄂霍次克造山系南部褶皱-逆冲带之宽，与深部地球物理研究揭示的蒙古-鄂霍次克褶皱带大规模向南逆冲（Zorin et al.，2002）的深部构造特征是一致的。应当指出的是，在中侏罗世末—晚侏罗世，区内主要是蒙古-鄂霍次克湾闭合，西伯利亚古陆南缘与蒙古-中国北方板块之间发生碰撞、褶皱-逆冲作用（宋维民等，2020）。在蒙古-鄂霍次克缝合带最东部的Uda盆地，发育了一套巨厚的贝里阿斯阶—瓦兰今阶砾岩层，这套砾岩层角度不整合覆盖在上侏罗统火山岩和海陆过渡相地层之上。Uda盆地砾石组成表明西伯利亚板块东南缘在早白垩世初经历了快速隆升和剥蚀（Kirillova，2003）。此外，前人对西伯利亚板块东南缘Stanovoy杂岩群的角闪石相变质岩进行定年，发现变质作用发生于（140±1）Ma（Larin et al.，2006）。这些资料都证明了蒙古-鄂霍次克缝合带及以北的中国东北邻区东部地区在早白垩世初一直处于强烈的挤压构造作用。在东部地区，伊泽纳奇、库拉洋板块和太平洋板块在欧亚大陆边缘俯冲，形成锡霍特-阿林陆缘增生造山带（J_2—K_1）。中—晚侏罗世增生杂岩是锡霍特-阿林陆缘增生带（内带）的构成主体，属强变形大洋板块组成的构造增生杂岩复合地体，外来岩块包含泥盆系、石炭系、二叠系、三叠系和下侏罗统灰岩、玄武岩或硅质岩片（张允平等，2016）。Kemkin（2008）详细研究和对比了撒马卡（Samarka）、那单哈达-比金（Nadankhada-Bikin）、哈巴罗夫斯克（Khabarovsk）和巴德扎尔（Badzhal）4个地体的组成和构造特征。增生楔由不同厚度、不同岩相的陡倾层状构造岩片组成。岩石碎裂为透镜体，发生强烈片理化，沿岩片有时发育糜棱岩化。岩片内部有不对称褶皱，且褶皱常横卧，褶轴北东倾斜，北西翼缓倾。每个单元都由海洋沉积开始，向上逐渐过渡到陆源沉积。虽然每个单元内部的地层层序是正常的（从老到新），但加积楔整体上显示了相反的序列，即老的杂岩在上部，年轻的杂岩在下部（张允平等，2016）。晚侏罗世—早白垩世早期，增生杂岩带主要分布在锡霍特-阿林增生造山带（外带）东南，锡霍特-阿林增生造山带（外带）向北与鄂霍次克海微板块北侧的晚侏罗世—早白垩世增生楔相连，向南与西南与日本的秩父（Chichibu）-三波川（Sabagawa）增生带相连。锡霍特-阿林陆缘增生造山带主要由晚侏罗世—早白垩世蛇绿混杂岩、增生楔及浊积岩盆地构成；推覆体等重要变形事件的出现与晚侏罗世—早白垩世碰撞有关（Jolivet et al.，

1988)。侵位于中国那丹哈达加积楔的蛤蟆通(131～115Ma)和太平村岩体(114～111Ma)(程瑞玉等，2006)，属同期S型花岗岩。这些花岗岩与早白垩世晚期含煤沉积，揭示锡霍特-阿林增生造山系的俯冲增生过程贯穿于中侏罗世至早白垩世(131Ma)前，早白垩世末—晚白垩世陆相和海陆交互相含煤盆地与晚白垩世—新近纪火山深成岩带属上叠构造(张允平等，2016)。

八、早白垩世中晚期（巴雷姆期—阿尔布期早期）

该时期主要表现为造山期后，东北亚大陆地壳向东伸展，东亚大陆东部为转换边缘，以大陆边缘走滑断裂发育为特点。在东北亚造山期后地壳伸展及东部大陆边缘性质转换的构造背景下，东北亚活动大陆边缘陆缘活化带的北区、中区和南区，广泛发育伴随伸展构造、走滑断层、断块化、小型断陷盆地、A型花岗岩和流纹岩、双峰式火山岩和变质核杂岩(张允平，2011)。东北地区盆-岭构造阶段起始于张家口期火山活动，全盛于义县期大规模火山作用的义县期—九佛堂期，萎缩于沙海期—阜新期，结束于张老公屯期(东山期)(宋维民等，2020)。义县期及其后所形成的东北亚大面型展布的盆岭群，其盆地大多是义县期火山活动后所形成的断陷盆地，发展至以孙家湾期类磨拉石沉积为主。因此，盆岭(小)盆山阶段(135～96Ma)为张家口期—张老公屯期。早白垩世张家口期，整个东北地区断陷盆地均呈北北东向展布，以形成的火山伸展盆地为代表。早白垩世义县期—张老公屯期，全面形成盆-岭构造体系，并在东北亚有广泛分布，以东北地区最为典型，西至外贝加尔、蒙古东北部，东至辽东—朝鲜半岛，南至冀北—辽西地区，北至鄂霍次克华力西部，即李思田和吴冲龙(1986)称呼的"东北亚断陷盆地系"。早白垩世瓦兰今期早期之后，二连盆地重新进入强烈伸展断陷阶段。盆地内部形成了大量北东-南西走向的地堑、半地堑构造(郭知鑫，2018)。同时，鄂尔多斯盆地(Zhang et al.，2011c)、东戈壁盆地(Heumann et al.，2018)、松辽盆地(裴福平等，2008；黄清华等，2011)和三江-中阿穆尔盆地(Zhang et al.，2015a)等在这一时期也处于伸展构造环境，发育了大量的伸展构造和强烈的岩浆活动(郭知鑫，2018)。这一时期，区域进入伸展背景，以广泛覆盖中国东部135～90Ma的火山岩和侵入岩为特征(董树文等，2019)，如华北张家口火山岩底部年龄为135Ma(牛宝贵等，2004)，华北云蒙山变质核杂岩韧性剪切带角闪石、黑云母$^{40}Ar/^{39}Ar$年龄为135～126Ma(陈印等，2014)，华南衡山变质核杂岩拆离带糜棱质钠长岩中锆石年龄为136Ma(Li et al.，2013a)。另外，在东北大兴安岭地区(张履桥和邵济安，1998)、燕山地区(陈先兵，1999)、辽西地区(梁雨华等，2009)、辽东地区(杨中柱等，1996)等也发现一系列中生代变质核杂岩，且一般与早白垩世断陷盆地伴生，如二连断陷盆地群(任建业等，1998)、冀北-辽西断陷盆地群及松辽断陷盆地(刘招君等，2002)。地震层析资料揭示，断陷盆地以单断型箕状断陷盆地为主(张允平等，2011)。区域地壳伸展主体从约135Ma开始，并可能延续到90Ma(Davis and Darby，2010；Li et al.，2012；Wang et al.，2012b)。东亚大陆边缘发育大规模走滑断层(134～110Ma)，锡霍特-阿林造山带发育S型(131～123Ma)和S-I型花岗岩(110～98Ma)，连同萨哈林-北海道俯冲带为弱增生或无增生，揭示出东亚大陆边缘可能为转换大陆边缘(欧特里夫期—阿尔布期，Hauterivian - Albian)(张允平等，2016)。

九、早白垩世晚期（阿尔布期晚期）—古新世

该时期主要表现为鄂霍次克微板块与东亚大陆边缘间的碰撞。鄂霍次克海微板块向北—北西向俯冲，叠加发育鄂霍次克-楚科奇陆缘火山-深成岩带(Coniacian - Santonian - Campanian)，其属早白垩世晚期—晚白垩世大陆边缘的安第斯型火山带(Mishin et al.，2003)，叠置于古陆边缘的晚侏罗世—早白垩世 Uda - Murgal 火山弧之上。火山弧南侧是鄂霍次克海微板块与欧亚古陆之间的结合带，主要由晚侏罗世—早白垩世蛇绿混杂岩、增生楔及浊积岩盆地构成，且晚侏罗世—早白垩世构造混杂岩被晚白垩世(塞诺曼期)—古新世(丹麦期)含煤磨拉石不整合覆盖(Hourigan and Akinin，2004)。从宏观尺度可

以看出,晚白垩世鄂霍次克-楚科奇陆缘火山带与维尔霍扬斯克造山带的构造线走向明显呈截接叠加关系。Sokolov等(2009)的年代学数据表明,鄂霍次克-楚科奇火山带的大部分火山岩形成于晚白垩世(康尼亚克期—圣通期—坎潘期,85~74Ma),钙碱性火山岩形成于85~80Ma,封盖的玄武岩喷出于77~74Ma。鄂霍次克微板块与欧亚大陆边缘沿萨哈林—北海道发生碰撞造山(100Ma、77~55Ma);同期,科里亚克-堪察加陆缘增生造山带快速隆升(100~40Ma)。晚白垩世初,中国东北部及邻区发生强烈的挤压构造作用。二连盆地、东戈壁盆地、鄂尔多斯盆地等记录了晚白垩世初北西-南东向的强烈挤压构造反转。盆地早白垩世伸展断陷活动突然结束后,上白垩统发生强烈的褶皱变形(郭知鑫,2018)。这期挤压构造作用并不局限于中国东北及邻区,在整个东亚地区均有记录(Yang,2013;Zhang et al.,2017a)。Isozaki等(2010)认为这期构造反转发生于早白垩世晚期,是由Izanagi-Kula洋脊俯冲到欧亚板块之下引起的。最近,Yang(2013)基于东亚不同地区地层、构造和地球物理等资料的总结,提出这期构造反转可能是由鄂霍次克陆块在晚白垩世初(100~89Ma)碰撞亚洲大陆东缘引起的。

十、始新世—中新世以来

该时期,研究区主要表现为东亚大陆边缘弧-盆系和陆缘盆-岭系。由于太平洋板块与鄂霍次克海微板块之间的相互作用,鄂霍次克海微板块之上形成千岛洼地(始新世—渐新世),陆缘裂解形成鞑靼海槽(新近世)(张允平等,2016)。古近纪时期,松辽盆地等进一步萎缩和准平原化,但全区盆山体系格架犹存,同时渤海湾-下辽河和伊通、敦密等前期裂谷发展成大规模裂谷盆地,裂谷盆地主要为喷发玄武岩和黏土沉积、油页岩等。新近纪期间,松辽盆地等平原化,三江平原等为后裂谷坳陷型暗色或红杂色沉积-大陆玄武岩喷发。渤海湾-下辽河裂谷进一步发育,玄武岩进一步扩大到大兴安岭、小兴安岭等地区(王五力等,2012)。在东北亚大陆边缘活化区早白垩世陆缘盆-岭系(阿尔布期晚期—新生代)基础上,新生代渤海陆缘裂谷(古新世—上新世)发育。这些弧后盆地与陆缘岛弧一起,构成东亚大陆边缘新生代弧-盆系和陆缘盆-岭系(张允平等,2016)。任纪舜(1999b)认为,西太平洋沟-弧-盆体系是最新的一个构造系统,形成于新近纪到第四纪,属晚喜马拉雅期沟-弧-盆系。由于西太平洋沟-弧-盆系的强烈改造,亚洲东缘造山系的面貌在一些地方已难以辨认,但亚洲东部强烈的中生代构造-岩浆-成矿作用,却有力地证明这一宏伟的造山系曾经确实存在。

第七章 结 语

《中国东北部及邻区地质图(1∶2 500 000)》是在中国地质科学院地质所研究《1∶500万国际亚洲地质图》使用的亚洲地理底图(2013年版)基础上编制的,编图区涵盖多个国家,涉及中国、俄罗斯、蒙古、韩国及朝鲜。该项编图工作是一项由中国学者所主导的宏伟工程。近年来,许多地质调查与科学研究工作取得许多重要进展,及时总结中国东北部及邻区1∶250万的编图成果,有助于打造国际地学合作平台,对国家"一带一路"倡议的实施具有重要深远的意义。但想要在一张图上,或者在一个说明书内综合反映本区域内物质组成及构造演化等多方面的特征,难度确实极大,许多地质问题的认识也一直存在争议。本说明书是对截至2020年12月底资料的基本总结,所取得的主要成果包括以下3个方面。

1. 综合研究,建立统一的区域地层-岩浆-变质-构造格架

本次编图在完成地质图编制的基础上,从不同专业开展了综合研究,全面梳理了各构造单元地层-岩浆-变质-构造等特征以及地质演化历史。以区域不整合界面为主要依据,以超大陆的聚合与裂解为主线,梳理和建立了整个古亚洲构造域东段和太平洋构造域北段的地层-岩浆-变质-构造格架,系统总结了区域构造演化历史。

2. 统一平台,形成中国东北部及邻区比较完整的1∶250万地质图

通过6年的综合研究工作,在进一步吸收和分析中国东北部及邻区基础地质调查以及地质科学研究成果的基础上,以编图为主要工作手段,开展不同专业专题综合研究,按照1∶250万地质图的编图精度和技术要求,完成不同地区、不同比例尺基础图件的综合研究,合理划分了整个区域内的构造单元、地层格架及岩浆岩序列,采用MapGIS平台编制完成整个区域的1∶250万地质图。研究区地质情况复杂,表现为:在时间跨度上,从太古宙直到第四纪,且多旋回、多类型的构造作用反复叠加;在空间上,既包括古老的大陆地壳,又包括新生代乃至第四纪以来新生的大陆、岛弧等多类型地壳,涉及古亚洲洋、太平洋两大构造域及西伯利亚板块、华北板块、欧亚板块和太平洋板块等复杂的相互作用;在地理上,不仅包括大陆地区,还包括面积巨大的海域等,地理情况复杂;同时,不同国家的地质科学调查及研究程度、基础图件的标准、尺度均存在较大的不同,资料的完备程度以及研究程度更是千差万别。

3. 理论创新,提出了东北亚地区大地构造格架的一些新认识

中国东北部及邻区前中生代格架属于小洋盆、微陆块体制。新元古代晚期,当冈瓦纳大陆形成时,西伯利亚克拉通南侧的萨彦—蒙古一带开始裂解,形成萨彦-额尔古纳小洋盆-微陆块体系,包括萨彦-外贝加尔和中蒙古-额尔古纳等地。小洋盆的闭合及微陆块之间的拼合作用结束于早古生代早期。与此同时处于冈瓦纳边缘的哈萨克斯坦-古中国地台则大规模裂解,形成乌拉尔-天山-兴安小洋盆-微陆块体系,上泥盆统法门阶浅海相地层之下广泛的区域性角度不整合标志着洋盆的消失及造山作用的结束。整体特征为小洋盆消失和微陆块间的软碰撞、弱造山过程,造山作用相对较弱,缺乏超越构造带的大规模推覆构造和良好的弧岩浆作用。

本次提出中国东北部及邻区寒武系、志留系和石炭系—二叠系古生物信息的区域构造启示:①中国东北部及邻区的寒武纪地层古生物特征与中亚、萨拉伊尔和阿尔泰—蒙古等地区古生物区系有紧密联系,发育与中亚北部同期的寒武纪(早期)蛇绿岩、加积楔、滑塌堆积和弧盆系,以及与中亚、萨彦—外贝加尔地区同期的早加里东构造岩浆和变质事件,暗示寒武纪时期中国东北与上述地区构造演化进程大体同步;②中国东北南部、东部和北部的加里东造山带之上,均存在上志留统—下泥盆统(或至中泥盆统)连续沉积,暗示上志留统或下(中)泥盆统与下伏地质体间的角度不整合的区域构造意义相似,晚志留世图瓦贝生物群化石的分布范围表明,西伯利亚克拉通增生区的南部被动大陆边缘范围已达中国新疆东准噶尔克拉麦里断裂以南至内蒙古东乌珠穆沁旗—伊尔施—黑河—结雅一线,该线北侧的中—晚古生代分支洋盆具有上叠构造的属性;③石炭纪安加拉型植物群化石在中朝准克拉通北缘加里东造山带上的出现及索伦山-西拉木伦-延吉"构造带"以北地区发育富含华夏植物群化石的下二叠统陆相红层,暗示西伯利亚与中朝克拉通之间的碰撞拼合,应当发生于晚石炭世—早二叠世华夏植物群向北拓展及其与安加拉型植物群混生之前,晚古生代"小洋盆"与古缝合带的活化有关。

本次首次系统提出中国东北部及邻区中生代活动大陆边缘构造格架主体特点为:东部为陆缘增生带,包含碰撞造山带和增生造山带两种类型;西部为陆缘上叠造山带,包含西伯利亚古陆东部上叠造山带、东蒙古-兴安-吉黑上叠造山带和中-朝古陆上叠造山带。研究区整体构造格架具有东西分带、南北分段、由北东向南逐渐发展的特点。华北-蒙古-兴安地区中侏罗晚期—早白垩世初的沉积火山-沉积磨拉石,属中国东北部及邻区中生代活动大陆边缘构造演历进程的组成部分,是构造体制转换的标志之一。

本次提出"燕山运动"大地构造属性及幕次划分新认识,具体为:"燕山运动"的确立源于对地层间角度不整合的识别,但其大地构造属性是东北亚大陆边缘晚中生代造山运动的一部分,而非"陆内造山"。其实质是东亚陆缘活化区对晚中生代东北亚复合造山区蒙古-鄂霍次克造山系和东亚陆缘造山系联合作用的响应。根据蒙古-鄂霍次克和东亚大陆边缘造山进程的演化时段分析,本次认为可将"燕山运动"演化时段分为三幕。其中,第一幕(J_2—K_1^1)与东北亚造山区蒙古-鄂霍次克复合造山系和东亚陆缘复合造山系的增生-碰撞造山时段对应。冀北—辽西、大兴安岭地区处于强烈的南北向挤压和东侧大陆边缘挤压联合作用构造背景,同期发育的东西向、北东向展布的盆地北侧多为逆冲断层系统。这一构造事件以形成广泛分布红色和紫红色粗碎屑岩夹火山岩的沉积、火山-沉积的"土城子层"(构造地层单元)为特征,并以"土城子层"与下伏地质体之间广泛的角度不整合(具穿时性)为标志,同期在上黑龙江前陆盆地发育逆冲推覆构造(飞来峰)。"土城子层"与下伏地质体间角度不整合界面的穿时性,揭示了主造山期的造山运动过程的连续性。第二幕(K_2^1)与东亚大陆边缘性质转换阶段对应。以东亚大陆边缘广泛发育小型断陷盆地的火山-断陷沉积和富含热河生物群化石组合的"义县层"(构造地层单位)为特征,并以同期大型走滑断裂,小型断陷盆地群,双峰式火山岩系、变质核杂岩、A型花岗岩、断块活动、俯冲高压变质带折返和大陆边缘快速隆升的区域构造特征组合为陆缘转换标志。锡霍特-阿林造山带同期发育的S型花岗岩向I型的转换,揭示了陆缘走滑断裂的逐步变深过程。第三幕(K_1^2晚期—K_2末)与东亚陆缘复合造山系演化第二阶段的鄂霍次克海微板块与欧亚大陆板块之间的碰撞造山时段对应。以"泉头层"开始的大兴安岭隆升(沉积间断期)、松辽大型坳陷盆地形成、吉黑东部地区发育多期红层为特征,并以鸡西-大三江盆地随桦南隆起的发育被分隔为南、北两个残余盆地区及晚中生代地层间的多期角度不整合为标志。

最后,由于编图组的水平有限,说明书中尚未彻底证实以及解决的问题仍有许多,以待进一步的研究提升和解决。说明书中可能引用了部分未公开出版的资料,在此向相关作者表示感谢和歉意。

参考文献

安伟,旷红伟,柳永清,等,2016.山东诸城晚白垩世王氏群恐龙化石层碎屑锆石定年和物源示踪[J].地质论评,62(2):453-496.

白玉岭,王涛,王宗起,等,2020.满洲里—新巴尔虎右旗地区满克头鄂博组形成的时限与古气候环境[J].地质学报,94(5):1367-1381.

百万久,1979.丹东四道沟金矿地质特征和成因探讨[M]//吉林省冶金地质勘探公司研究所.中国东北部金矿主要类型及找矿方向(三).北京:地质出版社.

包志伟,陈森煌,张祯堂,1994.内蒙古贺根山地区蛇绿岩稀土元素和Sm-Nd同位素研究[J].地球化学,23(4):339-349.

鲍庆中,张长捷,吴之理,2011.内蒙古乌斯尼黑蛇绿混杂岩带形成时代的地质新证据[J].地质与资源,20(1):16-20.

鲍庆中,张长捷,吴之理,等,2005.内蒙古西乌珠穆沁旗地区石炭—二叠纪岩石地层[J].地层学杂志,29(S1):512-519.

蔡保全,张兆群,郑绍华,等,2004.河北泥河湾盆地典型剖面地层学研究进展[J].地层古生物论文集(28):267-284.

曹从周,杨芳林,田昌烈,等,1986.内蒙古贺根山地区蛇绿岩及中朝板块和西伯利亚板块之间的缝合带位置[M]//中国北方板块构造论文集.北京:地质出版社:64-86.

曹瀚升,陈法锦,黄鑫,等,2018.鄂尔多斯盆地南部含油砂层孢粉组合时代及古气候记录[J].广东海洋大学学报,38(6):55-60.

曹花花,许文良,裴福萍,等,2012.华北板块北缘东段二叠纪的构造属性:来自火山岩锆石U-Pb年代学与地球化学的制约[J].岩石学报,28(9):2733-2750.

曹瑞成,朱德丰,陈均亮,等,2009.海拉尔-塔木察格盆地构造演化特征[J].大庆石油地质与开发,28(5):39-43.

柴璐,李霄,周永恒,2019.中蒙俄毗邻地区中蒙古-额尔古纳成矿带成矿地质条件与成矿特征[J].地质论评,65(S1):257-258.

常建平,孙跃武,1997.辽宁北票中侏罗世海房沟组水生生物群落[J].长春地质学院学报,27(3):2-6.

常利忠,2014.内蒙古西拉木伦构造混杂岩带物质组成及其构造变形特征[D].北京:中国地质大学(北京).

陈秉麟,1997.东北古新世孢粉组合特征[J].大庆石油学院学报(2):1-4.

陈芬,杨关秀,周蕙琴,1981.辽宁阜新盆地早白垩世植物群[J].地球科学,15(2):39-51,272-275.

陈海霞,周多,张庆奎,等,2014.大兴安岭中北段头道桥一带晚古生代构造沉积环境分析[J].地质与资源,23(S1):1-7.

陈海燕,张运强,张计东,等,2014.冀北承德盆地侏罗系九龙山组凝灰岩LA-ICP-MS锆石U-Pb年龄与地球化学特征[J].地质通报,33(7):966-973.

陈洪洲,余中元,许晓艳,等,2004.嫩江断裂构造及其与地震活动的关系[J].东北地震研究,20(4):

43-49.

陈沪生,周雪清,李道琪,等,1993.中国东部灵璧-奉贤地学断面图[M].北京:地质出版社.

陈井胜,卢崇海,李斌,等,2015.内蒙古敖汉旗辉绿岩脉体LA-ICP-MS锆石U-Pb年代学:对赤峰-开原深断裂活动的指示[J].地质与资源,24(6):521-525.

陈克强,2011.地质图的产生、发展和使用[J].自然杂志,33(4):222-230.

陈亮,2007.固阳绿岩带的地球化学和年代学[D].北京:中国科学院地质与地球物理研究所.

陈丕基,1988.郯庐断裂巨大平移的时代与格局[J].科学通报(4):289-293.

陈森煌,陈道荣,包志伟,等,1991.华北地台北缘几个超基性岩带的侵位年代及其演化[J].地球化学(2):128-166.

陈圣波,1996.敦化-密山断裂带南端走向问题的遥感地质研究[J].遥感信息(1):14-15.

陈淑莲,王玉华,任雯,等,2012.西拉木伦深断裂的区域构造意义[J].西部资源(5):150-151.

陈望和,倪明云,1987.河北第四纪地质[M].北京:地质出版社.

陈先兵,1999.冀东马兰峪变质核杂岩控矿的初步认识[J].有色金属矿产与勘查,8(6):321-324.

陈晓慧,张廷山,谢晓安,等,2011.敦化盆地发育演化及其沉积响应[J].西南石油大学学报,33(2):89-95.

陈彦,张志诚,李可,等,2014.内蒙古西乌旗地区二叠纪双峰式火山岩的年代学、地球化学特征和地质意义[J].北京大学学报(自然科学版),50(5):843-858.

陈义贤,陈文寄,1997.辽西及邻区中生代火山岩-年代学、地球化学和构造背景[M].北京:地震出版社.

陈印,朱光,姜大志,等,2014.云蒙山变质核杂岩的变形规律与发育机制[J].科学通报,59(16):1525-1541.

陈志广,张连昌,卢百志,等,2010.内蒙古太平川铜钼矿成矿斑岩时代、地球化学及地质意义[J].岩石学报,26(5):1437-1449.

程日辉,王国栋,王璞珺,等,2009.松科1井北孔四方台组—明水组沉积微相及其沉积环境演化[J].地学前缘,16(6):85-95.

程瑞玉,吴福元,葛文春,等,2006.黑龙江省东部饶河杂岩的就位时代与东北东部中生代构造演化[J].岩石学报,22(2):353-375.

程裕淇,1990.中国地质图[M].北京:地质出版社.

程招勋,汪岩,钱程,等,2018.内蒙古乌兰浩特古元古代变质岩系的发现及其地质意义[J].地质通报,37(9):1599-1606.

初航,张晋瑞,魏春景,等,2013.内蒙古温都尔庙群变质基性火山岩构造环境及年代新解[J].科学通报,58(28/29):2958-2965.

崔文元,王长秋,张承志,等,1991.辽西—赤峰一带太古代变质岩中锆石U-Pb年龄[J].北京大学学报(自然科学版)(2):229-237.

崔贤实,刘洋,2012.敦密断裂带能源矿产成矿规律研究[J].吉林地质,31(4):81-84.

崔莹,席党鹏,万晓樵,2007.大庆油田徐22井青山口组/姚家组微体生物及其古气候响应[J].现代地质,21(3):484-490.

达朝元,巫建华,杨东光,等,2021.内蒙古赤峰南窝铺铀矿床英安岩的SHRIMP锆石U-Pb年龄、地球化学特征及地质意义[J].地质论评,67(2):367-384.

邓刘洋,2013.尚义-平泉断裂带深部电性结构研究[D].北京:中国地质大学(北京).

邓涛,侯素宽,2011.中国陆相上新统麻则沟阶[J].地层学杂志,35(3):13.

邓涛,侯素宽,王太明,等,2010.中国陆相上新统高庄阶[J].地层学杂志,34(3):225-240.

邓涛,王伟铭,岳乐平,2003.中国新近系山旺阶建阶研究新进展[J].古脊椎动物学报,41(4):314-323.

邓占球,1966.黑龙江密山中泥盆统黑台组的床板珊瑚[J].古生物学报,14(1):38-53.

丁秋红,陈树旺,张立君,等,2013.松辽盆地外围油气新区中生代地层研究新进展[J].地质通报,32(8):1159-1176.

丁秋红,张武,郑少林,2000.辽宁西部阜新组化石木材的研究[J].辽宁地质,17(4):284-292.

丁秋红,张武,郑少林,2004.辽西下白垩统义县组化石木年轮的观察及其意义[J].地质科技情报,21(1):38-41.

董策,2013.佳木斯地块构造演化:来自晚古生代沉积-火山岩的制约[D].长春:吉林大学.

董光荣,陈惠忠,1995.150ka 以来中国北方沙漠、沙地演化和气候变化[J].中国科学(B辑)(12):1303-1312.

董南庭,吴水波,1982.密山-抚顺深断裂带及其牵引构造对成矿的控制作用[J].吉林地质(1):1-11.

董南庭,武贵禄,王光奇,等,1989.鸭绿江断裂带基本地质特征及成矿规律[J].吉林地质(4):1-25.

董树文,张岳桥,李海龙,等,2019."燕山运动"与东亚大陆晚中生代多板块汇聚构造:纪念"燕山运动"90周年[J].中国科学:地球科学,48(6):913-938.

董学斌,周南硕,丁凤仪,1980.东北地区大地磁异常的初步研究[J].长春地质学院学报(1):81-93.

杜兵盈,冯志强,刘宇崴,等,2017.大兴安岭环二库新元古代变质辉长岩的厘定及其地质意义[J].世界地质,36(3):751-762.

杜兵盈,刘宇崴,张铁安,等,2019.黑龙江省西北部侏罗纪—早白垩世地层划分与对比[J].地层学杂志,43(1):28-35.

杜继宇,陶楠,郭建超,等,2019.内蒙古巴林右旗巴彦查干岩体年代学与地球化学:对古亚洲洋闭合时间的限定[J].地球科学,44(10):3361-3377.

杜晓娟,孟令顺,张凤旭,等,2005.利用重磁场研究郯庐断裂及周边构造[J].吉林大学学报(地球科学版),35(S1):51-56.

杜晓娟,孟令顺,张明仁,2009.利用重力场研究东北地区断裂分布及构造分区[J].地球科学与环境学报,31(2):200-206.

段超,毛景文,谢桂青,等,2016.太行山北段木吉村髻髻山组安山岩锆石 U-Pb 年龄和 Hf 同位素特征及其对区域成岩成矿规律的指示[J].地质学报,90(2):250-266.

段吉业,安素兰,2001.黑龙江伊春早寒武世西伯利亚型动物群[J].古生物学报,40(3):362-370.

段吉业,安素兰,刘鹏举,等,2005.华北板块东部寒武纪地层、动物群及古地理[M].香港:雅园出版社.

段吉业,曹成润,段冶,等,2015.华北板块东部早古生代动物群、沉积相及地层多重划分[M].北京:科学出版社.

段吉业,赵明胜,陆露,2018.郯庐断裂带两盘走滑错移构造复位的地层新依据[J].地质通报,37(10):1825-1830

段冶,张立君,李莉,等,2006.辽西大平房-梅勒营子盆地九佛堂组珍稀化石层的划分与对比[J].世界地质,25(2):113-119.

樊航宇,李明辰,张全,等,2014.内蒙古西乌旗地区大石寨组火山岩时代及地球化学特征[J].地质通报,33(9):1284-1292.

范本贤,剧远景,韩坤英,等,2010.1∶250 万亚洲中部及邻区地质图系的计算机制图[J].中国地质,37(4):1208-1214.

方俊钦,赵盼,徐备,等,2014.内蒙古西乌珠穆沁旗哲斯组宏体化石新发现和沉积相分析[J].岩石学报,30(7):1889-1898.

方曙,王友,樊志勇,1997.内蒙古西拉木伦断裂带韧性变形特征[J].中国区域地质,16(4):350-365.

冯锐,马宗晋,方剑,等,2007.发展中的板块边界:天山-贝加尔活动构造带[J].地学前缘,14(4):1-17.

冯晅,孙成城,侯贺晟,等,2019.大兴安岭两侧控盆断裂域地球物理场基本特征与地质意义[J].地球物理学报,62(3):1093-1105.

冯志强,2015.大兴安岭北段古生代构造-岩浆演化[D].长春:吉林大学.

冯志强,刘永江,金巍,等,2019.东北大兴安岭北段蛇绿岩的时空分布及与区域构造演化关系的研究[J].地学前缘,26(2):120-136.

付俊彧,朱群,杨雅军,等,2019.中华人民共和国地质图(东北)(1:1 500 000)及说明书[M].北京:地质出版社.

傅维洲,贺日政,1999.松辽盆地及周边地带地震构造特征[J].世界地质,18(2):95-100.

傅维洲,杨宝俊,刘财,等,1998.中国满洲里-绥芬河地学断面地震学研究[J].长春科技大学学报,28(2):206-212.

高长林,吉让寿,秦德余,等,1990.论中国北方三类构造环境中的蓝片岩[J].地质论评,36(3):210-219.

高德柱,王玉民,孙继春,等,2014.论西拉木伦断裂带的研究及其意义[J].科技与企业(4):132-134.

高瑞祺,赵传本,郑玉龙,等,1994.松辽盆地深层早白垩世孢粉组合研究[J].古生物学报,33(6):659-675,785-787.

高万里,王宗秀,李磊磊,等,2018.佳木斯-伊通断裂韧性剪切变形时代及其地质意义[J].地质力学学报,24(6):11.

葛文春,隋振民,吴福元,等,2007.大兴安岭东北部早古生代花岗岩锆石U-Pb年龄、Hf同位素特征及地质意义[J].岩石学报,23(2):423-440.

葛文春,吴福元,周长勇,等,2005a.大兴安岭中部乌兰浩特地区中生代花岗岩的锆石U-Pb年龄及地质意义[J].岩石学报,21(3):749-762.

葛文春,吴福元,周长勇,等,2005b.大兴安岭北部塔河花岗岩体的时代及对额尔古纳地块构造归属的制约[J].科学通报,50(12):1239-1247.

葛文春,吴福元,周长勇,等,2007.兴蒙造山带东段斑岩型Cu、Mo矿床成矿时代及其地球动力学意义[J].科学通报,52(20):2407-2417.

葛肖虹,马文璞,2007.东北亚南区中—新生代大地构造轮廓[J].中国地质,34(2):212-228.

苟军,孙德有,赵忠华,等,2010.满洲里南部白音高老组流纹岩锆石U-Pb定年及岩石成因[J].岩石学报,26(1):333-344.

谷永昌,刘永顺,彭丽娜,等,2019.中华人民共和国地质图(华北)(1:1 500 000)及说明书[M].北京:地质出版社.

顾承串,2017.依兰-伊通断裂带构造特征与演化历史[D].合肥:合肥工业大学.

顾承串,朱光,翟明见,等,2016.依兰-伊通断裂带中生代走滑构造特征与起源时代[J].中国科学:地球科学,46(12):1579-1601.

关庆彬,刘正宏,白新会,等,2016.内蒙古巴林右旗新开坝地区大石寨组火山岩形成时代及构造背景[J].岩石学报,32(7):2029-2040.

郭锋,范蔚茗,李超文,等,2009.早古生代古亚洲洋俯冲作用:来自内蒙古大石寨玄武岩的年代学与地球化学证据[J].中国科学(D辑:地球科学),39(5):569-579.

郭鸿俊,段吉业,1979.黑龙江省伊春地区早寒武世三叶虫及其意义[C]//中国古生物学会.第十二届学术年会及第三届大会学术论文摘要集.苏州:中国古生物学会.

郭孟习,孙炜,尹国义,等,2000.郯庐断裂系的北延及地质-地球物理特征[J].吉林地质,19(3):35-44.

郭晓丹,周建波,张兴洲,等,2011.内蒙古西乌珠穆沁旗本巴图组碎屑锆石 LA-ICP-MS U-Pb 年龄及其意义[J].地质通报,30(2/3):278-290.

郭知鑫,2018.晚中生代中国东北及邻区地层、构造演化:以二连盆地和漠河盆地为例[D].合肥:中国科学技术大学.

国家地震局深部物探成果编写组,1986.中国地壳上地幔地球物理探测成果[M].北京:地震出版社.

韩国卿,刘永江,NEUBAUER F,等,2012.松辽盆地西缘边界断裂带中南段走滑性质、时间及其位移量[J].中国科学:地球科学,42(4):471-482.

韩国卿,刘永江,NEUBAUER F,等,2014.松辽盆地西缘边界断裂带中北段尼尔基 L 型构造岩构造年代学及其构造意义[J].岩石学报,30(7):1922-1934.

韩国卿,刘永江,金巍,等,2009.西拉木伦河断裂在松辽盆地下部的延伸[J].中国地质,26(5):1010-1020.

韩坤英,丁孝忠,范本贤,等,2005a.MAPGIS 在建立地质图数据库中的应用[J].地球学报,26(6):587-590.

韩坤英,丁孝忠,范本贤,等,2005b.基于 GIS 的区域地质编图方法[J].中国地质,32(4):713-717.

韩雨,牛漫兰,朱光,等,2015.郯庐断裂带肥东段早白垩世中期走滑运动的年代学证据[J].地球科学进展,30(8):922-939.

郝福江,杜继宇,王璞珺,等,2010.深大断裂对松辽断陷盆地群南部的控制作用[J].世界地质,29(4):553-560.

郝福江,潘军,申维,等,2009.计算机在地质工作中的应用[M].北京:科学出版社.

郝建民,徐嘉炜,1992.密山-抚顺断裂带西南段中、新生代构造应力场的演化规律[J].河北地质学院学报,15(3):265-276.

郝文丽,许文良,王枫,等,2014.张广才岭"新元古代"一面坡群的形成时代:来自岩浆锆石和碎屑锆石 U-Pb 年龄的制约[J].岩石学报,30(7):1868-1878.

何国琦,邵济安,1983.内蒙古东南部(昭盟)西拉木伦河一带早古生代蛇绿岩建造的确认及其大地构造意义[M]//唐克东.中国北方板块构造文集(1).北京:地质出版社:243-250.

何雨思,高福红,修铭,等,2019.张广才岭福兴屯组的形成时代、物源及构造背景[J].地球科学,44(10):3223-3236.

和政军,牛宝贵,2004."承德逆掩片"之商榷:来自燕山地区中元古代长城系的沉积地质证据[J].地质论评,50(5):464-470.

和政军,牛宝贵,张新元,2007.辽西朝阳地区晚侏罗世逆冲断裂及同构造沉积盆地系统[J].地质论评,53(2):152-165.

和政军,牛宝贵,张新元,等,2011.北京密云元古宙常州沟组之下环斑花岗岩古风化壳岩石的发现及其碎屑锆石年龄[J].地质通报,30(5):798-802.

和钟铧,2008.漠河盆地中侏罗世沉积源区分析及地质意义[J].吉林大学学报(地球科学版),38(3):398-404.

河北省、天津市区域地层表编写组,1979.华北地区区域地层表河北省、天津市分册二[M].北京:地质出版社.

贺宏云,柳永正,郭永烈,等,2019.内蒙古乌兰浩特沙巴尔吐地区上二叠统林西组重新划分[J].沉积与特提斯地质,39(3):101-111.

贺瑾瑞,南赟,郝春燕,等,2020.北京千家店盆地土城子组孢粉组合、时代及气候[J].地质通报,39(10):1573-1579.

贺跃,徐备,张立杨,等,2018.内蒙古苏尼特左旗晚泥盆世弧背前陆盆地的发现及构造意义[J].岩石学报,34(10):3071-3082.

赫英,张战军,毛景文,等,2002.初论郯庐断裂的成藏成矿效应[J].大地构造与成矿学,26(1):10-15.

黑龙江省地质调查研究总院,2007.1:25 万兴隆幅、呼玛镇幅、卧都河幅、黑河市幅区域地质调查报告[R].哈尔滨:黑龙江省地质调查研究总院.

黑龙江省地质矿产局,1993.黑龙江省区域地质志[M].北京:地质出版社.

黑龙江省地质矿产局,1997.黑龙江省岩石地层[M].武汉:中国地质大学出版社.

黑龙江省地质矿产局第一区域地质调查大队,1981.1:5 万多宝山铜矿、工人村幅(部分)区域地质调查报告[R].牡丹江:黑龙江省地质矿产局第一区域地质调查大队.

黑龙江省区域地质调查所,2018.黑龙江省区域地质志[M].北京:地质出版社.

洪友崇,1983.辽宁本溪林家组的蜚蠊化石(昆虫纲)及时代讨论[J].中国地质科学院沈阳地质矿产研究所文集(8):61-65,102.

洪友崇,1986.辽西海房沟组新的昆虫化石[J].长春地质学院学报,12(4):10-16.

洪作民,1988.关于内蒙地轴的东延问题[J].中国区域地质(2):70,76-80.

侯素宽,李强,王世骐,等,2021.中国新近纪岩石地层划分和对比[J].地层学杂志,45(3):426-439.

侯伟,刘招君,何玉平,等,2010.漠河盆地上侏罗统沉积特征与构造背景[J].吉林大学学报(地球科学版),40(2):286-297.

侯彦冬,姬书安,2017.内蒙古鄂尔多斯盆地下白垩统罗汉洞组剑龙类化石新材料[J].地质通报,36(7):1097-1103.

胡斌,杨文涛,宋慧波,等,2009.豫西济源地区早三叠世和尚沟组湖相遗迹化石及遗迹组构[J].沉积学报,27(4):573-582.

胡菲,刘招君,孟庆涛,等,2012.敦化盆地新生界层序与沉积特征及其对烃源岩发育的控制作用[J].吉林大学学报(地球科学版),42(S2):33-42.

胡菲,刘招君,孟庆涛,等,2014.敦密断裂带主要含油页岩盆地油页岩成矿条件对比分析[C]//第十三届全国古地理学及沉积学学术会议论文摘要集.北京:中国矿物岩石地球化学学会岩相古地理专业委员会.

胡骁,1988.华北地台北侧古生代大陆边缘的构造演化及成矿作用[J].河北地质学院学报,11(2):5-25.

黄本宏,1982.东北北部石炭二叠纪陆相地层及古地理概况[J].地质论评,28(5):395-402.

黄本宏,1993.大兴安岭地区石炭、二叠系及植物群[M].北京:地质出版社.

黄本宏,丁秋红,1998.中国北方安加拉植物群[J].地球学报,19(1):97-104.

黄波,付冬,李树才,等,2016.内蒙古贺根山蛇绿岩形成时代及构造启示[J].岩石学报,32(1):158-176.

黄冠军,1990.黑龙江省集贤-绥滨地区海相侏罗系[J].中国煤田地质,2(1):18-22,99-100.

黄汲清,姜春发,1962.从多旋回构造运动观点初步探讨地壳发展规律[J].地质学报,42(2):105-152.

黄汲清,任纪舜,姜春发,等,1974.对中国大地构造若干特点的新认识[J].地质学报,48(1):38-54.

黄汲清,任纪舜,姜春发,等,1977.中国大地构造基本轮廓[J].地质学报,5(2):117-135.

黄汲清,任纪舜,姜春发,等,1980.中国大地构造及其演化[M].北京:科学出版社.

黄清华,吴怀春,万晓樵,等,2011.松辽盆地白垩系综合年代地层学研究新进展[J].地层学杂志,35(3):250-257.

黄清华,2007.松辽盆地晚白垩世地层及微体古生物群[D].北京:中国地质科学院.

黄始琪,董树文,胡健民,等,2016.蒙古-鄂霍次克构造带的形成与演化[J].地质学报,90(9):2192-2205.

黄欣,公繁浩,郑月娟,等,2013.内蒙古西乌珠穆沁旗地区夏尔第二统寿山沟组遗迹化石的发现及意义[J].地质通报,32(8):1283-1288.

黄竺,杨经绥,朱永旺,等,2015.内蒙古贺根山蛇绿岩的铬铁矿中发现金刚石等深部地幔矿物[J].中国地质,42(5):1493-1514.

吉林省地质矿产局,1988.中华人民共和国地质矿产部地质专报.一区域地质.第10号吉林省区域地质志[M].北京:地质出版社.

吉林省地质矿产局,1989.吉林省区域地质志[M].北京:地质出版社.

吉林省地质矿产局,1997.吉林省岩石地层[M].武汉:中国地质大学出版社.

季强,2002.论热河生物群[J].地质论评,48(3):290-296.

姜翠莹,2009.虎林盆地油页岩沉积特征[J].煤炭技术,28(11):132-133.

姜振宁,孟都,2016.内蒙古大梁道班地区本巴图组地层时代的确定及其地质意义[J].化工矿产地质,38(1):33-37.

蒋子堃,王永栋,田宁,等,2016.辽西北票中晚侏罗世髫髻山组木化石的古气候、古环境和古生态意义[J].地质学报,90(8):1669-1678.

焦伟,2006.鸭绿江断裂西南段地震活动特征分析[J].东北地震研究(2):64-69.

金小赤,王乃文,詹立培,等,2015.中国和亚洲邻区主要地质单元显生宙地层格架与对比[M].北京:科学出版社.

金旭,杨宝俊,1994.中国满洲里-绥芬河地学断面地球物理场及深部构造特征研究[M].北京:地震出版社.

具然弘,郑少林,于希汉,等,1981.黑龙江省东部龙爪沟群的划分及其与鸡西群对比[J].地质论评,27(5):391-401.

康健,赵谊,臧姗姗,等,2020.依兰-伊通断裂方正-萝北段氢气特征研究[J].震灾防御技术,15(2):443-451.

匡永生,赵书跃,秦秀峰,等,2005.大兴安岭北段早石炭世杨道姓玄武岩的确定及成因意义[J].吉林大学学报(地球科学版),35(4):423-429.

郎嘉彬,王成源,2010a.内蒙古大兴安岭乌奴耳地区泥盆纪的两个牙形刺动物群[J].微体古生物学报,27(1):12-37.

郎嘉彬,王成源,2010b.吉林磐石地区鹿圈屯组的牙形刺[J].吉林大学学报(地球科学版),40(3):603-609.

黎文本,李建国,2005.吉林榆树榆-302孔阿尔布期孢粉组合:兼论松辽盆地登楼库组的地质时代[J].古生物学报,44(2):209-228.

李碧乐,孙丰月,姚凤良,等,2002.中生代敦化-密山断裂大规模左旋平移及其对金矿床形成的控制作用[J].大地构造与成矿学,26(4):390-395.

李波,2014.中亚造山带东段壳幔电性结构特征及构造涵义研究:内蒙古中部及东北部地区[D].北京:中国地质大学(北京).

李承东,冉皞,赵利刚,等,2012.温都尔庙锆石的LA-ICP MS U-Pb年龄以及构造意义[J].岩石学报,28(11):3705-3714.

李春昱,1980.中国板块构造的轮廓[J].中国地质科学院院报,2(1):11-22.

李春昱,王荃,刘雪亚,等,1982.亚洲大地构造图(1:800万)说明书[M].北京:中国地图出版社:1-49.

李东津,周晓东,王东奇,等,2012.吉林磐石七间房剖面石炭系鹿圈屯组的牙形刺及时代[J].世界地质,31(3):441-450.

李钢柱,王玉净,李成元,等,2017.内蒙古索伦山蛇绿岩带早二叠世放射虫动物群的发现及其地质意义[J].科学通报,62(5):400-406.

李红英,周志广,李鹏举,等,2016.内蒙古西乌旗晚石炭世—早二叠世伸展事件:来自大石寨组火山岩的证据[J].大地构造与成矿学,40(5):996-1013.

李怀坤,陆松年,李惠民,等,2009.侵入下马岭组的基性岩床的锆石和斜锆石 U-Pb 精确定年:对华北中元古界地层划分方案的制约[J].地质通报,28(10):1396-1404.

李怀坤,朱士兴,相振群,等,2010.北京延庆高于庄组凝灰岩的锆石 U-Pb 定年研究及其对华北北部中元古界划分新方案的进一步约束[J].岩石学报,26(7):2131-2140.

李吉焱,单玄龙,马月,等,2013.鸭绿江断裂带吉林段含油气盆地分布及演化[J].世界地质,32(1):98-104.

李锦轶,高立明,孙桂华,等,2007.内蒙古东部双井子中三叠世同碰撞壳源花岗岩的确定及其对西伯利亚与中朝古板块碰撞时限的约束[J].岩石学报,23(3):565-582.

李锦轶,和政军,莫申国,等,2004a.大兴安岭北部绣峰组下部砾岩的形成时代及其大地构造意义[J].地质通报,23(2):120-129.

李锦轶,莫申国,和政军,等,2004b.大兴安岭北段地壳左行走滑运动的时代及其对中国东北及邻区中生代以来地壳构造演化重建的制约[J].地学前缘,11(3):157-168.

李锦轶,牛宝贵,宋彪,等,1999.长白山北段地壳的形成与演化[M].北京:地质出版社.

李锦轶,曲军峰,张进,等,2013.中国北方造山区显生宙地质历史重建与成矿地质背景研究进展[J].地质通报,32(2/3):207-219.

李锦轶,张进,杨天南,等,2009.北亚造山区南部及其毗邻地区地壳构造分区与构造演化[J].吉林大学学报(地球科学版),39(4):584-605.

李可,张志城,冯志硕,等,2014.内蒙古中部巴彦乌拉地区晚石炭世—早二叠世火山岩锆石 SHRIMP U-Pb 定年及其地质意义[J].岩石学报,30(7):2041-2054.

李莉,谷峰,1980.石炭纪—二叠纪的腕足动物:东北地区古生物图册(一)古生代分册[M].北京:地质出版社:327-428.

李明松,孙跃武,赵国伟,2011.吉林延边地区汪清县大兴沟早二叠世华夏植物群的发现及其地质意义[J].地球科学进展,26(3):339-346.

李宁,2008.黑龙江省宝清地区早泥盆世黑台组腕足动物群及其古生物地理[D].长春:吉林大学.

李宁,王成文,2017.东北及邻区晚古生代地层接触关系与佳-蒙地块的形成与演化[J].吉林大学学报(地球科学版),47(5):1331-1340.

李瑞杰,2013.内蒙古西乌旗本巴图组火山岩地球化学特征、年代学及地质意义研究[D].北京:中国地质大学(北京).

李守军,1998.山东侏罗—白垩纪地层划分与对比[J].石油大学学报(自然科学版),22(1):4-7,111.

李思田,吴冲龙,1986.中国东北部晚中生代断陷盆地模式在松辽深部煤成气预测中的可能应用[J].地球科学——武汉地质学院学报,11(5):473-479.

李廷栋,UJKENOV B S,MAZUROV A K,等,2008.亚洲中部及邻区地质图系·地质图1∶2 500 000[M].北京:地质出版社.

李文龙,杨晓平,钱程,等,2022.大兴安岭北段富克山岩浆弧的组成:对蒙古-鄂霍次克南向俯冲的制约[J].地学前缘,29(2):146-163.

李伍平,2006.辽西北票早侏罗世兴隆沟组英安岩的地球化学特征[J].岩石学报,22(6):1608-1616.

李伍平,2011.辽西义县晚白垩世大兴庄组流纹岩的地球化学特征及其成因[J].地球科学——中国地质大学学报,36(3):429-439.

李献甫,陈全茂,张学海,等,2002.伊通地堑-走滑断陷盆地的构造特征及演化[J].石油实验地质,24(1):19-24.

李献华,李武显,陈丕基,等,2004.黑龙江富饶组上段凝灰岩的 SHRIMP 锆石 U-Pb 年龄:一个最接近白垩系/第三系界线的年龄[J].科学通报,49(8):816-818.

李晓春,于津海,桑丽芹,等,2009.西伯利亚克拉通南缘奥里洪地块麻粒相变质作用及构造意义[J].岩石学报,25(12):3346-3356.

李晓光,薛春纪,卫三元,2021.内蒙古新巴尔虎右旗地区塔木兰沟组火山岩地球化学特征及其构造意义[J].铀矿地质,37(2):216-226.

李兴文,唐永忠,邢立达,等,2021.陕北地区下白垩统洛河组恐龙足迹的古生态学及地层学意义[J].地层学杂志,45(2):160-167.

李延河,张增杰,伍家善,等,2011.冀东马兰庄条带状硅铁建造的变质时代及地质意义[J].矿床地质,30(4):645-653.

李仰春,汪岩,吴淦国,等,2013.大兴安岭北段扎兰屯铜山组源区特征、地球化学及碎屑锆石 U-Pb 年代学制约[J].中国地质,40(2):391-402.

李仰春,杨晓平,周兴福,等,2006.黑龙江省东部鸡西群与龙爪沟群综合地层对比研究[J].中国地质,33(6):1312-1320.

李英康,高锐,姚聿涛,等,2014.大兴安岭造山带及两侧盆地的地壳速度结构[J].地球物理学进展,29(1):73-83.

李有柱,2001.俄罗斯阿尔丹地盾埃利康铀矿区的地质位置和形成历史[J].国外铀金地质,18(4):190-197.

李宇,丁磊磊,许文良,等,2015.孙吴地区中侏罗世白云母花岗岩的年代学与地球化学:对蒙古-鄂霍茨克洋闭合时间的限定[J].岩石学报,31(1):56-66.

李云通,1984.中国的第三系[M].北京:地质出版社.

李振英,1991.鸭绿江断裂带南段浅层地质构造的探测[J].东北地震研究(3):83-87.

李智佩,王洪亮,陈隽璐,等,2019.中华人民共和国地质图(西北)1:5 000 000 及说明书[M].北京:地质出版社.

栗进,徐备,田永杰,等,2018.内蒙古克什克腾旗哲斯组沉积学和年代学研究及其古地理意义[J].岩石学报,34(10):3034-3050.

梁琛岳,刘永江,孟婧瑶,等,2015.舒兰韧性剪切带应变分析及石英动态重结晶颗粒分形特征与流变参数估算[J].地球科学——中国地质大学学报,40(1):115-129.

梁飞,2015.黑龙江嘉荫晚白垩世永安村组植物群新研究[D].长春:吉林大学.

梁光河,2018.郯庐断裂带的几个关键问题探讨[J].黄金科学技术,26(5):543-558.

梁宏斌,2005.二连盆地隐蔽油气藏成藏模式及预测研究[D].广州:中国科学院广州地球化学研究所.

梁宏斌,2010.二连盆地层序地层单元统一划分及格架层序地层学[J].地球科学——中国地质大学学报,35(1):97-106.

梁宏达,2015.大陆岩石圈电性结构研究[D].北京:中国地质科学院.

梁雨华,王献忠,于文祥,等,2009.辽西医巫闾山变质核杂岩中间流变层变形特征[J].吉林大学学报(地球科学版),39(4):711-716.

辽宁省地质矿产局,1989.辽宁省区域地质志[M].北京:地质出版社.

辽宁省地质矿产局,1997.辽宁省岩石地层[M].武汉:中国地质大学出版社.

廖闻,徐备,鲍庆中,等,2015.兴蒙造山带西南缘早古生代晚期变形带的变形特征与白云母Ar/Ar年龄[J].岩石学报,31(1):80-88.

廖鑫,张晓晖,金胜贤,等,2016.朝鲜半岛古元古代摩天岭群的碎屑锆石U-Pb年龄及其地质意义[J].岩石学报,32(10):2981-2992.

凌文黎,谢先军,柳小明,等,2006.鲁东中生代标准剖面青山群火山岩锆石U-Pb年龄及其构造意义[J].中国科学(D辑:地球科学),36(5):401-411.

刘宝山,程招勋,钱程,等,2021.大兴安岭多宝山晚三叠世双峰式侵入岩年代学及地球动力学背景[J].地球科学,46(7):2311-2328.

刘财,孟令顺,吴燕冈,等,2010.东北地球物理场与地壳演化[M].北京:地质出版社.

刘财,杨宝俊,王兆国,等,2011.松辽盆地西边界带深部构造:地电学证据[J].地球物理学报,54(2):401-406.

刘超辉,蔡佳,2017.五河杂岩凤阳群白云山组的源区特征及沉积时代:来自锆石U-Pb年龄和Lu-Hf同位素的证据[J].岩石学报,33(9):2867-2880.

刘超辉,刘福来,2015.华北克拉通中元古代裂解事件:以渣尔泰-白云鄂博-化德裂谷带岩浆与沉积作用研究为例[J].岩石学报,31(10):3107-3128.

刘程,2019.敦化-密山断裂带构造特征与演化历史[D].合肥:合肥工业大学.

刘典波,王小琳,张恒,等,2019.华北串岭沟组凝灰岩锆石SHRIMP年龄及其地层学意义[J].地学前缘,26(3):183-189.

刘东生,张宗祜,1962.中国的黄土[J].地质学报(1):1-14.

刘福来,刘平华,王舫,等,2015.胶-辽-吉古元古代造山/活动带巨量变沉积岩系的研究进展[J].岩石学报,31(10):2816-2846.

刘福来,沈其韩,赵子然,等,2002.冀西北石榴角闪二辉麻粒岩早期高压变质矿物组合的确定及其形成的温压条件:来自锆石中矿物包裹体的信息[J].地质学报,76(2):209-217.

刘福田,曲克信,吴华,等,1986.华北地区的地震层面成象[J].地球物理学报(5):442-449,529-530,3-4.

刘华,2018.三江盆地浓江凹陷新生代断层活动及构造演化[J].中国煤炭地质,30(3):12-22.

刘嘉麒,1987.中国东北地区新生代火山岩的年代学研究[J].岩石学报,3(4):21-31.

刘嘉麒,刘强,2000.中国第四纪地层[J].第四纪研究20(2):129-141.

刘建峰,李锦轶,迟效国,等,2014.内蒙古东南部早三叠世花岗岩带岩石地球化学特征及其构造环境[J].地质学报,88(9):1677-1690.

刘建峰,李锦轶,孙立新,等,2016.内蒙古巴林左旗九井子蛇绿岩锆石U-Pb定年:对西拉木伦河缝合带形成演化的约束[J].中国地质,43(6):1947-1962.

刘建峰,2009.内蒙古林西—东乌旗地区晚古生代岩浆作用及其对区域构造演化的制约[D].长春:吉林大学.

刘建忠,强小科,刘喜山,等,2020.内蒙古大青山造山带含假蓝宝石尖晶石片麻岩的成因网格及动力学[J].岩石学报,16(2):245-255.

刘江,张进江,郭磊,等,2014.内蒙古呼和浩特变质核杂岩韧性拆离带$^{40}Ar-^{39}Ar$定年及其构造含义[J].岩石学报,30(7):1899-1908.

刘俊,李录,李兴文,2013.山西三叠系二马营组和铜川组SHRIMP锆石铀-铅年龄及其地质意义[J].古脊椎动物学报,51(2):162-168.

刘利,张连昌,代堰锫,等,2012.内蒙古固阳绿岩带三合明BIF型铁矿的形成时代、地球化学特征及地质意义[J].岩石学报,28(11):3623-3637.

刘茂强,杨丙中,邓俊国,等,1993.伊通-舒兰地堑地质构造特征及其演化[M].北京:地质出版社.

刘淼,陈井胜,李斌,等,2019a.辽西金羊盆地土城子组层序地层划分[J].地质论评,65(S1):75-76.

刘淼,陈井胜,张志斌,等,2015.内蒙古平庄地区孙家湾组岩性及孢粉组合特征[J].地质与资源,24(2):81-86.

刘淼,张渝金,孙守亮,等,2019b.辽西金羊盆地北票组孢粉组合及其时代和古气候意义[J].地球科学,44(10):3393-3408.

刘明渭,栾恒彦,迟培星,等,1994.山东省侏罗—白垩纪岩石地层清理意见[J].山东地质(S1):53-69.

刘明渭,张庆玉,宋万千,2003.山东省白垩纪岩石地层序列与火山岩系地层划分[J].地层学杂志,27(3):247-253.

刘牧灵,1983.黑龙江省富饶地区晚白垩世晚期至古新世孢粉组合[J].中国地质科学院沈阳地质矿产研究所文集(7):103-136,173-177.

刘如琦,戴立军,商木元,等,2006.辽东的主要剪切带及其金矿化特征[J].地质科学,41(2):181-194.

刘守偈,李江海,2009.内蒙古中南部古元古代高温型双变质带及其构造意义[J].高校地质学报,15(1):48-56.

刘淑文,1982.山西刘家沟组首次发现叶肢介化石[J].地质学报,27(3):264-269,295-296.

刘淑文,1987.辽西羊草沟组叶肢介化石及时代意义[J].地质论评,33(2):115-121,204.

刘涛,吉峰,边红业,等,2015.大兴安岭富林地区早古生代碎屑锆石年代学对基底隆升时间的制约[J].地质论评,61(2):401-414.

刘伟,刘国兴,韩江涛,2008.关于西拉木伦河断裂东延走向的研究:来自于MT资料的证据[J].世界地质,27(1):89-94.

刘伟,徐春华,宋明水,等,2004.试论合肥盆地燕山运动古城幕及其石油地质意义[J].安徽地质,14(1):1-5.

刘伟,杨进辉,李潮峰,2003.内蒙赤峰地区若干主干断裂带的构造热年代学[J].岩石学报,19(4):717-728.

刘贤华,1990.黑龙江省尚志地区新生代钾质玄武岩研究[J].岩石学报,6(3):53-64.

刘祥,向天元,1997.中国东北地区新生代火山和火山碎屑堆积物资源与灾害[M].长春:吉林大学出版社.

刘学义,1983.内蒙古贺根山地区蛇绿岩研究及构造意义[C]//中国北方板块构造文集编辑委员会.中国北方板块文集(1).沈阳:中国地质科学院沈阳地质矿产研究所:117-135.

刘贻灿,王程程,张品刚,2015.华北东南缘前寒武纪下地壳的生长和变质演化[J].岩石学报,31(10):2847-2862.

刘翼飞,聂凤军,江思宏,等,2010.蒙古国阿林诺尔钼矿床赋矿花岗岩年代学及地球化学特征[J].地球学报,31(3):343-349.

刘永江,冯志强,蒋之伟等,2019.中国东北地区蛇绿岩[J].岩石学报,35(10):3017-3047.

刘招君,董清水,王嗣敏,等,2002.陆相层序地层学导论与应用[M].北京:石油工业出版社.

刘招君,孙平昌,柳蓉,等,2016.敦密断裂带盆地群油页岩特征及成矿差异分析[J].吉林大学学报(地球科学版),46(4):1090-1099.

刘正宏,徐仲元,王克勇,2007a.大青山高级变质岩中复晶石英条带成因的显微构造和流体包裹体证据[J].中国科学(D辑:地球科学),37(4):488-494.

刘正宏,徐仲元,杨振升,等,2007b.变质构造岩类型及其特征[J].吉林大学学报(地球科学版),37(1):24-30.

刘志宏,万传彪,任延广,等,2006.海拉尔盆地乌尔逊-贝尔凹陷的地质特征及油气成藏规律[J].吉林大学学报(地球科学版),36(4):527-534.

柳长峰,刘文灿,王慧平,等,2014.华北克拉通北缘白乃庙组变质火山岩锆石定年与岩石地球化学特征[J].地质学报,88(7):1273-1287.

柳永清,2009.多伦幅 K50C002002、西老府幅 K50C002003 1:25 万区域地质调查报告[R].北京:中国地质科学院地质研究所.

柳志华,顾雪祥,章永梅,等,2020.内蒙古索伦山蛇绿岩锆石 U-Pb 年代学、地球化学特征及其地质意义[J].现代地质,34(3):399-417.

卢造勋,张国臣,李竞志,等,1988.爆破地震研究辽南地区地壳与上地幔结构的初步研究[M]//国家地震局科技监测司.中国大陆深部构造的研究与进展.北京:地质出版社.

芦旭辉,2015.豫西济源、宜阳和登封地区刘家沟组—二马营组遗迹化石及其沉积环境[D].焦作:河南理工大学.

陆松年,李惠民,1991.蓟县长城系大红峪组火山岩的单颗粒锆石 U-Pb 法准确定年[J].中国地质科学院院报,22(1):137-146.

鹿琪,张宫博,刘财,等,2019.地球物理剖面揭示大兴安岭域壳幔结构及其地质意义[J].地球物理学报,62(11):4401-4416.

路孝平,吴福元,林景仟,等,2004.辽东半岛南部早前寒武纪花岗质岩浆作用的年代学格架[J].地质科学,39(1):123-138.

马艾阳,2009.上岗岗坤兑断层糜棱岩白云母 ^{40}Ar-^{39}Ar 定年:西拉木伦河断裂带活动主期新证据[J].新疆地质,27(2):170-175.

马保起,2000.大青山山前断裂晚第四纪活动习性[D].北京:北京大学.

马国祥,2018.赤峰-开源断裂在赤峰西部地段的构造形迹及其演化特征[J].世界地质,37(3):791-803.

马江水,李博文,张玉鹏,等,2016.大溪沟林场幅 L52E023009、前进林场幅 L52E023010、秃顶山幅 L52E024009、光秃山幅 L52E024010 1:5 万区域地质矿产调查报告[DS].北京:全国地质资料馆.DOI:10.35080/n01.c.140971.

马杏垣,1986.中国及邻近海域岩石圈动力学图集[M].北京:地质出版社.

马艳军,2014.内蒙古赤峰地区钼成矿带控矿因素与成矿规律研究[D].长春:吉林大学.

马耀峰,张安定,胡文亮,等,2007.地图学原理[M].北京:科学出版社:198.

马永非,2019.大兴安岭中段晚古生代构造演化[D].长春:吉林大学.

毛建仁,2013.中国东南部及邻区中新生代岩浆作用与成矿[M].北京:科学出版社.

毛景文,华仁民,李晓波,1999.浅议大规模成矿作用与大型矿集区[J].矿床地质,18(4):316-322.

毛景文,王志良,2000.中国东部大规模成矿时限及其动力学背景的初步探讨[J].矿床地质,19(4):289-296.

毛景文,谢桂青,张作衡,等,2005.中国北方中生代大规模成矿作用的期次及其地球动力学背景[J].岩石学报,21(1):169-188.

梅可辰,李秋根,王宗起,等,2015.内蒙古中部苏尼特左旗大石寨组流纹岩 SHRIMP 锆石 U-Pb 年龄、地球化学特征及其构造意义[J].地质通报,34(12):2181-2194.

蒙启安,万传彪,乔秀云,等,2003.内蒙古海拉尔盆地大磨拐河组孢粉组合[J].地层学杂志,27(3):173-184,267.

孟恩,许文良,裴福萍,等,2011a.黑龙江省东部中泥盆世火山作用及其构造意义:来自岩石地球化学、锆石 U-Pb 年代学和 Sr-Nd-Hf 同位素的制约[J].岩石矿物学杂志,30(5):883-900.

孟恩,许文良,杨德彬,等,2011b.满洲里地区灵泉盆地中生代火山岩的锆石 U-Pb 年代学、地球化学及其地质意义[J].岩石学报,27(4):1209-1226.

孟婧瑶,刘永江,梁琛岳,等,2013.佳-伊断裂带韧性变形特征[J].世界地质,32(4):800-807.

孟庆任,胡健民,袁选俊,等,2002.中蒙边界地区晚中生代伸展盆地的结构、演化与成因[J].地质通报,21(4):224-231.

孟庆涛,郑国栋,刘招君,等,2016.桦甸盆地始新世孢粉特征及其古气候指示意义[J].世界地质,35(1):8.

孟宪森,关玉辉,姜锦华,2007.开原-赤峰断裂两侧地震序列活动的差异[J].东北地震研究,23(2):22-29.

米兰诺夫斯基ЕЕ,2010.俄罗斯及其毗邻地区地质[M].陈正,译.北京:地质出版社.

闵伟,焦德成,周本刚,等,2011.依兰-伊通断裂全新世活动的新发现及其意义[J].地震地质,33(1):141-150.

莫申国,韩美莲,李锦轶,2005.蒙古-鄂霍茨克造山带的组成及造山过程[J].山东科技大学学报(自然科学版),24(3):50-52,64.

那福超,付俊彧,汪岩,等,2014.内蒙古莫力达瓦旗哈达阳绿泥石白云母构造片岩LA-ICP-MS锆石U-Pb年龄及其地质意义[J].地质通报,39(9):1326-1332.

那福超,宋维民,杨雅军,等,2021.内蒙古东部大石寨地区大石寨组火山岩的成因及其大地构造背景[J].地球科学,46(7):2403-2422.

内蒙古自治区地质调查院,2018.内蒙古自治区区域地质志[M].北京:地质出版社.

内蒙古自治区地质矿产局,1991.内蒙古自治区区域地质志[M].北京:地质出版社.

内蒙古自治区地质矿产局,1996.内蒙古自治区岩石地层[M].武汉:中国地质大学出版社.

聂凤军,江思宏,白大明,等,2003.内蒙古北山及邻区金属矿床类型及其时空分布[J].地质学报,77(3):367-378.

聂凤军,裴荣富,吴良士,1995.内蒙古白乃庙地区绿片岩和花岗闪长斑岩的钕和锶同位素研究[J].地球学报,16(1):36-44.

宁静,2000.俄罗斯中阿尔丹中生代热液矿床中的金和铀[J].国外铀金地质,17(3):233-241.

牛宝贵,和政军,任纪舜,等,2004.冀北张家口组、义县组火山岩SHRIMP定年兼论中国东部大兴安岭兴安岭群和东南沿海火山岩地层时代[J].地质学报,78(6):751.

牛宝贵,和政军,宋彪,等,2003.张家口组火山岩SHRIMP定年及其重大意义[J].地质通报,22(2):140-141.

牛漫兰,朱光,刘国生,等,2002.郯庐断裂带中-南段中生代岩浆活动的构造背景与深部过程[J].地质科学,37(4):393-404.

牛漫兰,朱光,刘国生,等,2005.郯庐断裂带中—南段新生代火山活动与深部过程[J].地质科学,40(3):390-403.

牛绍武,辛后田,2018.冀北滦平盆地九佛堂组—沙海组叶肢介化石的发现与陆相建阶问题的讨论[J].地质通报,37(10):1801-1819.

欧阳兆国,2017.依兰-伊通断裂依兰附近新活动及其对周边煤田资源影响研究[D].长春:吉林大学.

潘佳铁,吴庆举,李永华,等,2015.蒙古中南部地区噪声层析成像[J].地球物理学报,58(8):3009-3022.

潘世语,2012.内蒙古苏尼特右旗晚石炭世本巴图组火山岩地球化学特征及构造意义[J].世界地质,31(1):40-50.

庞崇进,王选策,温淑女,等,2018.内蒙锡林浩特晚石炭世辉长质岩体的成因:陆内伸展背景下富水地幔源区熔融的产物[J].岩石学报,34(10):2956-2972.

裴福萍,王志伟,曹花花,等,2014.吉林省中部地区早古生代英云闪长岩的成因:锆石U-Pb年代学和地球化学证据[J].岩石学报,30(7):2009-2019.

裴福萍,许文良,杨德彬,等,2008.松辽盆地南部中生代火山岩:锆石U-Pb年代学及其对基底性质的制约[J].地球科学——中国地质大学学报,33(5):603-617.

彭润民,翟裕生,王建平,等,2010.内蒙狼山新元古代酸性火山岩的发现及其地质意义[J].科学通报,55(26):2611-2620.

齐鸿烈,郝兴华,张晓冬,等,1999.冀东青龙河太古宙花岗岩-绿岩带地质特征[J].前寒武纪研究进展.22(4):1-17.

祁程,杨金政,宋振涛,等,2017.敦密断裂带对铀成矿的制约[C]//中国矿物岩石地球化学学会地球化学专业委员会.全国成矿理论与找矿方法学术讨论会论文势要文集.南昌:中国矿物岩石地球化学学会地球化学专业委员会.

钱程,陈会军,陆露,等,2018a.黑龙江省龙江地区新太古代花岗岩的发现[J].地球学报,39(1):27-36.

钱程,陆露,秦涛,等,2018b.大兴安岭北段扎兰屯地区晚古生代早期花岗质岩浆作用:对额尔古纳-兴安地块和松嫩地块拼合时限的制约[J].地质学报,92(11):2190-2214.

钱筱嫣,张志诚,陈彦,等,2017.内蒙古朱日和地区早古生代岩浆岩年代学、地球化学特征及其构造意义[J].地球科学,42(9):1472-1494.

乔健,栾金鹏,许文良,等,2018.佳木斯地块北部早古生代沉积建造的时代与物源:来自岩浆和碎屑锆石U-Pb年龄和Hf同位素的制约[J].吉林大学学报(地球科学版),48(1):118-131.

乔秀夫,1981.对郯庐断裂巨大平移之质疑[J].地质评论,27(3):222-224.

秦涛,2014.内蒙古扎兰屯地区二叠纪侵入岩地球化学、年代学及构造背景[D].长春:吉林大学.

秦秀峰,徐义刚,张辉煌,等,2008.大陆亚碱性火山岩的成因多样性:以敦化-密山和东宁火山岩带为例[J].岩石学报,24(11):2501-2014.

邱占祥,1987.中国古生物志[M].北京:科学出版社.

瞿雪姣,王璞珺,高有峰,等,2014.松辽盆地断陷期火石岭组时代归属探讨[J].地学前缘,21(2):234-250.

曲军峰,李锦轶,刘建峰,2013.冀东地区王寺峪条带状铁矿的形成时代及意义[J].地质通报,32(2/3):260-266.

权恒,张炯飞,武广,等,2002.得尔布干有色、贵金属成矿区、带划分[J].地质与资源,11(1):38-42.

任纪舜,1999a.中国及邻区大地构造图1:5 000 000[M].北京:地质出版社.

任纪舜,1999b.从全球看中国大地构造:中国及邻区大地构造图简要说明[M].北京:地质出版社.

任纪舜,陈廷愚,牛宝贵,等,1990.中国东部大陆岩石圈的构造演化与成矿[M].北京:科学出版社:18.

任纪舜,姜春发,张正坤,等,1980.中国大地构造及其演化[M].北京:科学出版社:124.

任纪舜,牛宝贵,王军,等,2013.国际亚洲地质图1:1 500 000[M].北京:地质出版社.

任纪舜,牛宝贵,赵磊,等,2019.地球系统多圈层构造观的基本内涵[J].地质力学学报,25(5):607-612.

任纪舜,赵磊,徐芹芹,等,2016.中国的全球构造位置和地球动力系统[J].地质学报,90(9):2100-2108.

任建业,李思田,焦贵浩,1998.二连断陷盆地群伸展构造系统及其发育的深部背景[J].地球科学——中国地质大学学报,23(6):567-572.

芮宗瑶,施林道,方如恒,等,1994.华北陆块及邻区有色金属矿床地质[J].北京:地质出版社:364-382.

山东省地质矿产局,1996.山东省岩石地层[M].武汉:中国地质大学出版社.

尚庆华,2004.北方造山带内蒙古中、东部地区二叠纪放射虫的发现及意义[J].科学通报,49(24):2574-2579.

尚玉珂,袁德艳,1995.松辽盆地南部梨树断陷登楼库组孢粉组合[J].微体古生物学报,12(3):307-321,345.

邵积东,2015.对内蒙古太古代地层划分及形成时代的重新认识[J].西部资源,(1):154-161.

邵济安,唐克东,1995.中国东北地体与东北亚大陆边缘演化[M].北京:地震出版社.

邵济安,唐克东,王成源,等,1991.那丹哈达地体的构造特征及演化[J].中国科学(B辑)(7):744-751.

邵济安,田伟,张吉衡,等,2015.华北克拉通北缘早二叠世堆晶岩及其构造意义[J].地球科学——中国地质大学学报,40(9):1441-1457.

邵济安,王友,唐克东,等,2017.有关内蒙古西拉木伦带古生代—早中生代构造环境的讨论[J].岩石学报,33(10):3002-3010.

邵济安,张丽莉,周新华,等,2019.对内蒙古贺根山蛇绿岩的新认识[J].岩石学报,35(9):2864-2872.

邵济安,张履桥,贾文,等,2001.内蒙古喀喇沁变质核杂岩及其隆升机制探讨[J].岩石学报,17(2):283-290.

邵济安,张履桥,牟堡垒,1999.大兴安岭中生代伸展造山过程中的岩浆作用[J].地学前缘,6(4):339-346.

邵济安,张履桥,肖庆辉,等,2005.中生代大兴安岭的隆起:一种可能的陆内造山机制[J].岩石学报,21(3):789-794.

邵济安,张舟,佘宏全,等,2012.华北克拉通北缘赤峰地区显生宙麻粒岩的发现及其意义[J].地学前缘,19(3):188-198.

邵学峰,2018.内蒙古杜拉尔桥地区奥陶系多宝山组地球化学特征及其地质意义[J].吉林地质,37(4):21-28.

佘宏全,李进文,向安平,等,2012.大兴安岭中北段原岩锆石U-Pb测年及其与区域构造演化关系[J].岩石学报,28(2):571-594.

沈保丰,骆辉,李双保,等,1994.华北陆台太古宙绿岩带地质及成矿[M].北京:地质出版社.

沈阳地质调查中心,2022.大兴安岭区域地质志[R].沈阳:沈阳地质调查中心.

石荣琳,1989.山东曲阜晚始新世黄庄动物群[J].古脊椎动物学报,27(2):87-102.

石文杰,魏俊浩,谭俊,等,2014.郯庐断裂带晚白垩世金成矿作用:来自龙泉站金矿床黄铁矿Rb-Sr年代学证据[J].地球科学——中国地质大学学报,39(3):325-340.

石玉若,刘敦一,张旗,等,2004.内蒙古苏左旗地区闪长-花岗岩类SHRIMP年代学[J].地质学报,78(6):789-799.

时志强,韩永林,赵俊兴,等,2003.鄂尔多斯盆地中南部中侏罗世延安期沉积体系及岩相古地理演化[J].地球学报,24(1):49-54.

司双印,2002.山东省大盛群孢粉组合及其年代地层意义[J].地层学杂志,26(2):126-130,164.

宋彪,伍家善,万渝生,1994.鞍山地区陈台沟变质表壳岩的年龄[J].辽宁地质,30(1/2):12-15.

宋建潮,胡铁军,王恩德,等,2009.鸭绿江断裂带两侧成矿条件对比及对辽东地区未来寻找金属矿产资源的启示[J].矿床地质,28(4):449-461.

宋立斌,丛杉,王成龙,等,2022.松辽盆地德惠断陷火石岭组二段孢粉组合及其地质意义[J/OL].大庆石油地质与开发:1-9[2022-03-29].DOI:10.19597/J.ISSN.1000-3754.202105053.

宋维民,庞雪娇,杨佳林,等,2020.大兴安岭南部突泉地区晚三叠世—早白垩世岩浆演化与成矿作用[M].武汉:中国地质大学出版社.

宋扬,海连富,梅超,等,2020.宁夏灵武直罗组植物化石及沉积岩对灵武恐龙生活时代古环境的指示[J].科学技术与工程,20(26):10592-10597.

苏文博,李怀坤,HUFF W D,等,2010.铁岭组钾质斑脱岩锆石 SHRIMP U-Pb 年代学研究及其地质意义[J].科学通报,55(22):2197-2206.

隋振民,葛文春,徐学纯,等,2009.大兴安岭十二站晚古生代后造山花岗岩的特征及其地质意义[J].岩石学报,25(10):2679-2686.

孙德有,苟军,任云生,等,2011.满洲里南部玛尼吐组火山岩锆石 U-Pb 年龄与地球化学研究[J].岩石学报,27(10):3083-3094.

孙德有,许文良,周燕,1994.大兴安岭中生代火山岩的形成机制[J].矿物岩石地球化学通报,13(3):162-164.

孙革,DILCHER D L,郑少林,等,2001.辽西早期被子植物及伴生植物群[M].上海:上海科技教育出版社.

孙革,郭双兴,郑少林,等,1992.世界最早的被子植物化石群的首次发现[J].中国科学(B辑),11(5):543-548,561-562.

孙革,郑少林,2000.中国东北中生代地层划分对比之新见[J].地层学杂志,24(1):60-64.

孙革,郑少林,姜剑红,等,1999.黑龙江鸡西含煤盆地早白垩世生物地层研究新进展[J].煤田地质与勘探,27(6):1-3.

孙广瑞,刘旭光,韩振哲,等,2002.上黑龙江盆地中上侏罗统二十二站群的地层划分与时代[J].地质通报,21(3):150-155.

孙会一,董春艳,颉颃强,等,2010.冀东青龙地区新太古代朱杖子群和单塔子群形成时代:锆石 SHRIMP U-Pb 定年[J].地质论评,56(6):888-898.

孙立新,任邦方,赵凤清,等,2012.额尔古纳地块太平川巨斑状花岗岩的锆石 U-Pb 年龄和 Hf 同位素特征[J].地学前缘,19(5):114-122.

孙立新,任邦方,赵凤清,等,2013a.内蒙古额尔古纳地块古元古代末期的岩浆记录:来自花岗片麻岩的锆石 U-Pb 年龄证据[J].地质通报,32(Z1):341-352.

孙立新,任邦方,赵凤清,等,2013b.内蒙古锡林浩特地块中元古代花岗片麻岩的锆石 U-Pb 年龄和 Hf 同位素特征[J].地质通报,32(S1):327-340.

孙立新,张云,李影,等,2017a.内蒙古赤峰地区晚泥盆世双峰式火山岩地球化学特征与板内伸展事件[J].中国地质,44(2):371-388.

孙立新,张云,张天福,等,2017b.鄂尔多斯北部侏罗纪延安组、直罗组孢粉化石及其古气候意义[J].地学前缘,24(1):32-51.

孙卫东,凌明星,汪方跃,等,2008.太平洋板块俯冲与中国东部中生代地质事件[J].矿物岩石地球化学通报,27(3):218-225.

孙晓猛,刘财,朱德丰,等,2011.大兴安岭西坡德尔布干断裂地球物理特征与构造属性[J].地球物理学报,54(2):433-444.

孙晓猛,刘永江,孙庆春,等,2008.敦密断裂带走滑运动的 $^{40}Ar/^{39}Ar$ 年代学证据[J].吉林大学学报(地球科学版),38(6):965-972.

孙晓猛,龙胜祥,张梅生,等,2006.佳木斯-伊通断裂带大型逆冲构造带的发现及形成时代讨论[J].石油与天然气地质,27(5):637-643.

孙晓猛,王书琴,王英德,等,2010.郯庐断裂带北段构造特征及构造演化序列[J].岩石学报,26(1):

156-176.

孙晓猛,张旭庆,何松,等,2016.郯庐断裂带白垩纪两期重要的变形事件[J].岩石学报,32(4):1114-1128.

孙兴国,刘建明,覃锋,等,2008.大兴安岭成矿研究新进展:西拉木伦河南岸 Mo 多金属成矿带的发现[J].中国矿业,17(2):75-77,83.

孙跃武,丁海生,刘欢,等,2016.华北板块北缘中二叠统于家北沟组植物化石及其大地构造意义[J].吉林大学学报(地球科学版),46(5):1268-1283.

孙跃武,李明松,赵国伟,2012.吉林延边地区早二叠世一个新的陆相地层单位[J].地层学杂志,36(1):89-96.

谭聪,2017.鄂尔多斯盆地上二叠统—中上三叠统沉积特征及古气候演化[D].北京:中国地质大学(北京).

谭聪,于炳松,袁选俊,等,2020.鄂尔多斯盆地下三叠统刘家沟组与和尚沟组红层成色机制[J].现代地质,34(4):769-783.

汤文豪,张志诚,李建锋,等,2011.内蒙古苏尼特右旗查干诺尔石炭系本巴图组火山岩地球化学特征及其地质意义[J].北京大学学报(自然科学版),47(2):321-330.

唐大卿,陈红汉,孙家振,等,2010.郯庐断裂带伊通段新生代构造演化特征及其控盆机制[J].大地构造与成矿学,34(3):340-348.

唐大卿,何生,陈红汉,等,2009.伊通盆地断裂体系特征及其演化历史[J].吉林大学学报(地球科学版),39(3):386-396.

唐大伟,郭恒飞,牛子良,等,2020.内蒙古红山子-广兴铀成矿亚带二叠系额里图组赋矿层的厘定及其找矿意义[J].东华理工大学学报(自然科学版),43(4):355-363.

唐建洲,张志诚,陈彦,等,2018.内蒙古中部苏尼特左旗地区早古生代火成岩年代学、地球化学、锆石 Hf 同位素特征及其构造意义[J].岩石学报,34(10):2973-2994.

唐杰,许文良,王枫,等,2018.古太平洋板块在欧亚大陆下的俯冲历史:东北亚陆缘中生代—古近纪岩浆记录[J].中国科学:地球科学,48(5):549-583.

唐克东,1992.中朝板块北侧褶皱带构造演化及成矿规律[M].北京:北京大学出版社.

陶明华,2003.二连盆地白垩纪地层学及孢粉化石群研究[D].上海:同济大学.

滕学建,刘洋,滕飞,2016.内蒙古 1∶5 万查干呼舒庙(K48E016019)、楚鲁庙(K48E016020)、潮格(K48E016021)、哈尔木格台(K48E017017)、那仁宝力格公社(K48E017018)、居力格台(K48E017019)幅区域地质矿产调查报告[DS].呼和浩特:内蒙古地质档案馆.

田立富,孙黎明,胡华斌,等,1996.燕山西段杏石口组的确定及其意义[J].河北地质学院学报,19(6):724-728.

田明中,程捷,2009.第四纪地质学与地貌学[M].北京:地质出版社:200.

童英,洪大卫,王涛,等,2010.中蒙边境中段花岗岩时空分布特征及构造和找矿意义[J].地球学报,31(3):395-412.

万波,贾丽华,戴盈磊,等,2013.辽东半岛中强地震活动及其与构造相关性[J].地震地质,35(2):300-314.

万传彪,孙跃武,薛云飞,等,2014.松辽盆地西部斜坡区新近纪孢粉组合及其地质意义[J].中国科学:地球科学,44(7):1429-1442.

万阔,2017.完达山地体构造特征、结构及增生过程[D].长春:吉林大学.

万阔,孙晓猛,何松,等,2017.佳伊断裂带晚白垩世走滑-逆冲事件的新证据[J].世界地质,36(2):486-494.

万天丰,1995.郯庐断裂带的演化与古应力场[J].地球科学——中国地质大学学报,20(5):526-534.

万天丰,朱鸿,1996.郯庐断裂带的最大左行走滑断距及其形成时期[J].高校地质学报,2(1):14-27.

万天丰,朱鸿,赵磊,等,1996.郯庐断裂带的形成与演化:综述[J].现代地质,10(2):159-168.

万晓樵,孙立新,李玮,2020.燕辽地区土城子组古生物组合与陆相侏罗系—白垩系界线年代地层[J].古生物学报,59(1):1-12.

万渝生,董春艳,颉颃强,等,2012.华北克拉通早前寒武纪条带状铁建造形成时代:SHRIMP锆石U-Pb定年[J].地质学报,86(9):1445-1478.

万渝生,董春艳,颉颃强,等,2015.华北克拉通太古宙研究若干进展[J].地球学报,36(6):685-700.

万渝生,董春艳,颉颃强,等,2018.鞍山—本溪地区鞍山群含BIF表壳岩形成时代新证据:锆石SHRIMP U-Pb定年[J].地球科学,43(1):57-81.

万渝生,耿元生,沈其韩,等,2002.鞍山中太古代铁架山花岗岩中表壳岩包体的地球化学特征及地质意义[J].地质科学,37(2):143-151.

万渝生,刘敦一,1993.辽宁弓长岭中太古代片麻状花岗岩和铬云母石英岩的锆石年龄[J].地质论评,39(2):124-129.

汪筱林,周忠和,2002.辽西早白垩世九佛堂组一翼手龙类化石及其地层意义[J].科学通报,47(20):1521-1527,1601.

汪方跃,高山,牛宝贵,等,2007.河北承德盆地114Ma大北沟组玄武岩地球化学及其对华北克拉通岩石圈地幔减薄作用的制约[J].地学前缘,14(2):98-108.

汪明洲,1978.吉中地区鹿圈屯组发育概况及其划分[J].吉林大学学报(地球科学版)(4):63-72.

汪青松,张顺林,张金会,等,2020.郯庐断裂带南段继承性断裂构造控矿模式研究及其应用效果[J].地质学报,94(10):2965-2977.

汪岩,付俊彧,那福超,等,2013a.内蒙古扎赉特旗辉长岩-闪长岩地球化学特征和LA-ICP-MS锆石U-Pb年龄[J].地质通报,32(10):1525-1535.

汪岩,钱程,马永非,等,2019.吉林白城岭下地区花岗质糜棱岩锆石U-Pb年代学与地球化学特征对松辽盆地西缘晚古生代以来的俯冲背景的制约[J].地质学报,93(1):117-137.

汪岩,杨晓平,那福超,等,2013b.嫩江-黑河构造带中花岗质糜棱岩的确定及地质意义[J].地质与资源,22(6):452-459.

王伴月,李春田,1990.我国东北地区第一个老第三纪哺乳动物群的研究[J].古脊椎动物学报,28(3):165-205.

王宝红,柳永清,旷红伟,等,2013.山东诸城棠棣戈庄早白垩世晚期恐龙足迹化石新发现及其意义[J].古地理学报,15(4):454-466.

王成文,孙跃武,李宁,等,2009.东北地区晚古生代地层分布规律[J].地层学杂志,33(1):56-61.

王成源,施从广,曲关生,1986.黑龙江密山泥盆系"黑台组"的牙形刺和介形类[J].微体古生物学报,3(2):205-213.

王春光,2016.内蒙古少郎河成矿带铅锌多金属矿床成矿作用研究[D].长春:吉林大学.

王德华,2017.郯庐断裂带深部构造研究现状及存在的问题[J].地壳构造与地壳应力文集(1):33-44.

王枫,许文良,葛文春,等,2016.敦化-密山断裂带的平移距离:来自松嫩-张广才岭-佳木斯-兴凯地块古生代—中生代岩浆作用的制约[J].岩石学报,32(4):1129-1140.

王根厚,张长厚,王果胜,等,2001.辽西地区中生代构造格局及其形成演化[J].现代地质,15(1):1-6.

王桂梁,琚宜文,郑孟林,等,2007,中国北部能源盆地构造[M].徐州:中国矿业大学出版社.

王海龙,黄宝春,乔庆庆,等,2011.黑龙江东部白垩纪—古近纪古地磁初步结果及其构造意义[J].

地球物理学报,54(3):793-806.

王宏宇,王义龙,刘平华,等,2021.华北克拉通胶北地体蓬莱群辅子夼组碎屑锆石U-Pb定年及其地质意义[J].地球科学,46(9):3074-3090.

王鸿祯,何国琦,张世红,2006.中国与蒙古之地质[J].地学前缘,13(6):1-13.

王惠,王玉净,陈志勇,等,2005.内蒙古巴彦敖包二叠纪放射虫化石的发现[J].地层学杂志,29(4):368-371.

王惠初,初航,相振群,等,2012a.华北克拉通北缘崇礼—赤城地区的红旗营子(岩)群:一套晚古生代的变质杂岩[J].地学前缘,19(5):100-113.

王惠初,相振群,赵凤清,等,2012b.内蒙古固阳东部碱性侵入岩:年代学、成因与地质意义[J].岩石学报,28(9):2843-2854.

王军,1994.记山东泗水真恐角兽属一新种[J].古脊椎动物学报,32(3):200-205.

王平,2005.内蒙古达茂旗巴特敖包地区的西别河剖面和西别河组[J].吉林大学学报(地球科学版),35(4):410-414.

王强,2006.吉林中部早白垩世泉头组恐龙蛋化石的研究[D].长春:吉林大学.

王荃,1986.内蒙古中部中朝与西伯利亚古板块间缝合线的确定[J].地质学报(1):31-43

王荃,刘雪亚,李锦轶,1991.中国内蒙古中部的古板块构造[J].地球学报(1):4-18.

王书琴,2010.郯庐断裂带北段构造样式、变形序列研究[D].长春:吉林大学.

王书琴,孙晓猛,杜继宇,等,2012.郯庐断裂带北段构造样式解析[J].地质论评,58(3):414-425.

王树庆,胡晓佳,杨泽黎,2021.兴蒙造山带中部晚古生代构造格局:来自晚泥盆—早石炭世色日巴彦敖包组碎屑锆石和火山岩岩浆锆石年代学的制约[J].岩石学报,37(7):2086-3002.

王思恩,高林志,庞其清,等,2015.中国陆相侏罗系—白垩系界线及其国际地层对比:以冀北—辽西地区侏罗系—白垩纪年代地层为例[J].地质学报,89(8):1331-1351.

王思恩,季强,2009.冀北张家口组、大北沟组的岩石地层学、生物地层学特征及其在东北亚地层划分对比中的意义[J].地质通报,28(7):821-828.

王松山,桑海清,裴冀,等,1995.蓟县剖面杨庄组和雾迷山组形成年龄的研究[J].地质科学,30(2):166-173.

王挽琼,刘正宏,徐仲元,等,2019.内蒙古乌拉特中旗色尔腾山岩群东五分子岩组锆石SHRIMP定年及其地质意义[J].吉林大学学报(地球科学版),49(4):1053-1062.

王微,宋传中,李加好,等,2015.郯庐断裂带肥东段剪切活动锆石U-Pb测年[J].地质科学,50(3):800-809.

王薇,朱光,张帅,等,2017.合肥盆地中生代地层时代与源区的碎屑锆石证据[J].地质论评,63(4):956-977.

王伟,王世进,刘敦一,等,2010.鲁西新太古代济宁群含铁岩系形成时代:SHRIMP U-Pb锆石定年[J].岩石学报,26(4):1175-1181.

王伟,杨红,冀磊,2017.辽南地块新太古代2.52~2.46Ga构造-热事件的识别及地质意义[J].岩石学报,33(9):2775-2784.

王五力,付俊彧,杨雅军,2012.中国东北晚中生代—新生代盆山体系构造演化及成因探讨[J].地质与资源,21(1):17-26.

王五力,张宏,张立君,等,2003.辽宁义县—北票地区义县组地层层序:义县阶标准地层剖面建立和研究之一[J].地层学杂志,27(3):227-233.

王小凤,李中坚,陈柏林,等,2000.郯庐断裂带[M].北京:地质出版社.

王晓伏,2011.中国东北绥化—虎林深反射地震测线走廊带地壳断面构造研究[D].北京:中国地质大学(北京).

王新社,郑亚东,2005.楼子店变质核杂岩韧性变形作用的$^{40}Ar/^{39}Ar$年代学约束[J].地质论评,51(5):574-582.

王新社,郑亚东,刘玉琳,等,2006.内蒙赤峰南部楼子店拆离断层系绿泥石化带的形成时代[J].自然科学进展,16(7):902-906.

王兴,郑涛,谷华娟,等,2016.黑龙江滨东地区唐家屯组火山岩时代的U-Pb年代学证据[J].地质与资源,25(3):237-243.

王旭日,2005.吉林公主岭早白垩世泉头组中的兽脚类恐龙牙齿化石[D].长春:吉林大学.

王选平,2014.大三江地区位场特征与构造划分[D].长春:吉林大学.

王炎阳,徐备,程胜东,等,2014.内蒙古克什克腾旗五道石门基性火山岩锆石U-Pb年龄及其地质意义[J].岩石学报,30(7):2055-2062.

王彦斌,童英,王涛,等,2011.西伯利亚克拉通东南缘1.84Ga构造热事件:俄罗斯斯塔诺夫南带南缘混合岩化黑云斜长片麻岩锆石U-Pb年龄和Hf同位素记录[J].岩石矿物学杂志,30(5):873-882.

王燕,2020.辽西—内蒙古东部地区阜新组、孙家湾组生物地层与上、下白垩统界线研究[D].北京:中国地质大学(北京).

王一波,胡圣标,聂栋刚,等,2019.郯庐断裂带是热异常带吗?——来自断裂带南段热流的约束[J].地球物理学报,62(8):3078-3094.

王一存,2018.内蒙古西拉木伦成矿带铜钼多金属成矿作用研究与成矿预测[D].长春:吉林大学.

王奕朋,裴福萍,周皓,等,2021.小兴安岭早白垩世福民河组高硅流纹岩锆石U-Pb定年、地球化学特征及地质意义[J].世界地质,40(2):229-239,255.

王英德,2010.额尔古纳韧性剪切带与嵯岗片麻岩带构造特征与研究意义[D].长春:吉林大学.

王友勤,苏养正,刘尔义,1997.东北区区域地层[M].武汉:中国地质大学出版社.

王玉净,樊志勇,1997.内蒙古西拉木伦河北部蛇绿岩带中二叠纪放射虫的发现及其地质意义[J].古生物学报,36(1):58-68.

王元青,李茜,白滨,等,2021.中国古近纪岩石地层划分和对比[J].地层学杂志,45(3):402-425.

王原,1997.记山东曲阜中始新世晚期一雷兽新属种[J].古脊椎动物学报,35(1):68-77.

王志伟,裴福萍,曹花花,等,2013.华北板块北缘东段石炭纪早期的岩浆事件及其构造意义:锆石U-Pb年龄与岩石组合证据[J].地质通报,32(2/3):279-286.

王智慧,杨浩,葛文春,等,2016.东北三江盆地始新世花岗闪长岩的发现及其地质意义:锆石U-Pb年代学、地球化学和Sr-Nd-Hf同位素证据[J].岩石学报,32(6):1823-1838.

王忠,武利文,张明,等,2003.莫尔道嘎镇幅M51C001001 1:25万区域地质调查报告[DS].北京:全国地质资料馆.DOI:10.35080/n01.c.97977.

王子进,许文良,裴福萍,等,2013.兴蒙造山带南缘东段中二叠世末—早三叠世镁铁质岩浆作用及其构造意义:来自锆石U-Pb年龄与地球化学的证据[J].地质通报,33(2):374-387.

魏斌,张忠义,杨友运,2006.鄂尔多斯盆地白垩系洛河组至环河华池组沉积相特征研究[J].地层学杂志,30(4):367-372.

魏计春,滕吉文,孙克忠,等,1990.中国山东聊城—潍坊—荣成地区地壳结构[C]//中国地球物理学会.1990年中国地球物理学会第六届学术年会论文集.北京:中国地球物理学会:99.

魏斯禹,腾吉文,王谦身,等,1990.中国东部大陆边缘地带的岩石圈结构与动力学[M].北京:科学出版社.

吴冬铭,李玮,李玉龙,等,2008.关于鸭绿江深断裂带北延的重力场证据[J].吉林地质,27(1):56-60.

吴福元,葛文春,孙德有,等,2003.中国东部岩石圈减薄研究中的几个问题[J].地学前缘,10(3):

52-61.

吴福元,李秋立,杨正赫,等,2016.朝鲜北部狼林地块构造归属与地壳形成时代.岩石学报,32(10):2933-2947.

吴福元,李献华,杨进辉,等,2007.花岗岩成因研究的若干问题[J].岩石学报,23(6):1217-1238.

吴福元,孙德有,1999.中国东部中生代岩浆作用与岩石圈减薄[J].长春科技大学学报,29(4):313-318.

吴福元,孙德有,张广良,等,2000.论燕山运动的深部地球动力学本质.高校地质学报,6(3):379-388.

吴根耀,2006.白垩纪:中国及邻区板块构造演化的一个重要变换期[J].中国地质,33(1):64-77.

吴根耀,2007.造山带古地理学:重建区域构造古地理的若干思考[J].古地理学报,9(6):635-650.

吴根耀,冯志强,杨建国,等,2006.中国东北漠河盆地的构造背景和地质演化[J].石油与天然气地质,27(4):528-535.

吴根耀,梁兴,陈焕疆,2007.试论郯城-庐江断裂带的形成、演化及其性质[J].地质科学,42(1):160-175.

吴根耀,马力,梁兴,等,2008.从郯庐断裂带两侧的"盆""山"耦合演化看前白垩纪"郯庐断裂带"的性质[J].地质通报,27(3):308-325.

吴河勇,刘文龙,2004.外围盆地评价优选[J].大庆石油地质与开发,23(5):20-22.

吴汝康,任美锷,朱显谟,等,1985.北京猿人遗址综合研究[M].北京:科学出版社.

吴文昊,PASCAL G,韩建新,2010.黑龙江嘉荫晚白垩世一鸭嘴龙亚科恐龙齿骨化石[J].世界地质,29(1):1-5.

吴新伟,徐仲元,2016.内蒙古营盘湾—东五分子一带的色尔腾山岩群的厘定及地质意义[J].岩石学报,32(9):2901-2911.

吴咏敬,2012.东北地区重力场及深部构造特征研究[D].南京:南京大学.

吴振宇,李芳雨,田宁,2021.辽西义县下白垩统沙海组木化石新材料[J].古生物学报,60(3):415-428.

吴正,1987.风沙地貌学[M].北京:科学出版社.

伍家善,耿元生,沈其韩,等,1998a.中朝古大陆太古宙地质特征及构造深化[M].北京:地质出版社,21-37.

伍家善,刘敦一,耿元生,等,1998b.鞍山太古宙花岗岩杂岩[M]//程裕淇.华北地台早前寒武纪地质研究论文集.北京:地质出版社:60-81.

武广,陈衍景,赵振华,等,2009.大兴安岭北端洛古河东花岗岩的地球化学、SHRIMP锆石U-Pb年龄和岩石成因[J].岩石学报,25(2):233-247.

武广,李之彤,王文武,2004.辽西地区中侏罗世海房沟组火山岩地球化学特征及其地质意义[J].岩石矿物学杂志,23(2):97-108.

武广,孙丰月,赵财胜,等,2007.额尔古纳成矿带西北部金矿床流体包裹体研究[J].岩石学报,23(9):2227-2240.

武广,孙丰月,赵胜财,等,2005.额尔古纳地块北缘早古生代后碰撞花岗岩的发现及地质意义[J].科学通报,50(20):2278-2288.

武利文,陈志勇,郭灵俊,等,2005.大兴安岭北部恩和哈达中侏罗统绣峰组韧性剪切带变形[J].地质与资源,14(1):1-4.

武利文,王慧,谭强,等,2010.内蒙古新巴尔虎左旗罕达盖地区早泥盆世化石的发现及意义[J].地层学杂志,34(1):51-55.

夏怀宽,许东满,1993.鸭绿江断裂(南段)的特征、活动性与地震[J].地震研究(4):391-400.

肖传桃,叶明,文志刚,等,2015.漠河盆地额木尔河群古植物群研究[J].地学前缘,22(3):299-309.

肖渊甫,郑荣才,邓江红,2009.岩石学简明教程[M].3版.北京:地质出版社:23.

谢鸣谦,2000.拼贴板块构造及其驱动机理:中国东北及邻区的大地构造演化[M].北京:科学出版社.

辛补社,2019.华北克拉通北缘承德下板城盆地三叠系二马营组凝灰岩夹层SHRIMP锆石U-Pb定年及源区分析[J].北京师范大学学报(自然科学版),55(6):796-802.

辛后田,腾学建,程银行,2011.内蒙古东乌旗宝力高庙组地层划分及其同位素年代学研究[J].地质调查与研究,34(1):1-9.

邢智峰,周虎,林佳,等,2018.河南宜阳下三叠统刘家沟组微生物成因沉积构造演化及其对古环境变化的响应[J].古地理学报,20(2):191-206.

幸仁臣,吴河勇,杨建国,2003.漠河盆地上侏罗统层序地层格架[J].地层学杂志,27(3):199-204.

徐备,CHARVET J,张福勤,2001.内蒙古北部苏尼特左旗蓝片岩岩石学和年代学研究[J].地质科学,36(4):424-434.

徐备,王志伟,张立杨,等,2018.兴蒙陆内造山带[J].岩石学报,34(10):2819-2844.

徐备,徐严,栗进,等,2016.内蒙古西部温都尔庙群的时代及其在中亚造山带中的位置[J].地学前缘,23(6):120-127.

徐备,赵盼,鲍庆中,等,2014.兴蒙造山带前中生代构造单元划分初探[J].岩石学报,30(7):1841-1857.

徐方,胡海博,韩荣文,等,2015.浅析郯庐断裂对胶东金矿集中区大规模成矿的影响[J].地质论评,61(S):560-564.

徐嘉炜,1980.郯庐断裂带的平移运动及其意义[C].北京:地质出版社:129-142.

徐嘉炜,崔可锐,朱光,等,1984.中国东部郯-庐断裂系统平移研究的若干进展[J].合肥工业大学学报自然科学版(2):28-37.

徐嘉炜,马国锋,1992.郯庐断裂带研究的十年回顾[J].地质论评,38(4):316-324.

徐嘉炜,朱光,吕培基,等,1995.郯庐断裂带平移年代学研究的进展[J].安徽地质,5(1):1-12.

徐新学,李俊健,刘俊昌,等,2011.内蒙古锡林浩特-东乌旗剖面壳幔电性结构研究[J].地球物理学报,54(5):1301-1309.

徐新忠,雷江锁,杨长来,等,1994.满洲里-绥芬河地学断面东段爆破地震测深结果[C]//中国地球物理学会.1994年中国地球物理学会第十届学术年会论文集.北京:中国地球物理学会.

徐星,汪筱林,2004.辽宁西部早白垩世义县组一新驰龙类[J].古脊椎动物学报,42(2):111-119.

徐学思,1984.郯庐断裂的平移[J].构造地质论丛(3):56-65.

徐严,颜林杰,张佳明,等,2018.中亚造山带东段晚古生代伸展构造环境的证据:内蒙古双井地区哲斯组沉积学及年代学研究[J].岩石学报,34(10):3051-3070.

徐增连,魏佳林,曾辉,等,2017.开鲁盆地东北部钱家店凹陷晚白垩世姚家组孢粉组合及其古气候意义[J].地球科学,42(10):1725-1735.

许传诗,1987.内蒙古温都尔庙地区蛇绿岩变质作用的研究[J].河北地质学院学报,1987,10(1):1-26.

许坤,杨建国,陶明华,2003.中国北方侏罗系Ⅶ:东北地层区[M].北京:石油工业出版社.

许王,2019.中朝克拉通古元古代胶-辽-吉带的构造演化:来自岩浆岩地球化学和年代学的约束[D].北京:中国地质科学院.

许文良,孙晨阳,唐杰,等,2019.兴蒙造山带的基底属性与构造演化过程[J].地球科学,44(5):1620-1646.

许文良,王枫,孟恩,等,2012.黑龙江省东部古生代—早中生代的构造演化:火成岩组合与碎屑锆石

U-Pb年代学证据[J].吉林大学学报(地球科学版),42(5):1378-1389.

许文良,王枬旎,王枫,等,2022.西太平洋俯冲带的演变:来自东北亚陆缘增生杂岩的制约[J].地质论评,68(1):1-17.

许志琴,1984.郯庐裂谷系概述[J].构造地质论丛(3):39-46.

薛建平,苏尚国,李成元,等,2017.内蒙古索伦山地区蛇绿岩岩石单元地质特征、就位机制及时限[J].现代地质,31(3):498-507.

薛祥煦,1981.陕西渭南一早更新世哺乳动物群及其层位[J].古脊椎动物学报,19(1):37-46,105-106.

薛云飞,2017.海拉尔盆地查干诺尔凹陷伊敏组孢粉组合及其地质意义[J].大庆石油地质与开发,36(2):52-59.

薛云飞,万传彪,金玉东,等,2019.孙吴-嘉荫盆地早白垩世建兴组孢粉组合研究[C]//中国古生物学会孢粉学分会.中国古生物学会孢粉学分会十届二次学术年会论文摘要集.绵阳:中国古生物学会孢粉学分会.

亚洲地质图编图组,1982.亚洲地质[M].北京:地质出版社.

闫晶晶,2007.吉林农安地区青山口组和嫩江组生物地层及古气候变化[D].北京:中国地质大学(北京).

颜秉超,王建民,郝士龙,2016.黑龙江省东部东风山岩群岩石学特征及时代探讨[J].吉林地质,35(4):14-17.

颜雷雷,2016.吉林省母猪沟金矿综合找矿信息提取及成矿预测[D].长春:吉林大学.

颜竹药,唐克东,1984.内蒙古温都尔庙群高压变质带中几个标型矿物特征[J].中国地质科学院院报(10):179-194.

杨宝俊,穆石敏,金旭,等,1996.中国满洲里-绥芬河地学断面地球物理综合研究[J].地球物理学报,39(6):772-782.

杨兵,张雄华,杨欣杰,等,2017.内蒙古锡林浩特二叠系哲斯组腕足动物群特征及其意义[J].地质通报,36(10):1683-1690.

杨承志,任建业,张振宇,等,2014.方正断陷新生代结构构造及其演化分析[J].大地构造与成矿学,38(2):388-397.

杨海星,高利东,高玉石,等,2020.内蒙古霍林河地区晚石炭世本巴图组火山岩年代学、地球化学特征及构造背景[J].中国地质,47(4):1173-1185.

杨建国,邵墨一,吴河勇,等,2008.黑龙江北部孙吴-嘉荫盆地沉积相类型及其演化[J].地质科学,43(4):53-54.

杨金中,邱海峻,孙加鹏,等,1998.跃进山岩系及其构造意义[J].长春科技大学学报,28(4):380-385.

杨舒程,李智,万波,等,2014.辽宁地区主要断裂构造卫星遥感解译特征及其与地震关系研究[J].防灾减灾学报,30(2):13-21.

杨巍然,隋志龙,MATS V D,2003.俄罗斯贝加尔湖区伸展构造及与中国东部伸展构造对比[J].地球科学进展,18(1):45-49.

杨文麟,骆满生,王成刚,等,2014.兴蒙造山系新元古代—古生代沉积盆地演化[J].地球科学——中国地质大学学报,39(8):1154-1168.

杨文涛,张鸿禹,方特,等,2022.华北盆地南部济源地区和尚沟组凝灰岩锆石U-Pb定年及其地层学意义[J/OL].地球科学:1-16[2022-03-30].http://kns.cnki.net/kcms/detail/42.1874.P.20211125.1833.006.html

杨晓平,胡道功,刘晓佳,等,2018.东北漠河盆地开库康组LA-MC-ICP-MS锆石U-Pb年龄及其构造意义[J].地球科学与环境学报,40(3):237-251.

杨晓平,江斌,杨雅军,2019.大兴安岭早白垩世火山岩的时空分布特征[J].地球科学,44(10): 3237-3251.

杨学林,孙礼文,1982.松辽盆地东南部沙河子组和营城组的植物化石[J].古生物学报,21(5): 588-596,633-635.

杨雅军,张立东,张立君,等,2012.大兴安岭地区三叠系划分与对比[J].地质与资源,21(1):67-73.

杨泽黎,胡晓佳,王树庆,等,2020.内蒙古东乌旗北部早古生代火山岩年代学、地球化学特征及地质意义[J].岩石学报,36(4):1107-1126.

杨泽黎,刘洋,腾飞,等,2019.白乃庙岛弧东段早古生代火山岩年代学、地球化学特征及地质意义[J].高校地质学报,25(2):206-220.

杨泽黎,王树庆,胡晓佳,等,2017.内蒙古吉尔嘎郎图早古生代岩体成因:年代学、地球化学及Nd-Hf同位素制约[J].地质通报,36(8):1369-1384.

杨泽黎,王树庆,胡晓佳,等,2018.内蒙古东乌珠沁旗早古生代辉长闪长岩年代学和地球化学特征及地质意义[J].岩石矿物学杂志,37(3):349-365.

杨振升,徐仲元,刘正宏,等,2008.高级变质区区域地质调查与综合研究方法[M].北京:地质出版社.

杨中柱,陈树良,董万德等,2014.中华人民共和国辽宁省区域地质志(共四册)[R].沈阳:辽宁省地质矿产调查院.

杨中柱,孟庆成,江江,等,1996.辽南变质核杂岩构造[J].辽宁地质(4):241-250.

杨子赓,牟昀智,1981.对周口店地区晚新生代地层的新认识[J].科学通报(13):807-810.

姚欢,孙朝辉,刘喜恒,等,2013.内蒙古中部主要断裂对晚古生代地层分布的控制研究[J].长江大学学报(自科版),10(16):1-4,47.

叶慧文,张兴洲,周裕文,1994.牡丹江地区蓝片岩中脉状青铝闪石$^{40}Ar-^{39}Ar$年龄及其地质意义[J].长春地质学院学报,24(4):369-372.

叶蕴琪,2020.松辽盆地西南部晚白垩世嫩江组至四方台组非海相介形类的分类和生物地层对比[D].北京:中国地质大学(北京).

尹庆柱,1988.河北迁安水厂铁矿紫苏花岗岩及围岩的岩石学、地球化学、同位素地质年代学研究[D].北京:中国地质科学院.

于成广,2016.辽宁鸭绿江成矿带水系沉积物地球化学特征及成矿远景预测[D].北京:中国地质大学(北京).

于鸿禄,1996.敦密断裂带构造特征与控煤规律[J].东北煤炭技术(3):36-45.

于洋,陈智斌,周文孝,等,2017.内蒙古东乌旗瓦窑地区奥陶纪铜山组沉积时代及构造环境判别[J].地质通报,36(10):1814-1822.

余大新,吴庆举,李永华,等,2015.蒙古中南部地区面波相速度层析成像[J].地球物理学报,58(1):134-142.

袁桂林,2010.泛三江地区残留盆地群构造演化[D].北京:中国地质大学(北京).

袁洪林,吴福元,高山,等,2003.东北地区新生代侵入体的锆石激光探针U-Pb年龄测定与稀土元素成分分析[J].科学通报,48(14):1511-1520.

袁永真,张小博,张鹏辉,等,2015.西拉木伦河断裂重、磁、电特征分析[J].物探与化探,39(6):1299-1304.

苑立青,1994.黑龙江密山地区晚古生代煤系的发现[J].煤田地质与勘探,22(1):1-4.

曾普胜,赵九江,温利刚,等,2020.郯庐断裂带山东段金伯利岩和碱性岩浆岩的深源特征矿物信息及其资源能源意义[J].地质学报,94(9):2626.

曾庆栋,刘建明,张作伦,等,2009.华北克拉通北缘鸡冠山斑岩钼矿床成矿年代及印支期成矿事件[J].岩石学报,25(2):393-398.

曾涛,王涛,童英,等,2012.俄罗斯远东地区晚中生代花岗岩类的时空分布及其地质意义[J].地质通报,31(5):732-744.

翟大兴,张永生,田树刚,等,2015.内蒙古林西地区上二叠统林西组沉积环境与演变[J].古地理学报,17(3):359-370.

翟明国,2019.华北克拉通构造演化[J].地质力学学报,25(5):722-745.

翟明国,彭澎,2007.华北克拉通古元古代构造事件[J].岩石学报,23(11):2665-2682.

翟明见,朱光,刘备,等,2016.依兰-伊通断裂新构造活动规律分析[J].地质科学,51(2):594-618.

翟裕生,张湖,宋鸿林,1997.大型构造与超大型矿床[M].北京:地质出版社.

张碧秀,汤永安,1988.沂沭断裂带地壳结构特征[J].中国地震,4(3):16-22.

张长厚,王根厚,王果胜,等,2002.辽西地区燕山板内造山带东段中生代逆冲推覆构造[J].地质学报,76(1):64-76.

张长厚,吴淦国,王根厚,等,2004a.冀东地区燕山中段北西向构造带:构造属性及其年代学[J].中国科学(D辑:地球科学),34(7):600-612.

张长厚,吴淦国,徐德斌,等,2004b.燕山板内造山带中段中生代构造格局与构造演化[J].地质通报,23(9/10):864-875.

张长厚,张勇,李海龙,等,2006.燕山西段及北京西山晚中生代逆冲构造格局及其地质意义[J].地学前缘,13(2):165-183.

张超,柳蓉,刘招君,等,2015.梅河盆地古近系梅河组沉积层序演化特征[J].世界地质,34(4):1031-1041.

张超,吴新伟,刘正宏,等,2018.松嫩地块西缘前寒武岩浆事件:来自龙江地区古元古代花岗岩锆石LA-ICP-MS U-Pb年代学证据[J].岩石学报,34(10):3137-3152.

张臣,吴泰然,1999.内蒙古苏左旗南部早古生代蛇绿混杂岩特征及其构造意义[J].地质科学,34(3):381-389.

张德军,张健,苏飞,等,2019.松辽盆地西南隆起区发现晚白垩世嫩江组叶肢介化石[J].地质与资源,28(3):231-235,265.

张德润,徐昆,眭素文,1997.西拉木伦河深断裂地球物理场特征及地质作用问题的探讨[C]//中国地球物理学会.1997年中国地球物理学会第十三届学术年会论文集.北京:中国地球物理学会.

张国宾,2014.黑龙江省东部完达山地块区域成矿系统研究[D].长春:吉林大学.

张国仁,江淑娥,韩晓平,等,2006.鸭绿江断裂带的主要特征及其研究意义[J].地质与资源,15(1):11-19.

张海华,徐德斌,张扩,2014.大兴安岭北段泥盆系泥鳅河组地球化学特征及沉积环境[J].地质与资源,23(4):316-322.

张汉荣,范文仲,范和平,1988.河北蔚县地区侏罗纪含煤地层[J].地层学杂志,(4):281-289.

张宏,1994.郯-庐断裂系的两期左行平移及其中生代时期演化史[J].辽宁地质,(1/2):131-143.

张宏,王明新,柳小明,2008.LA-ICP-MS测年对辽西—冀北地区髫髻山组火山岩上限年龄的限定[J].科学通报,53(15):1815-1824.

张辉煌,徐义刚,葛文春,等,2006.吉林伊通大屯地区晚中生代新生代玄武岩的地球化学特征及其意义[J].岩石学报,22(6):1579-1596.

张家辉,田辉,王惠初,等,2019a.华北克拉通怀安杂岩中早前寒武纪两期变质表壳岩的重新厘定:岩石学及锆石U-Pb年代学证据[J].地球科学,44(1):1-22.

张家辉,王惠初,田辉,等,2019b.华北克拉通怀安杂岩中"MORB"型高压基性麻粒岩的成因及其构造意义[J].岩石学报,35(11):3506-3528.

张金凤,刘正宏,关庆彬,等,2017.内蒙古苏尼特右旗白乃庙地区徐尼乌苏组的形成时代及其地质意义[J].岩石学报,33(10):3147-3160.

张炯飞,权恒,武广,等,2000.东北地区中生代火山岩形成的构造环境[J].贵金属地质,9(1):33-38.

张克信,潘桂棠,何卫红,等,2015.中国构造-地层大区划分新方案[J].地球科学——中国地质大学学报,40(2):206-233.

张理刚,1992.中国东部岩石圈铅同位素化学结构与动力学研究[J].矿物岩石地球化学通报(3):133-137.

张立东,金成洙,郭胜哲,等,2004.北票—义县地区义县组珍稀化石层位对比及时代[J].地质与资源,13(4):193-201,221.

张立君,1987.松辽盆地南部沙河子组和泉头组介形类[J].微体古生物学报,4(4):387-401,458-460.

张立君,张立东,杨雅军,等,2012.辽西建昌盆地下白垩统义县组的划分及其介形类化石[J].地质与资源,21(1):81-92.

张立君,张英菊,1982.辽宁阜新盆地阜新组介形虫化石[J].古生物学报,21(3):362-370,405-406.

张连昌,英基丰,陈志广,等,2008.大兴安岭南段三叠纪基性火山岩时代与构造环境[J].岩石学报,24(4):911-920.

张路锁,张树胜,袁东翔,等,2009.冀西北地区早、中侏罗世地层划分及其区域对比[J].地质论评,55(5):628-638.

张履桥,邵济安,1998.内蒙古甘珠尔庙变质核杂岩[J].地质科学,33(2):140-146.

张梅生,彭向东,孙晓猛,1998.中国东北区古生代构造古地理格局[J].辽宁地质(2):91-96.

张鹏辉,张小博,方慧,等,2020.地球物理资料揭示的嫩江-八里罕断裂中段深浅构造特征[J].吉林大学学报(地球科学版),50(1):261-272.

张普林,张轶男,1994.吉林省"七五"期间基础地质研究简介[J].中国区域地质(2):181-182.

张旗,王焰火,李承东,等,2006.花岗岩的Sr-Yb分类及其地质意义[J].岩石学报,22(9):2249-2269.

张秋生,寒光,韩树华,等,1988.辽东半岛早期地壳与矿床[M].北京:地质出版社.

张世伟,魏春景,段站站,2017.冀东太古宙奥长花岗质岩石的成因模拟[J].中国科学:地球科学,47(4),494-508.

张书义,2020.内蒙古新巴尔虎右旗塔木兰沟组火山岩年代学与地球化学特征[J].吉林大学学报(地球科学版),50(1):129-138.

张帅,2019.鸭绿江断裂带及旁侧地区中生代构造特征与演化历史[D].合肥:合肥工业大学.

张拴宏,赵越,刘健,等,2007.华北地块北缘晚古生代—中生代花岗岩体侵位深度及其构造意义[J].岩石学报,23(3):625-638.

张拴宏,赵越,宋彪,2004.冀北隆化早前寒武纪高级变质区内的晚古生代片麻状花岗闪长岩:锆石SHRIMP U-Pb年龄及其构造意义[J].岩石学报,20(3):621-626.

张拴宏,赵越,叶浩,等,2013.燕辽地区长城系串岭沟组及团山子组沉积时代的新制约[J].岩石学报,29(7):2481-2490.

张顺,林春明,吴朝东,等,2003.黑龙江漠河盆地构造特征与成盆演化[J].高校地质学报,9(3):411-419.

张维,简平,2008.内蒙古达茂旗北部早古生代花岗岩类SHRIMP U-Pb年代学[J].地质学报,82

(6):778-787.

张武,董国义,1983.东北地区的三叠系[C].沈阳:辽宁科学技术出版社:1-56.

张武,郑少林,1984.辽西金岭寺-羊山盆地上三叠统老虎沟组植物化石新材料[J].古生物学报,23(3):382-393,425-427.

张武,郑少林,常绍泉,1983.辽宁本溪中三叠世林家植物群的研究[J].中国地质科学院沈阳地质矿产研究所文集(8):66-100.

张晓飞,刘俊来,冯俊岭,等,2016.内蒙古锡林浩特乌拉苏太大石寨组火山岩年代学、地球化学特征及其地质意义[J].地质通报,35(5):766-775.

张晓飞,周毅,曹军,等,2018a.内蒙古西乌旗罕乌拉地区双峰式侵入体年代学、地球化学特征及其对古亚洲洋闭合时限的制约[J].地质学报,92(4):665-686.

张晓飞,周毅,刘俊来,等,2018b.内蒙古西乌旗大石寨组火山岩年代学和地球化学特征及地质意义[J].岩石学报,34(6):1775-1791.

张兴洲,1992.佳木斯地体的早期碰撞史-黑龙江岩系的构造-岩石学证据[D].长春:长春地质学院.

张兴洲,郭冶,曾振,等,2015.东北地区中—新生代盆地群形成演化的动力学背景[J].地学前缘,22(3):88-98.

张兴洲,马玉霞,迟效国,等,2012.东北及内蒙古东部地区显生宙构造演化的有关问题[J].吉林大学学报(地球科学版),42(5):1269-1285.

张兴洲,马志红,2010.黑龙江东部中—新生代盆地演化[J].地质与资源,19(3):191-196.

张兴洲,乔德武,迟效国,等,2011.东北地区晚古生代构造演化及其石油地质意义[J].地质通报,31(2):205-213.

张雅晨,2019.松辽盆地西盆地群地球物理场及构造特征[D].长春:吉林大学.

张艳斌,吴福元,杨正赫,等,2016.朝鲜半岛北部显生宙花岗岩成因研究及地质意义[J].岩石学报,32(10):3098-3122.

张焱杰,徐备,田英杰,等,2018.兴蒙造山带晚古生代伸展过程:来自二连浩特东北部石炭—二叠系沉积地层的证据[J].岩石学报,34(10):3083-3100.

张一涵,2014.内蒙古东北部额尔古纳河群和乌宾敖包组的形成时代与物源:碎屑锆石U-Pb年代学证据[D].长春:吉林大学.

张宜,郑少林,李之彤,等,2019.辽东本溪林家组属于中三叠世之锆石、古生物和地层证据[J].地质与资源,28(5):434-442.

张永生,田树刚,李子舜,等,2013.兴蒙地区二叠系乐平统林西组上部发现海相化石[J].科学通报,58(33):3429-3439.

张用夏,李卢玲,1984.郯庐断裂带的平移及其对邻区构造的影响[J].构造地质论丛(3):1-8.

张渝金,吴新伟,杨雅军,等,2015.大兴安岭北段泥盆纪大民山组硅质岩地球化学特征及沉积环境[J].地质与资源,24(3):173-178.

张渝金,吴新伟,杨雅军,等,2016a.大兴安岭中段东坡龙江盆地早白垩世植物化石新材料[J].地质通报,35(6):856-865.

张渝金,吴新伟,张超,等,2018a.黑龙江龙江盆地中侏罗统万宝组时代确定新证据及其地质意义[J].地学前缘,25(1):182-196.

张渝金,杨雅军,蔡闹,等,2018b.大兴安岭中段龙江盆地热河生物群化石组合及生存时限:来自生物地层、年代地层新证据[J].地质学报,92(2):197-214.

张渝金,杨雅军,梁飞,等,2021.龙江盆地西缘中侏罗世孢粉植物群及其对古气候的指示[J].地质通报,40(6):905-919.

张渝金,张超,郭建刚,等,2018c. 大兴安岭南段阿鲁科尔沁旗坤都地区林西组碎屑锆石U-Pb年龄、地球化学特征及其地质意义[J]. 地质通报,37(9):1682-1692.

张渝金,张超,谭红艳,等,2019. 大兴安岭南段陆相二叠系—三叠系界线地层序列及其意义:来自锆石U-Pb年代学和生物地层学的证据[J]. 地球科学,44(10):3314-3332.

张渝金,张超,吴新伟,等,2016b. 大兴安岭北段扎兰屯地区晚古生代海相火山岩年代学和地球化学特征及其构造意义[J]. 地质学报,90(10):2706-2720.

张欲清,张长厚,侯丽玉,等,2019. 内蒙古东南部西拉木伦缝合带两侧二叠纪以来的叠加褶皱变形:对同碰撞和碰撞后变形的启示[J]. 地学前缘,26(2):264-280.

张岳桥,董树文,2008. 郯庐断裂带中生代构造演化史:进展与新认识[J]. 地质通报,27(9):1371-1390.

张岳桥,赵越,董树文,等,2004. 中国东部及邻区早白垩世裂陷盆地构造演化阶段[J]. 地学前缘,11(3):123-133.

张允平,那福超,宋维民,等,2021. 对东北地区古生代几个重要时段地层古生物信息的区域构造学思考[J]. 地质与资源,30(1):1-13.

张允平,宋维民,那福超,2018. 对冀北—辽西—大兴安岭地区晚中生代地层划分、对比的区域构造学思考[J]. 地质与资源,27(4):307-316.

张允平,宋维民,那福超,等,2016. 东北亚活动大陆边缘中生代构造格架主体特点[J]. 地质与资源,25(5):407-423.

张允平,苏养正,李景春,2010. 内蒙古中部地区晚志留世西别河组的区域构造学意义[J]. 地质通报,29(11):1559-1605.

张允平,2011. 东北亚地区晚侏罗—早白垩纪构造格架主体特点[J]. 吉林大学学报(地球科学版),41(5):1267-1284.

张振法,1994. 根据深部地球物理资料和古板块构造格架重新厘定槽台界线[J]. 内蒙古地质(Z1):1-15.

张振法,葛昌宝,2000. 内蒙古东部区深部构造特征和大地构造问题浅议[J]. 内蒙古地质(3):6-18,37.

张宗祜,闵隆瑞,朱关祥,2003. 河北省阳原台儿沟剖面泥河湾河湖相层岩石地层的划分[J]. 地质通报,22(6):5.

章凤奇,庞彦明,杨树锋,等,2007. 松辽盆地北部断陷区营城组火山岩锆石SHRIMP年代学、地球化学及其意义[J]. 地质学报,81(9):1248-1258.

赵传本,1985. 黑龙江省东部晚白垩世地层及孢粉组合新发现[J]. 地质论评,31(3):204-212,289-290.

赵春荆,彭玉鲸,党增欣,等,1996. 吉黑东部构造格架及地壳演化[M]. 沈阳:辽宁大学出版社:144-201.

赵俊峰,刘池洋,梁积伟,等,2010. 鄂尔多斯盆地直罗组—安定组沉积期原始边界恢复[J]. 地质学报,84(4):553-569.

赵俊兴,陈洪德,张锦泉,1999. 鄂尔多斯盆地下侏罗统富县组沉积体系及古地理[J]. 岩相古地理,19(5):40-46.

赵立国,王磊,李娟娟,等,2015. 佳木斯地块中部兴东岩群大盘道岩组U-Pb年代学证据[J]. 地质与资源,24(6):532-538.

赵立国,杨晓平,赵省民,等,2014. 漠河盆地额木尔河群锆石U-Pb年龄及地质意义[J]. 地质力学学报,20(3):285-291.

赵立敏,刘永江,滕加雨,等,2018.内蒙古头道桥地区蓝闪石片岩和相关变质岩石岩石学特征及其构造意义[J].吉林大学学报(地球科学版),48(2):534-544.

赵硕,许文良,唐杰,等,2016a.额尔古纳地块新元古代岩浆作用与微陆块构造属性:来自侵入岩锆石U-Pb年代学、地球化学和Hf同位素的制约[J].地球科学,41(11):1803-1829.

赵硕,许文良,王枫,等,2016b.额尔古纳新元古代岩浆作用:锆石U-Pb年代学证据[J].大地构造与成矿学,40(3):559-573.

赵文智,李建忠,2004.基底断裂对松辽南部油气聚集的控制作用[J].石油学报,25(4):1-6.

赵秀娟,2012.内蒙古西拉木伦河河流阶地及中更新世晚期以来的新构造运动研究[D].北京:中国地质大学(北京).

赵越,陈斌,张拴宏,等,2010.华北克拉通北缘及邻区前燕山期主要地质事件[J].中国地质,37(4):900-915.

赵越,宋彪,张拴宏,等,2006.北京西山侏罗纪南大岭组玄武岩的继承锆石年代学及其含义[J].地学前缘,13(2):184-190.

赵芝,2011.大兴安岭北部晚古生代岩浆作用及其构造意义[D].长春:吉林大学.

赵芝,迟效国,刘建峰,等,2010a.内蒙古牙克石地区晚古生代弧岩浆岩:年代学及地球化学证据[J].岩石学报,26(11):3245-3258.

赵芝,迟效国,潘世语,等,2010b.小兴安岭西北部石炭纪地层火山岩的锆石LA-ICP-MS U-Pb年代学及其地质意义[J].岩石学报,26(8):2452-2464.

郑常青,李娟,金巍,等,2015.松辽盆地西缘断裂带中花岗质糜棱岩的锆石SHRIMP和云母氩-氩年龄及其构造意义[J].吉林大学学报(地球科学版),45(2):349-363.

郑常青,姚文贵,孙忠实,等,2013.1:25万柴河镇幅、蘑菇气幅区域地质调查[R].北京:全国地质资料馆.

郑常青,周建波,金巍,等,2009.大兴安岭地区德尔布干断裂带北段构造年代学研究[J].岩石学报,25(8):1989-2000.

郑少林,高家俊,薄学,2008.辽宁北票下白垩统义县组的单子叶被子植物新属种[J].古生物学报,47(3):326-340.

郑少林,张武,1990.辽宁田师傅早中侏罗世植物群[J].辽宁地质(3):212-237.

郑少林,张莹,1994.松辽盆地的白垩纪植物[J].古生物学报,33(6):756-764,805-808.

郑绍华,李传夔,1986.中国的模鼠(Mimomys)化石[J].古脊椎动物学报(2):3-31,89.

郑晔,滕吉文,1989.随县-马鞍山地带地壳与上地幔结构及郯庐构造带南段的某些特征[J].地球物理学报,32(6):648-659.

郑月娟,1993.内蒙古赤峰地区早二叠世于家北沟组双壳动物群[J].中国地质科学院沈阳地质矿产研究所集刊(2):89-102.

郑月娟,陈树旺,丁秋红,等,2009.辽西地区阜新组与松辽盆地营城组、登楼库组的对比及其时代[J].地质与资源,18(3):161-165.

郑月娟,陈树旺,丁秋红,等,2011.辽西义县组与冀北大店子组、西瓜园组的对比[J].地质与资源,20(1):21-26.

中国地质调查局,2004.中华人民共和国地质图说明书(1:2 500 000)[M].北京:中国地图出版社:3.

钟以章,李智,吴劲松,2012.辽宁省丹东市新城区活动断裂探测及地震危险性评价[J].防灾减灾学报,28(2):1-8.

周伏洪,1985.关于郯庐断裂和东北南部主要断裂的关系[J].地震地质,7(2):1-9.

周光照,2019.山东土门群佟家庄组年代地层学和生物地层学研究[D].青岛:山东科技大学.

周明镇,齐陶,1982.山东新泰中始新世化石哺乳类新材料[J].古脊椎动物学报,20(4):38-112.

周慕林,2000.中国地层典:第四系[M].北京:地质出版社.

周琴,吴福元,储著银,等,2010.吉林省伊通地区橄榄岩包体的同位素特征与岩石圈地幔时代[J].岩石学报,26(4):1241-1264.

周振华,冯佳睿,吕林素,等,2009.内蒙古黄岗梁-乌兰浩特锡铅锌铜多金属成矿带成矿机制研究[J].矿物学报,29(S1):516-516.

周志广,2009.补力太幅K49C002003 1:25万区域地质调查报告[R].北京:中国地质大学(北京)地质调查研究院.

周志广,谷永昌,柳长峰,等,2010.内蒙古东乌珠穆沁旗满都胡宝拉格地区早—中二叠世华夏植物群的发现及地质意义[J].地质通报,29(1):21-25.

朱慈英,赵武锋,1989.黑龙江省尚志县小金沟中奥陶世腕足动物[J].中国地质科学院沈阳地质矿产研究所文集(18):8-14.

朱光,刘程,顾承串,等.2018.郯庐断裂带晚中生代演化对西太平洋俯冲历史的指示[J].中国科学:地球科学,48(4):415-435.

朱光,刘国生,牛漫兰,等,2003.郯庐断裂带的平移运动与成因[J].地质通报,22(3):200-207.

朱光,刘国生,宋传中,等,2000.郯庐断裂带的脉动式伸展活动[J].高校地质学报,6(3):396-404.

朱光,牛漫兰,刘国生,等,2002a.郯庐断裂带早白垩世走滑运动中的构造、岩浆、沉积事件[J].地质学报,76(3):325-334.

朱光,牛漫兰,宋传中,等,2001.郯庐断裂带新生代的上地幔剪切作用与火山活动[J].安徽地质,11(2):106-112.

朱光,宋传中,牛漫兰,等,2002b.郯庐断裂带的岩石圈结构及其成因分析[J].高校地质学报,8(3):248-256.

朱光,王道轩,刘国生,等,2004.郯庐断裂带的演化及其对西太平洋板块运动的响应[J].地质科学,39(1):36-49.

朱群,刘斌,柴璐,2014.东北亚南部地区地质与矿产[M].武汉:中国地质大学出版社:216-247.

朱群,刘斌,柴璐,等,2010.东北亚地区地质矿产综合图件编制研究报告[DS].北京:全国地质资料馆,2010.DOI:10.35080/n01.c.123852

朱日祥,朱光,李建威,等,2012.华北克拉通破坏[M].北京:科学出版社.

祝洪臣,张炯飞,权恒,2005.大兴安岭中生代两期成岩成矿作用的元素、同位素特征及其形成环境[J].吉林大学学报(地球科学版),35(4):436-442.

祝洪臣,张炯飞,权恒,等,1999.额尔古纳地区有色、贵金属成矿特征[J].贵金属地质,8(4):193-198.

邹滔,2012.内蒙古敖仑花斑岩型钼矿床岩浆演化与成矿机理研究[D].昆明:昆明理工大学.

LE MAITRE R W,1991.火成岩分类及术语辞典[M].北京:地质出版社.

М.Н.АЛЕКСЕЕВ,Л.В.ГОЛУБЕВА,1984.苏联远东滨海地区的始更新世、下更新世和中更新世地层[J].国外第四纪地质(3):24.

SERGEI S S,1997.西伯利亚克拉通寒武纪沉积史:碳酸盐台地和盆地的演化[J].岩相古地理,17(5):27-39.

Л.В.ГОЛУБЕВА,Л.П.КАРАУЛОВА,1985a.苏联远东地区南部更新世和全新世的植物和气候地层(一)[J].国外第四纪地质(3):56.

Л.В.ГОЛУБЕВА,Л.П.КАРАУЛОВА,1985b.苏联远东地区南部更新世和全新世的植物和气候地层(二)[J].国外第四纪地质(4):1.

BADARCH G, DICKSON W, WINDLE B F, 2002. A new terrane subdivision for Mongolia: implications for the Phanerozoic crustal growth of Central Asia[J]. Journal of Asian Earth Sciences, 21(1): 87-110.

BEAMAN M, SAGER W W, ACTON G D, et al., 2007. Improved Late Cretaceous and Early Cenozoic Paleomagnetic apparent polar wander path for the Pacific plate[J]. Earth & Planetary Science Letters, 262(1/2): 1-20.

BEARD K C, WANG B, 1991. Phylogenetic and biogeographic significance of the tarsiiform primate Asiomomys changbaicus from the eocene of Jilin Province, People's Republic of China[J]. American Journal of Physical Anthropology, 85(2): 159-166.

BI J H, GE W C, YANG H, et al., 2017. Age, petrogenesis, and tectonic setting of the Permian bimodal volcanic rocks in the eastern Jiamusi Massif, NE China[J]. Journal of Asian Earth Sciences, 134: 160-175.

BURIÁNEK D, SCHULMANN K, HRDLIČKOVÁ K, et al., 2017. Geochemical and geochronological constraints on distinct Early-Neoproterozoic and Cambrian accretionary events along southern margin of the Baydrag Continent in western Mongolia[J]. Gondwana Research, 47: 200-227.

BUSLOV M M, SAPHONOVA I Y, WATANABA T, et al., 2001. Evolution of the Paleo-Asian Ocean (Altai-Sayan Region, Central Asia) and collision of possible Gondwana-derived terranes with the southern marginal part of the Siberian continent[J]. Geosciences Journal, 5(3): 203-224.

CAI B Q, ZHENG S H, LIDDICOAT J C, et al., 2013. Review of the litho-, bio-, and chronostratigraphy in the Nihewan Basin, Hebei, China[M]. Columbia: Columbia University Press.

CHEN L, ZHENG T Y, XU W W, 2006. A thinned lithospheric image of the Tanlu Fault Zone, eastern China: constructed from wave equation based receiver function migration[J]. Journal of Geophysical Research: Solid Earth, 111(B9): 1-15.

CHEN Y, ZHANG Z C, LI K, et al., 2016. Geochemistry and zircon U-Pb-Hf isotopes of Early Paleozoic arv-related volcanic rocks in Sonid Zuoqi, Inner Mongolia: implications for the tectonic evolution of the southeastern Central Asian Orogenic Belt[J]. Lithos, 264: 392-404.

CHENG Y H, TENG X J, LI Y F, et al., 2014. Early Permian East-Ujimqin mafic-ultramafic and granitic rocks from the Xing'an-Mongolia Orogenic Belt, North China: origin, chronology, and tectonic implications[J]. Journal of Asian Earth Sciences, 96: 361-373.

CHUGAEV A V, BUDYAK A E, CHERNYSHEV V I, et al., 2017. Sources of clastic material of the Neoproterozoic metasedimentary rocks of the Baikal-Patom Belt, Northern Transbaikalia: evidence from Sm-Nd isotope data[J]. Geochemistry International, 55(1): 60-68.

COGNÉ J P, KRAVCHINSKY V A, HALIM N, et al., 2005. Late Jurassic-Early Cretaceous closure of the Mongol-Okhotsk Ocean demonstrated by new Mesozoic palaeomagnetic results from the Trans-Baikal area (SE Siberia)[J]. Geophysical Journal International, 163: 813-832.

COTTRELL R D, TARDUNO J A, 2003. A Late Cretaceous pole for the Pacific plate: implications for apparent and true polar wander and the drift of hotspots[J]. Tectonophysics, 362(1): 321-333.

DAVIS G A, DARBY B J, 2010. Early Cretaceous overprinting of the Mesozoic Daqing Shan fold-and-thrust belt by the Hohhot metamorphic core complex, Inner Mongolia, China[J]. Geoscience Frontiers, 1: 1-20.

DAVIS G A, DARBY B J, ZHENG Y, et al., 2002. Geometric and temporal evolution of an extensional detachment fault, Hohhot metamorphic core complex, Inner Mongolia, China[J]. Geology, 30(11):1003-1006.

DAVIS G A, WANG C, ZHENG Y D, et al., 1998. The enigmatic Yinshan fold-and-thrust belt of northern China: new views on its intraplate contractional styles[J]. Geology, 26(1):43-46.

DAVIS G A, ZHENG Y D, WANG C, et al., 2001. Mesozoic tectonic evolution of the Yanshan fold and thrust belt, with emphasis on Hebei and Liaoning Provinces, Northern China[J]. Memoir of the Geological Society of America, 194:171-197.

DELVAUX, D, MOEYS R, STAPEL G, et al., 1995. Palaeostress reconstructions and geodynamics of the Baikal region, Central Asia, part Ⅰ. Palaeozoican Mesozoic pre-rift evolution[J]. Tectonophysics, 252(1/4):61-101.

DONGSKAYA T V, WINDLEY B F, MAZUKABZOV A M, et al., 2008. Age and evolution of late Mesozoic metamorphic core complexes in southern Siberia and northern Mongolia[J]. Journal of the Geological Society, 165(1):405-421.

DONSKAYA T V, GLADKOCHU D P, MAZUKABZOV A M, et al., 2013. Late Paleozoic-Mesozoic subduction-related magmatism at the southern margin of the Siberian continent and the 150 million-year history of the Mongol-Okhotsk Ocean[J]. Journal of Asian Earth Sciences, 62:79-97.

DONSKAYA T V, SKLYAROV E V, GLADKOCHUB D P, 2000. The Baikal collisional metamorphic belt[J]. Doklady Earth Sciences, 374(7):1075-1079.

DORJSUREN B, BUJINLKHAM B, MINJIN C, et al., 2006. Geological settings of the Ulaanbaatar terrane in the Hangay-Hentey zone of the Devonian accretionary complex, central Asian orogenic belt[EB/OL]. http://www.igcp.itu.edu.tr/Publications/Dorjsuren_06.pdf.

DU J Y, TAO N, JIANG B, et al., 2021. Recognition of Late Carboniferous arc-related volcanic rocks from Ongniud Banner, southeastern Inner Mongolia: evidence of southward subduction and implication of closure time for Palaeo-Asian Ocean[J]. Geological Journal, 56(9):4499-4522.

FENG Z Q, LIU Y J, LI Y R, et al., 2017. Ages, geochemistry and tectonic implications of the Cambrian igneous rocks in the northern Great Xing'an Range, NE China[J]. Journal of Asian Earth Sciences, 144:5-21.

FENG Z Q, LIU Y J, LIU B Q, et al., 2016. Timing and nature of the Xinlin-Xiguitu Ocean: constraints from ophiolitic gabbros in the northern Great Xing'an Range, eastern Central Asian Orogenic Belt[J]. International Journal of Earth Sciences, 105(2):491-505.

FENG Z Q, LIU Y J, WU P, et al., 2018. Silurian magmatismon the easternmargin of the Erguna Block, NE China: evolution of the northern Great Xing'an Range[J]. Gondwana Research, 61:46-62.

GAUDANT J, SCHAAL S, WEI S, 2012. A short account on the Eocene fish fauna from Huadian (Jilin Province, China)[J]. Palaeobiodiversity & Palaeoenvironments, 92(4):417-423.

GE W C, CHEN J S, YANG H, et al., 2015. Tectonic implications of new zircon U-Pb ages for the Xinghuadukou Complex, Erguna Massif, northern Great Xing'an Range, NE China[J]. Journal of Asian Earth Sciences, 106:169-185.

GILDER S A, LELOUP P H, COURTILLOT V, et al., 1999. Tectonic evolution of the Tancheng-Lujiang(Tan-Lu)fault via Middle Triassic to Early Cenozoic paleomagnetic data[J]. Journal of Geophysical Research: Solid Earth Banner, 104(B7):15365-15390.

GLADKOCHUB D P, DONSKAYA T V, FEDOROVSKII V S, et al., 2014. Fragment of the early Paleozoic(~500 Ma)island arc in the structure of the Olkhon Terrane, Central Asian fold belt[J].

Doklady Earth Sciences,457(4):905-909.

GLADKOCHUB D P,DONSKAYA T V,MAZUKABZOV A M,et al.,2007. Signature of Precambrian extension events in the southern Siberian craton[J]. Ressian Geology and Geophysica,48(1):17-31.

GLADKOCHUB D P,DONSKAYA T V,STANEVICH A M,et al.,2019. U-Pb detrital zircon geochronology and provenance of Neoproterozoic sedimentary rocks in southern Siberia:new insights into breakup of Rodinia and opening of Paleo-Asian Ocean[J]. Gondwana Research,65:1-16.

GORDIENKO I V,BULGATOV A N,LASTOCHKIN,N I,et al.,2009. Composition and U-Pb isotopic age determinations(SHRIMP-II)of the ophiolitic assemblage from the Shaman paleospreading zone and the conditions of its formation(North Transbaikalia)[J]. Doklady Earth Sciences,429(9):1420-1425.

GORDIENKO I V,BULGATOV A N,RUZHENTSEV S V,et al.,2010. The late Riphean-Paleozoic history of the Uda-Vitim Island arc system in the Transbaikalian sector of the Paleo Asian Ocean[J]. Russian Geology and Geophysics,51:461-481.

GORDIENKO I V,GOROKHOVSKIY D V,ELBAEV A L,et al.,2015. New data on the early Paleozoic gabbroid and granitoid magmatism age within the Dzhida Zone of Caledonides(southwestern Transbaikalia,North Mongolia)[J]. Doklady Earth Sciences,463(2):817-821.

GORDIENKO I V,KOVACH V P,GOROKHOVSKY D V,et al.,2006. Composition,U-Pb age,and geodynamic setting of island-arc gabbroids and granitoids of the Dzhida Zone[J]. Russian Geology and Geophysics,47(8):948-955.

GOU J,SUN D Y,DENG,C Z,2020. Petrogenesis of the Neoproterozoic Xinlin ophiolite,northern Great Xing'an Range,northeastern China:implications for the evolution of the northeastern branch of the Paleo-Asian Ocean[J]. Precambrian Research,350:105925.

GRAHAM S A,HENDRIX M S,JOHNSON C L,et al.,2001,Sedimentary record and tectonic implications of Mesozoic rifting in southeast Mongolia[J]. Geological Society of America Bulletin,113(12):1560-1579.

GU C,ZHU G,LI Y,et al.,2018. Timing of deformation and location of the eastern Liaoyuan Terrane,NE China:constraints on the final closure time of the Paleo-Asian Ocean[J]. Gondwana Research,60:194-212.

GUO F,LI H X,FAN W M,et al.,2015. Early Jurassic subduction of the Paleo-Pacific Ocean in NE China:petrologic and geochemical evidence from the Tumen mafic intrusive complex[J]. Lithos,224-225:46-60.

GUO P,XU W L,YU J J,et al.,2016. Geochronology and geochemistry of Late Triassic bimodal igneous rocks at the eastern margin of the Songnen-Zhangguangcai Range Massif,Northeast China:petrogenesis and tectonic implications[J]. International Geology Review,58(2):196-215.

HEUMANN M,JOHNSON C L,WEBB L E,2018. Plate interior polyphase fault systems and sedimentary basin evolution:a case study of the East Gobi Basin and East Gobi Fault Zone,southeastern Mongolia[J]. Journal of Asian Earth Sciences,151:343-358.

HOURIGAN J K,AKININ V V,2004. Tectonic and chronostratigraphic implications of new $^{40}Ar/^{39}Ar$ geochronology and geochemistry of the Arman and Maltan-Ola volcanic fields,Okhotsk-Chukotka volcanic belt,northeastern Russia[J]. Geological Society of America,116(5):637-654.

HUANG D L,HOU Q Y,2017. Devonian alkaline magmatism in the northern North China Craton:geochemistry,SHRIMP zircon U – Pb geochronology and Sr – Nd – Hf isotopes[J]. Geoscience Frontiers,8(1):171 – 181.

HUANG T K,1945. On major tectonic forms of China[J]. Nem. Geol. Surv. China,A(20):1 – 165.

ISOZAKI Y,AOKI K,NAKAMA T,et al.,2010. New insight into a subduction – related orogen: a reappraisal of the geotectonic framework and evolution of the Japanese Islands[J]. Gondwana Research,18(1):82 – 105.

JAHN B M,2009. Peralkaline granitoid magmatism in the Mongolian – Transbaikalian Belt:evolution,petrogenesis and tectonic significance[J]. Lithos,113(3):521 – 539.

JAHN B M,VALUI G,KRUK N,et al.,2015. Emplacement ages,geochemical and Sr – Nd – Hf isotopic characterization of Mesozoic to early Cenozoic granitoids of the Sikhote – Alin Orogenic Belt,Russian Far East:crustal growth and regional tectonic evolution[J]. Journal of Asian Earth Sciences,111:872 – 918.

JANOUŠEK V,JIANG Y D,BURIÁNEK D,et al.,2018. Cambrian – Ordovician magmatism of the Ikh – Mongol Arc System exemplified by the Khantaishir Magmatic Complex(Lake Zone,south – central Mongolia)[J]. Gondwana Research,54:122 – 149.

JEREMY K H,VYACHESLAV V A,2004. Tectonic and chronostratigraphic implications of new $^{40}Ar/^{39}Ar$ geochronology Okhotsk – Chukotka volcanic belt,northeastern Russia and geochemistry of the Arman and Maltan – Ola volcanic fields[J]. Geological Society of America Bulletin,116(5):637 – 654.

JIAN P,KRÖNER A,JAHN B M,et al.,2014. Zircon dating of Neoproterozoic and Cambrian ophiolites in West Mongolia and implications for the timing of orogenic processes in the central part of the Central Asian Orogenic Belt[J]. Earth Sciences Reviews,133:62 – 93.

JIAN P,KRÖNER A,WINDLEY B F,et al.,2010. Zircon ages of the Bayankhongor ophiolite mélange and associated rocks:time constraints on Neoproterozoic to Cambrian accretionary and collisional orogenesis in Central Mongolia[J]. Precambrian Research,177(1/2):162 – 180.

JIAN P,KRÖNER A,WINDLEY B F,2012. Carboniferous and Cretaceous mafic – ultramafic massifs in Inner Mongolia(China):a SHRIMP zircon and geochemical study of the previously presumed integral "Hegenshan ophiolite"[J]. Lithos,142 – 143:48 – 66.

JIAN P,LIU D Y,KRÖNER A,et al.,2008. Time scale of an early to mid – Paleozoic orogenic cycle of the long – lived Central Asian Orogenic Belt,Inner Mongolia of China:implications for continental growth[J]. Lithos,101(3/4):233 – 259.

JIANG W L,TIAN T,CHEN Y,et al.,2020. Detailed crustal structures and seismotectonic environment surrounding the Su – Lu segment of the Tan – Lu fault zone in the eastern China mainland[J]. Geosciences Journal,24(5):557 – 574.

JOHNSON C L,2004. Polyphase evolution of the East Gobi basin:sedimentary and structural records of Mesozoic – Cenozoic intraplate deformation in Mongolia[J]. Basin Research,16(1):79 – 99.

JOLIVET L,CADET J P,LALEVEE F,1988. Mesozoic evolution of Northeast Asia and the collision of the Okhotsk microcontinent[J]. Tectonophysics,149(1/2):89 – 109.

JOLIVET M,DE BOISGROLLIER T,PETIT C,et al.,2009. How old is the Baikal Rift Zone? Insight from apatite fission track thermochronology[J]. Tectonics,28:1 – 21.

JONG K D,XIAO W J,WINDLEY B F,et al.,2006. Ordovician $^{40}Ar/^{39}Ar$ phengite ages from the blueschist – facies Ondor Sum subduction – accretion complex(Inner Mongolia)and implications for the Early Paleozoic history of continental blocks in China and adjacent areas[J]. American Journal of Science,306(10):799-845.

KANYGIN A V,DRONOV A,TIMOKHIN A,et al.,2010. Depositional sequences and palaeoceanographic change in the Ordovician of the Siberian craton[J]. Palaeogeography,Palaeoclimatology,Palaeoecology,296(3/4):285-296.

KANYGIN A V,YADRENKINA A G,TIMOKHIN A V,et al.,2007. Stratigraphy of the oil- and gas-bearing basins of Siberia in the Ordovician of the Siberian Platform[J]. Novosibirsk:Akad. Izd. Geo. (in Russian).

KARSAKOV L P,ZHAO C,MALYSHEV Y F,et al.,2008. Tectonic,deepstructure,metallogeny of the Central Asian-Pacific belts junction area:explanatory notes to the tectonic map scale of 1:500 000[M]. Beijing:Geological Publishing House:213.

KEE W S,WON KIM S,JEONG Y J,et al.,2010. Characteristics of Jurassic continental arc magmatism in South Korea:tectonic implications[J]. The Journal of Gedogy,118(3):305-323.

KEMKIN I V,2008. Structure of terranes in a Jurassic accretionary prism in the Sikhote-Alin-Amur area:implications for the Jurassic geodynamic history of the Asian eastern margin[J]. Russian Geology and Geophysics,49(10):759-770.

KHANCHUK A I,PANCHENKO I V,KEMKIN I V,1988. Geodynamic evolution of Sikhote-Alin and Sakhalin in the Paleozoic and Mesozoic[M]. Vladivostok:Far East Branch of the USSR Academy of Sciences:56.

KHUDOLEY A K,RAINBIRD R H,STERN R A,et al.,2001. Sedimentary evolution of the Riphean-Vendian basin of southeastern Siberia[J]. Precambrian Research,111(1/4):129-163.

KIM C S,KIM G S,1997. Petrogenesis of the early Tertiary A-type Namsan alkali granite in the Kyongsang Basin,Korea[J]. Geoscience Journal,1(2):99-107.

KIM S W,KWON S,KO K,et al.,2015. Geochronological and geochemical implications of Early to Middle Jurassic continental adakitic arc magmatism in the Korean Peninsula[J]. Lithos,227:225-240.

KIRILLOVA G L,2003. Late Mesozoic-Cenozoic sedimentary basins of active continental margin of Southeast Russia:paleogeography,tectonics,and coal-oil-gas presence[J]. Marine and Petroleum Geology,20(3/4):385-397.

KRAVCHINSKY V A,COGNÉ J P,HARBERT W P,et al.,2002. Evolution of the Mongol-Okhotsk Ocean as constrained by new palaeomagnetic data from the Mongol-Okhotsk suture zone,Siberia[J]. Geophysical Journal International,148(1):34-57.

KRÖNER A,FEDOTOVA A A,KHAIN E V,et al.,2015. Neoproterozoic ophiolite and related high-grade rocks of the Baikal-Muya belt,Siberia:geochronology and geodynamic implications[J]. Journal of Asian Earth Sciences,111:138-160.

KUSKY T M,LI J H,GLASS A,et al.,2004. Origin and emplacement of Archean ophiolites of the central orogenic belt,North China Craton[J]. Journal of Earth Sciences,21(5):744-781.

KUSKY T M,WINDLEY B F,WANG L,et al.,2014. Flat slab subduction,trench suction,and craton destruction:comparison of the north China,Wyoming,and Brazilian cratons[J]. Tectonophysics,630:208-221.

LAMB M A,HANSON A D,GRAHAM S A,et al.,1999. Left-lateral sense offset of Upper Proterozoic and Paleozoic features across the Gobi Onon,Tost,and Zuunbayan faults in southern Mongolia and implications for other central Asian faults[J]. Earth and Planetary Sciences Letters,173(3):183-194.

LARIN A M, SAL'NIKOVA E B, KOTOV A B, et al., 2006. Early cretaceous age of regional metamorphism of the Stanovoi group in the Dzhugdzhur – Stanovoifoldbelt: geodynamic implications[J]. Doklady Earth Sciences, 409(5): 727 – 731.

LARSON R L, 1991. Latest pulse of Earth: evidence for a Mid – Cretaceous superplume[J]. Geology, 19(6): 547.

LARSON R L, PITMAN W C, 1972. World – wide correlation of Mesozoic magnetic anomalies, and its implications [J]. Geological Society of America Bulletin, 83(12): 3645 – 3662.

LEBEDEVA Y M, RYTSK E Y, ANDREEV A A, et al., 2018. Formation conditions of basic granulites and high – alumina gneiss of the Baikal – Muya Belt(Northern Baikal Area)[J]. Doklady Earth Sciences, 479(1): 342 – 346.

LEE S G, SHIN S C, KIM K H, et al., 2010. Petrogenesis of three Cretaceous granites in the Okcheon Meta – morphic Belt, South Korea: geochemical and Nd – Sr – Pb isotopic constraints[J]. Gondwana Research, 17(1): 87 – 101.

LEI J S, ZHAO D P, XU X W, et al., 2020. P – wave upper – mantle tomography of the Tanlu fault zone in eastern China[J]. Physics of the Earth and Planetary Interiors, 299: 1 – 15.

LI G Y, ZHOU J B, LI L, 2020a. The Early Permian active continental margin at the eastern margin of the Jiamusi Block, NE China: evidenced by zircon U – Pb chronology and geochemistry of the Erlongshan andesites[J]. Geological Journal, 55(5): 1670 – 1688.

LI J H, ZHANG Y Q, DONG S W, et al., 2012. Late Mesozoic – Early Cenozoic deformation history of the Yuanma Basin, central South China[J]. Tectonophysics, 570 – 571: 163 – 183.

LI J H, ZHANG Y Q, DONG S W, et al., 2013a. The Hengshan low – angle normal fault zone: structural and geochronological constraints on the Late Mesozoic crustal extension in South China[J]. Tectonophysics, 606: 97 – 115.

LI Q L, CHEN F K, GUO J H, et al., 2007. Zircon ages and Nd – Hf isotopic composition of the Zhaertai Group(Inner Mongolia): evidence for Early Proterozoic evolution of the northern North China Craton[J]. Journal of Asian Earth Sciences, 30(3/4): 573 – 590.

LI S Z, JAHN B M, ZHAO S J, et al., 2017a. Triassic southeastward subduction of North China Block to South China Block: insights from new geological, geophysical and geochemical data[J]. Earth – Science Review, 166: 270 – 285.

LI S Z, SUO Y H, LI X Y, et al., 2019. Mesozoic tectono – magmatic response in the East Asian ocean – continent connection zone to subduction of the Paleo – Pacific Plate[J]. Earth – Science Reviews, 192: 91 – 137.

LI S Z, ZHAO G C, SUN M, et al., 2004. Mesozoic, not Paleoproterozoic SHRIMP U – Pb zircon ages of two Liaoji granites, eastern block, North China Craton[J]. International Geology Review, 46(2): 162 – 176.

LI S Z, ZHAO G C, SUN M, et al., 2005. Deformation history of the Paleoproterozoic Liaohe assemblage in the eastern block of the North China Craton[J]. Journal of Asian Earth Sciences, 24(5): 659 – 674.

LI S, WANG T, WILDE S A, et al., 2013b. Evolution, source and tectonic significance of Early Mesozoic granitoid magmatism in the Central Asian Orogenic Belt(central segment)[J]. Earth Science Reviews, 126: 206 – 234.

LI W B, HU C S, ZHONG, R C, et al., 2015. U – Pb, $^{39}Ar/^{40}Ar$ geochronology of the metamorphic volcanic rocks of the Bainaimiao Group in central Inner Mongolia and its implications for ore genesis and geodynamic setting[J]. Journal of Asian Earth Sciences, 97: 251-259.

LI Y J, WANG G H, SANTOSH, M, et al., 2018a. Suprasubduction zone ophiolites from Inner Mongolia, North China: implications for the tectonic history of the southeastern Central Asian Orogenic Belt[J]. Gondwana Research, 59: 126-143.

LI Y J, WANG J F, WANG G H, et al., 2018b. Discovery of the plagiogranites in the Diyanmiao ophiolite, southeastern Central Asian Orogenic Belt, Inner Mongolia, China and its tectonic significance[J]. Acta Geological Sinica - English Edition, 92(2): 568-585.

LI Y, XU W L, WANG F, et al., 2017b. Triassic volcanism along the eastern margin of the Xing'an Massif, NE China: constraints on the spatial-temporal extent of the Mongol-khotsk tectonic regime[J]. Gondwana Research, 48(1): 205-223.

LI Z W, SONG C Z, LI J H, et al., 2020b. Timing of deformation along the Tan-Lu Fault Zone in eastern China: constraints from zircon U-Pb geochronology of the Malongshan Shear Zone[J]. Geological Journal, 55(12): 7916-7934.

LIKHANOV I I, SANTOSH M, 2017. Neoproterozoic intraplate magmatism along the western margin of the Siberian Craton: implications for breakup of the Rodinia supercontinent[J]. Precambrian Research, 300: 315-331.

LIU B, ZHU G, ZHAI M J, et al., 2015. Quaternary faulting of the Jiangsu part of the Tan-Lu Fault Zone, East China: evidence from field investigations and OSL dating[J]. Journal of Asian Earth Sciene, 114(1): 89-102.

LIU C H, ZHAO G C, LIU F L, et al., 2018. The southwestern extension of the Jiao-Liao-Ji belt in the North China Craton: geochronological and geochemical evidence from the Wuhe Group in the Bengbu area[J]. Lithos, 304-307: 258-279.

LIU D Y, NUTMAN A P, COMPSTON W, et al., 1992. Remnants of ⩾3800 Ma crust in the Chinese part of the Sino-Korean Craton[J]. Geology, 20: 339-342.

LIU D Y, SHEN Q H, ZHANG Z Q, et al., 1990. Archean crustal evolution in China: U-Pb geochronology of Qianxi complex[J]. Precambrian Research, 48(3): 223-244.

LIU D Y, WAN Y S, WILDE S A, et al., 2007. Eoarchean rocks in the North China Craton[M]// VAN KRANENDONK M J, SMITH R H, BENNETT V C. Earth's oldest raks. Developments in Precambrian Geology, 15: 251-273.

LIU D Y, WILDE S A, WAN Y S, et al., 2008. New U-Pb and Hf isotopic data confirm Anshan as the oldest preserved segment of the North China Craton[J]. American Journal of Sciences, 308(3): 200-231.

LIU J J, LI X, CHI J, et al., 2013. A Late-Carboniferous to early Early-Permian subduction-accretion complex in Daqing pasture, southeastern Inner Mongolia: evidence of northward subduction beneath the Siberian paleoplate southern margin[J]. Lithos, 177: 285-296.

LIU J L, MO J I, SHEN L, et al., 2011. Early Cretaceous extensional structures in the Liaodong Peninsula: structural associations, geochronological constraints and regional tectonic implications[J]. Science China Earth Sciences, 54(6): 823-842.

LIU J, CHANG M M, 2009. A new Eocene catostomid (Teleostei: Cypriniformes) from northeastern China and early divergence of Catostomidae[J]. Science in China Series D: Earth Science, 52(2): 189-202.

LIU J, HAN J, FYFE W S, 2001. Cenozoic episodic volcanism and continental rifting in northeast

China and possible link to Japan Sea development as revealed from K‑Ar geochronology[J]. Tectonophysics,339(3):385-401.

LIU M,LAI S C,ZHANG D,et al. ,2020. Constructing the latest Neoproterozoic to Early Paleozoic multiple crust‑mantle interactions in western Bainaimiao arc terrane,southeastern Central Asian Orogenic Belt[J]. Geoscience Frontiers,11(5):1727-1742.

LIU S A,LI S,GUO S,et al. ,2012. The Cretaceous adakitic‑basaltic‑granitic magma sequence on south‑eastern margin of the North China Craton:implications for lithospheric thinning mechanism[J]. Lithos,134-135:163-178.

LIU Y J,LI W M,FENG Z Q,et al. ,2017. A review of the Paleozoic tectonics in the eastern part of Central Asian Orogenic Belt[J]. Gondwana Research,43:123-148.

LIU Y J,LI W M,MA Y F,et al. ,2021. An orocline in the eastern Central Asian Orogenic Belt[J]. Earth‑Science Reviews,221:103808.

LU S N,ZHAO G C,WANG H C,et al. ,2008. Precambrian metamorphic basement and sedimentary cover of the North China Craton:a review[J]. Precambrian Research,160(1/2):77-93.

LUO Z W,XU B,SHI G Z,et al. ,2016. Solonker ophiolite in Inner Mongolia,China:a late Permian continental margin‑type ophiolite[J]. Lithos,261(28/29):72-91.

MA H T,MA X,CHEN J F,et al. ,2020. The Zhangjiatun igneous complex in the southeastern margin of the Central Asian Orogenic Belt,NE China:evidence for an Early Paleozoic intra‑oceanic arc[J]. Journal of Asian Earth Sciences,194:104182.

MA Y F,LIU Y J,PESKOVA Y,et al. 2021. Paleozoic tectonics of the eastern Central Asian Orogenic Belt in NE China[J]. China Geology,4:1-24.

MA Y F,LIU Y J,WANG Y,et al. ,2019a. Geochronology and geochemistry of the Carboniferous felsic rocks in the central Great Xing'an Range,NE China:implications for the amalgamation history of Xing'an and Songliao‑Xilinhot blocks[J]. Geological Journal,54:482-513.

MA Y F,LIU Y J,WANG Y,et al. ,2019b. Geochronology,petrogenesis,and tectonic implications of Permian felsic rocks of the central great Xing'an Range,NE China[J]. International Journal of Earth Sciences,108(2):427-453.

MANCHESTER S R,CHEN Z D,GENG B Y,et al. ,2005. Middle Eocene flora of Huadian,Jilin Province,northeastern China[J]. Acta Palaeobotanica,45(1):3-26.

MARUYAMA S,ISOZAKI Y,KIMURA G,et al. ,1997. Paleo‑geographic maps of the Japanese Islands:plate tectonic synthesis from 750 Ma to the present[J]. Island Arc,6:121-142.

MATS V D,1993. The structure and development of the Baikal rift depression[J]. Earth‑Science Review,34(2):81-118.

MENG E,XU W L,PEI F P,et al. ,2008. Chronology of Late Paleozoic volcanism in eastern and southeastern margin of Jiamusi Massif and its tectonic implication[J]. Chinese Sciences Bulletin,53(8):1231-1245.

MENG E,XU W L,PEI F P,et al. ,2011. Permian bimodal volcanism in the Zhangguangcai Range of eastern Heilongjiang Province,NE China:zircon U‑Pb‑Hf isotopes and geochemical evidence[J]. Journal of Asian Earth Sciences,41(2):119-132.

METELKIN D V,VERNIKOVSKY V A,KAZANSKY A Y,et al. ,2010. Late mesozoic tectonics of central asia based on paleomagnetic evidence[J]. Gondwana Research,18(2):400-419.

MIAO L C,BAATAR M,ZHANG F C,et al. ,2016. Cambrian Kherlen ophiolite in northeastern‑

Mongolia and its tectonic implications:SHRIMP zircon dating and geochemical constraints[J]. Lithos, 261:128-143.

MIAO L C,FAN W M,LIU D Y,et al.,2008. Geochronology and geochemistry of the Hegenshan ophiolitic complex:implications for late-stage tectonic evolution of the Inner Mongolia-Daxinganling orogenic belt,China[J]. Journal of Asian Earth Sciences,32(5/6):348-370.

MIAO L C,ZHANG F C,JIAO S J,2015. Age,protoliths and tectonic implications of the Toudaoqiao blueschist,Inner Mongolia,China[J]. Journal of Asian Earth Sciences,105:360-373.

MIAO L,ZHANG F,FAN W M,et al.,2007. Phanerozoic evolution of the Inner Mongolia-Daxinganling orogenic belt in North China:constraints from geochronology of ophiolites and associated formations[J]. Geological Society London Special Publications 280(1):223-237.

MISHIN L F,ZHAO C J,SOLDATOV A I,2003. Mesozoic-Cenozoic volcano-plutonic belts and systems in the continental part of the East of Asia and their zonality[J]. Tikhookeanskaya Geologiya, 22(3):28-47.

NEKRASOV G E,RODIONOV N V,BEREZHNAYA N G,et al.,2007. U-Pb ages of zircons from plagiogranite veins in migmatize damphibolites of the Shaman Range(Ikat-Bagdarin zone,Vitim Highland,Transbaikal region)[J]. Doklady Earth Sciences,413(2):160-163.

NIKIFOROVA O I,ANDREEVA O N,1961. Ordovician and Silurian stratigraphy of the Siberian platform and its palaeontological background[M]. Nedra,Leningrad:Trudy VSEGEI(in Russian).

NOZAKA T,LIU Y,2002. Petrology of the Hegenshan ophiolite and its implications for the tectonic evolution of northern China[J]. Earth and Planet Science Letters,202(1):89-104.

NOZHKIN A D,TURKINA O M,BAYANOVA T B,et al.,2004. The granitoids of thesouth-western frame of the Siberian craton as indicators of the Ripheanjuvenilecrust forming and following accretion-collisional processes[C]//SKLYAROV E V. Geodynamic evolution of the lithosphere of the Central Asian Mobile Belt. Irkutsk:IG SBRAS:49-52(in Russian).

NUTMAN A P,CHERNYSHEV I V,BAADSGAARD H,et al.,1992. The Aldan Shield of Siberia,USSR:the age of its Archean components and evidence for widespread reworking in the mid-Proterozoic[J]. Precambrian Research,54(2/4):195-210.

NUTMAN AP,WAN Y S,DU L L,et al.,2011. Multistage Late Neoarchean crustal evolution of the North China Craton,eastern Hebei[J]. Precambrian Research,189(1/2):43-65.

OKAY A I,SENGÖR A M C,1992. Evidence for intracontinental thrust-related exhumation of the ultra-high-pressure rocks in China[J]. Geology,20(5):411-414.

PANG C J,WANG X C,XU B,et al.,2016. Late Carboniferous N-MORB-type basalts in central Inner Mongolia,China:products of hydrous melting in an intraplate setting?[J]. Lithos,261:55-71.

PANG C J,WANG X C,XU B,et al.,2017. Hydrous parental magmas of Early to Middle Permian gabbroic intrusions in western Inner Mongolia,North China:new constraints on deep-Earth fluid cycling in the Central Asian Orogenic Belt[J]. Journal of Asian Earth Sciences,144:184-204.

PARFENOV L M,1984. Continental margins and island arcs of the Mesozoides of northeastern Asia[M]. Novosibirsk:Nauka.

PARFENOV L M,BADARCH G,BERZIN N A,et al.,2009. Summary of Northeast Asia geodynamics and tectonics[J]. Stephan Mueller Spec. Publ. Ser.,4:11-33.

PARFENOV L M,POPEKO L I,TOMURTOGOO O,2001. Problems of tectonics of the Mongol-Okhotsk orogenic belt[J]. Geology of the Pacific Ocean,16(5):797-830.

PEI F P,ZHANG Y,WANG Z W,et al.,2016. Early – Middle Paleozoic subduction – collision history of the south – eastern Central Asian Orogenic Belt:evidence from igneous and metasedimentary rocks of central Jilin Province,NE China[J]. Lithos,261:164 – 180.

PISAREVSKY S A,NATAPOV L M,2003. Siberia in Rodinia[J]. Tectonophysics,375(1/4):221 – 245.

PITCHER W S,1983. Granite type and tectonic environment[M]//HSU K. Mountain building processes[M]. London:Academic Press:19 – 40.

PITCHER W S,1997. The Nature and Origin of Granite[M]. 2nd ed. London:Chapman and Hall.

POWERMAN V,SHATSILLO A,CHUMAKOV N,et al.,2015. Interaction between the Central Asian Orogenic Belt(CAOB)and the Siberian Craton as recorded by detrital zircon suites from Transbaikalia[J]. Precambrian Research,267:39 – 71.

QIU Z X,QIU Z D,DENG T,et al.,2013. Neogene land mammal stages/ages of China:toward the goal to establish an Asian land mammal stage/age scheme[M]//WANG X M,FLYNN L J,FORTELIUS M. Fossil mammals of Asia:Neogene biostratrgraphy and chronology. Columbia:Columbia University Press.

REN J Y,TAMAKI K,LI S T,et al.,2002. Late Mesozoic and Cenozoic rifting and its dynamic setting in Eastern China and adjacent areas[J]. Tectonophysics,344(3/4):175 – 205.

ROSEN O M,2003. The Siberian Craton:tectonic zonation and stages of evolution[J]. Geotectonics,37(3):175 – 192.

ROSEN O M,CONDIE K C,NATAPOV L M,et al.,1994. Chapter 10 Archean and Early Proterozoic evolution of the Siberian craton:a preliminary assessment[J]. Development in Precambrian Geology,11:411 – 459.

ROSEN O M,TURKINA O M,2007. The oldest rock assemblages of the Siberian craton[J]. Development in Precambrian Geology,15:793 – 838.

RYTSK E Y,KOVACH V P,KOVALENKO V I,et al.,2007. Structure and evolution of continental crust in the Baikal fold area[J]. Geotektonika,41(6):440 – 464.

RYTSK E Y,KOVACH V P,YARMOLYUK V V,et al.,2011. Isotopy and evolution of continental crust in the East Transbaikalian segment of the Central – Asian orogeny[J]. Geotektonika,45(5):349 – 377.

SAGER W W,2006. Cretaceous paleomagnetic apparent polar wander path for the Pacific plate calculated from Deep Sea Drilling Project and Ocean Drilling Program basalt cores[J]. Physics of the Earth & Planetary Interiors,156(3/4):329 – 349.

SALNIKOVA E B,SERGEEV S A,KOTOV A B,et al.,1998. U – Pb zircon dating of granulite metamorphism in the Slyudyanskiy complex,Eastern Siberia[J]. Gondwana Research,1(2):195 – 205.

SANTOSH M,SAJEEV K,LI J H,2006. Extreme crustal metamorphism during Columbia supercontinent assembly:evidence from North China Craton[J]. Gondwana Research,10(3/4):256 – 266.

SENGÖR A M C,NATALIN B A,1996. Paleotectonics of Asia:fragments of a synthesis[M]//YIN A,HARRISON T M. The rectonics evolution of Asia. Cambridge:Cambridge University Press:486 – 640.

SHATSKY V S,MALKOVETS V G,BELOUSOVA E A,et al.,2015. Evolution history of the Neoproterozoic eclogite – bearing complex of the Muya dome(Central Asian Orogenic Belt):constraints from zircon U – Pb age,Hf and whole – rock Nd isotopes[J]. Precambrian Research,261:1 – 11.

SHATSKY V S, SITNIKOVA E S, TOMILENKO A A, et al., 2012. Eclogite-gneiss complex of the Muya block(East Siberia): age, mineralogy, geochemistry, and petrology[J]. Russian Geology and Geophyics(Geologiyai Geofizika), 53(6): 501-521, 657-682.

SKUZOVATOV S Y, SHATSKY V S, WANG K L, et al., 2019a. Continental subduction during arc-microcontinent collision in the southern Siberian Craton: constraints on protoliths and metamorphic evolution of the North Muya complex eclogites(Eastern Siberia)[J]. Lithos, 342-343: 76-96.

SKUZOVATOV S Y, SKLYAROV E V, SHATSKY V S, et al., 2016. Granulites of the South Muya block(Baikal-Muya Fold Belt): age of metamorphism and nature of protolith[J]. Russian Geology and Geophysics, 57(3): 451-463.

SKUZOVATOV S, WANG K L, DRIL S, et al., 2019b. Geochemistry, zircon U-Pb and Lu-Hf systematics of high-grade metasedimentary sequences from the South Muya block(northeastern Central Asian Orogenic Belt): reconnaissance of polymetamorphism and accretion of Neoproterozoic exotic blocks in southern Siberia[J]. Precambrian Research, 321: 34-53.

SMELOV A P, TIMOFEEV V F, 2007. The age of the North Asian Cratonic basement: an overview[J]. Gondwana Research, 12(3): 279-288.

SMITH K T, SCHAAL S, WEI S, et al., 2011. Acrodont iguanians(squamata) from the Middle Eocene of the Huadian Basin of Jilin Province, China, with a critique of the taxon "*Tinosaurus*"[J]. Vertebrata Palasiatica, 49(1): 69-84.

SOKOLOV S D, BONDARENKO G Y, KHUDOLEYAK, et al., 2009. Tectonic reconstruction of Uda-Murgal arc and the Late Jurassic and Early Cretaceous convergent margin of Northeast Asia-Northwest Pacific[J]. Stephan Mueller Special Publication, 4: 273-288.

SONG B, NUTMAN A P, LIU D Y, et al., 1996. 3800 to 2500 Ma crustal evolution in the Anshan area of Liaoning Province, northeastern China[J]. Precambrian Research, 78(1/3): 79-94.

SONG S G, WANG M M, XU X, et al., 2015. Ophiolites in the Xing'an-Inner Mongolia accretionary belt of the CAOB: implications for two cycles of seafloor spreading and accretionary orogenic events[J]. Tectonics, 34(10): 2221-2248.

SOVETOV J K, KULIKOVA A E, MEDVEDEV M N, 2007. Sedimentary basins in the southwestern Siberian Craton: Late Neoproterozoic-Early Cambrian rifting and collisional events[J]. Special Paper of the Geological Society America, 423: 549-578.

STANEVICH A M, MAZUKABZOV A M, POSTNIKOV A A, et al., 2007. Northern segment of the Paleoasian Ocean: Neoproterozoic deposition history and geodynamics[J]. Russian Geology and Geophysics, 48(1): 46-60.

SUN D Y, WU F Y, LI H M, et al., 2000. Emplacement age of the Postorogenic A-type granites in northwestern Lesser Xing'an Range, and its relationship to the eastern extension of Suolushan-Hegenshan-Zhalaite collisional suture zone[J]. Chinese Science Bulletin, 45(5): 427-432.

SUN J F, YANG J H, 2009. Early Cretaceous A-type granites in the eastern North China Craton with relation to destruction of the craton[J]. Earth Science, 34(1): 137-147.

SUN M D, XU Y G, WILDE, S A, et al., 2015. The Permian Dongfanghong island-arc gabbro of the Wandashan Orogen, NE China: implications for Paleo-Pacific subduction[J]. Tectonophysics, 659: 122-136.

SUN P C, SACHSENHOFER R F, LIU Z J, et al., 2013. Organic matter accumulation in the oil shale- and coal-bearing Huadian Basin(Eocene; NE China)[J]. International Journal of Coal Geology,105:1-15.

TANG J,XU W L,NIU Y L,et al.,2016a. Geochronology and geochemistry of Late Cretaceous-Paleocene granitoids in the Sikhote-Alin Orogenic Belt:petrogenesis and implications for the oblique subduction of the Paleo-Pacific plate[J]. Lithos,266-267:202-212.

TANG J,XU W L,WANG F,et al.,2013. Geochronology and geochemistry of Neoproterozoic-magmatism in the Erguna Massif,NE China:petrogenesis and implications for the breakup of the Rodinia supercontinent[J]. Precambrian Research,224:597-611.

TANG J,XU W L,WANG F,et al.,2014. Geochronology and geochemistry of Early-Middle Triassic mag-matism in the Erguna Massif,NE China:constraints on the tectonic evolution of the Mongol-Okhotsk Ocean[J]. Lithos,184-187:1-16.

TANG J,XU W L,WANG F,et al.,2016b. Early Mesozoic southward subduction history of the Mongol-Okhotsk oceanic plate:evidence from geochronology and geochemistry of Early Mesozoic intrusive rocks in the Erguna Massif,NE China[J]. Gondwana Research,31:218-240.

TEDFORD R H,QIU Z X,FLYNN L J,2013. Late Cenozoic Yushe Basin,Shanxi Province,China:Geology and Fossil Mammals Volume 1:history,Geology,and Magnetostratigraphy[J]. Netherlands:Springer.

TERHEMBA S B,YAO H J,LUO S,et al.,2020,High-resolution 3-D crustal shear-wave velocity model reveals structural and seismicity segmentation of the central-southern Tanlu Fault zone,eastern China[J]. Tectonophysics,778:1-17.

THOMAS K,KELTY A Y,BATULZII D,et al.,2008. Detrital-zircon geochronology of Paleozoic sedimentary rocks in the Hangay-Hentey basin,north-central Mongolia:implications for the tectonic evolution of the Mongol-Okhotsk Ocean in central Asia[J]. Tectonophysics,451:290-311.

TOMURTOGOO O,WINDLEY B F,KRÖNER A,et al.,2005. Zircon age and occurrence of the Adaatsag ophiolite and Muron shear zone,central Mongolia:constraints on the evolution of the Mongol-Okhotsk ocean,suture and orogen[J]. Journal of the Geological Society,162(1):125-134.

TONG Y,JAHN B M,WANG T,et al.,2015. Permian alkaline granites in the Erenhot-Hegenshan belt,northern Inner Mongolia,China:model of generation,time of emplacement and regional tectonic significance[J]. Journal of Asian Earth Sciences,97(B):320-336.

UCHIMURA H,KONO M,TSUNAKAWA H,et al.,1996. Paleomagnetism of Late Mesozoic rocks from northeastern China:the role of the Tan-Lu fault in the North China Block[J]. Tectonophysics,262(1/4):301-319.

ULMISHEK G F,2003. Petroleum geology and resources of the west Siberian Basin,Russia[M]. Washington:United States Geological Survey Bulletin.

WAN Y S,LIU D Y,DONG C Y,et al.,2015. Formation and evolution of archean continental crust of the North China Craton[M]//ZHAI M G. Precambrian geology of China. Netherlands:Springer:59-136.

WAN Y S,LIU D Y,NUTMAN A,et al.,2012. Multiple 3.8~3.1Ga tectono-magmatic events in a newly discovered area of ancient rocks (the Shengousi complex),Anshan,North China Craton[J]. Journal of Asian Earth Sciences,54-55:18-30.

WAN Y S,LIU D Y,SONG B,et al.,2005. Geochemical and Nd isotopic compositions of 3.8 Ga meta-quartz dioritic and trondhjemiticrocks from the Anshan area and their geologicalsignificance[J]. Journal of Asian Earth Science,24(5):563-575.

WAN Y S,XIE H Q,DONG C Y,et al.,2019,Hadean to Paleoarchean rocks and zircons in China[J]. Earth's Oldest Rocks,2:293-327.

WANG F,XU W L,MENG E,et al.,2012a. Early Paleozoic amalgamation of the Songnen-Zhangguangcai Range and Jiamusi Massifs in the eastern segment of the Central Asian Orogenic Belt:geochronological and geochemical evidence from granitoids and rhyolites[J]. Journal of Asian Earth Sciences,49:234-248.

WANG F,XU W L,XU Y G,et al.,2015a. Late Triassic bimodal igneous rocks in eastern Heilongjiang Province,NE China:implications for the initiation of subduction of the Paleo-Pacific Plate beneath Eurasia[J]. Journal of Asian Earth Science,97:406-423.

WANG F,XU Y G,XU W L,et al.,2017a. Early Jurassic calc-alkaline magmatism in northeast China:magmatic response to subduction of the Paleo-Pacific Plate beneath the Eurasian continent[J]. Journal of Asian Earth Science,143:249-268.

WANG G G,NI P,ZHAO K D,et al.,2012b. Petrogenesis of the Middle Jurassic Yinshan volcanic-intrusive complex,SE China:implications for tectonic evolution and Cu-Au mineralization[J]. Lithos,150:135-154.

WANG H Z,1982. The main stages of crustal development of China[J]. Earth Science,18(3):155-177.

WANG Y F,LI X H,JIN W,et al.,2015b. Eoarchean ultra-depleted mantle domains inferred from ca. 3.81 Ga Anshan trondhjemitic gneisses,North China Craton[J]. Precambrian Research,263:88-107.

WANG Y Y,XU B,SONG S Y,et al.,2021. A late Paleozoic extension basin constrained by sedimentology and geochronology in eastern Central Asia Orogenic Belt[J]. Gondwana Research,89:265-286.

WANG Y,2006. The onset of the Tan-Lu fault movement in eastern China:constraints from zircon(SHRIMP)and $^{40}Ar/^{39}Ar$ dating[J]. Terra Nova,18(6):423-431.

WANG Y,LI C F,WEI H Q,et al.,2003. Late Pliocene-recent tectonic setting for the Tianchi volcanic zone, Changbai Mountains, northeast China[J]. Journal of Asian Earth Sciences,21(10):1159-1170.

WANG Y,ZHOU L Y,LI J Y,2011. Intracontinental superimposed tectonics:a case study in the Western Hills of Beijing,Eastern China[J]. Geological Society of American Bulletin,123(5/6):1033-1055.

WANG Z J,XU W L,PEI F P,et al.,2015c. Geochronology and provenance of detrital zircons from Late Palaeozoic strata of central Jilin Province,Northeast China:implications for the tectonic evolution of the eastern Central Asian Orogenic Belt[J]. International Geology Review,57(2):211-228.

WANG Z W,PEI F P,XU W L,et al.,2015d. Geochronology and geochemistry of Late Devonian and Early Carboniferous igneous rocks of central Jilin Province,NE China:implications for the tectonic evolution of the eastern Central Asian Orogenic Belt[J]. Journal of Asian Earth Sciences,97:260-278.

WANG Z W,PEI F P,XU W L,et al.,2016a. Tectonic evolution of the eastern Central Asian Orogenic Belt:evidence from zircon U-Pb-Hf isotopes and geochemistry of early Paleozoic rocks in Yanbian region,NE China[J]. Gondwana Research,38:334-350.

WANG Z W,XU W L,PEI F P,et al.,2016b. Geochronology and geochemistry of Early Paleozoic igneous rocks of the Lesser Xing'an Range,NE China:implications for the tectonic evolution of the eastern Central Asian Orogenic Belt[J]. Lithos,261:144-163.

WANG Z W, XU W L, PEI F P, et al., 2017b. Geochronology and geochemistry of Early Paleozoic igneous rocks from the Zhangguangcai range, NE China: constraints on tectonic evolution of the eastern Central Asian Orogenic Belt[J]. Lithosphere, 9(5): 803–827.

WEBB L E, JOHNSON C L, 2006. Tertiary strike-slip faulting in Southeastern Mongolia and implications for Asian tectonics[J]. Earth and Planetary Science Letters, 241(1/2): 323–335.

WILDE S A, WU F Y, ZHANG X, 2003. Late Pan-African magmatism in northeastern China: SHRIMP U-Pb zircon evidence from granitoids in the Jiamusi Massif[J]. Precambrian Research, 122(1): 311–327.

WILDE S A, ZHANG X, WU F Y, 2000. Extension of a newly identified 500Ma metamorphic terrane in North East China: further U-Pb SHRIMP dating of the Mashan Complex, Heilongjiang Province, China[J]. Tectonophysics, 328(1): 115–130.

WINDLEY B F, ALEXEIEV D, XIAO W, et al., 2007. Tectonic models for accretion of the Central Asian Orogenic Belt[J]. Journal of the Geological Society, 164(1): 31–47.

WU C L, YANG Q, ZHU Z D, et al., 2000. Thermodynamic analysis and simulation of coal metamorphism in the Fushun Basin, China[J]. International Journal of Coal Geology, 44(2): 149–168.

WU C, LIU C F, ZHU Y, et al., 2016. Early Paleozoic magmatic history of central Inner Mongolia, China: implications for the tectonic evolution of the Southeast Central Asian Orogenic Belt[J]. International Journal of Earth Science, 105: 1307–1327.

WU F Y, HAN R H, YANG J H, et al., 2007a. Initial constraints on the timing of granitic magmatism in North Korea using U-Pb zircon geochronology[J]. Chemical Geology, 238(3/4): 232–248.

WU F Y, LIN J Q, WILDE S A, et al., 2005a. Nature and significance of the Early Cretaceous giant igneous event in eastern China[J]. Earth and Planetary Science Letters, 233(1): 103–119.

WU F Y, SUN D Y, GE W C, et al., 2011. Geochronology of the Phanerozoic granitoids in northeastern China[J]. Journal of Asian Earth Sciences, 41(1): 1–30.

WU F Y, SUN D Y, LI H M, et al., 2001. The nature of basement beneath the Songliao Basin in NE China: geochemical and isotopic constraints[J]. Physics and Chemistry of the Earth (Part A: Solid Earth and Geoelesy), 26(9/10): 793–803.

WU F Y, SUN D Y, LI H, et al., 2002. A-type granites in northeastern China: age and geochemical constraints on their petrogenesis[J]. Chemical Geology, 187(1/2): 143–173.

WU F Y, YANG J H, LO C H, et al., 2007b. The Heilongjiang Group: a Jurassic accretionary complex in the Jiamusi Massif at the western Pacific margin of northeastern China[J]. Island Arc, 16(1): 156–172.

WU F Y, YANG J H, WILDE S A, et al., 2005b. Geochronology, petrogenesis and tectonic implications of Jurassic granites in the Liaodong Peninsula, NE China[J]. Chemical Geology, 221(1/2): 127–156.

WU F Y, ZHANG Y B, YANG J H, et al., 2008. Zircon U-Pb and Hf isotopic constraints on the early Archean crustal evolution in Anshan of the North China Craton[J]. Precambrian Research, 167: 339–362.

WU G, CHEN Y C, CHEN Y J, et al., 2012. Zircon U-Pb ages of the metamorphic supracrustal rocks of the Xinghuadukou Group and granitic complexes in the Argun Massif of the northern Great Hinggan Range, NE China, and their tectonic implications[J]. Journal of Asian Earth Sciences, 49(3): 214–233.

WU G, CHEN Y C, SUN, F Y, et al., 2015. Geochronology, geochemistry, and Sr-Nd-Hf isotopes of the Early Paleozoic igneous rocks in the Duobaoshan area, NE China, and their geological significance[J]. Journal of Asian Earth Science, 97(13): 229–250.

WU J T J, JAHN B, NECHAEV V, et al., 2017. Geochemical characteristics and petrogenesis of adakites in the Sikhote – Alin area, Russian Far East[J]. Journal of Asian Earth Science, 145(13): 512 – 529.

WU X, ZHANG C, ZHANG Y, et al., 2018. 2.7 Ga monzogranite on the Songnen Massif and its geological implications[J]. Acta Geologica Sinica – English Edition, 92(3): 1265 – 1266.

XIAO W J, KRÖNER A, WINDLEY B, 2009a. Geodynamic evolution of Central Asia in the Paleozoic and Mesozoic[J]. International Journal of Earth Sciences, 98: 1185 – 1188.

XIAO W J, WINDLEY B F, HAO J, et al., 2003. Accretion leading tocollision and the Permian Solonker suture, Inner Mongolia, China: termination of the central Asian orogenic belt[J]. Tectonics, 22(6): 1069 – 1089.

XIAO W J, WINDLEY B F, HUANG B C, et al., 2009b. End – Permian to Mid – Triassic termination of the accretionary processes of the southern Altaids: implications for the geodynamic evolution, Phanerozoic continental growth, and metallogeny of Central Asia[J]. International Journal of Earth Science, 98(6): 1189 – 1217.

XIAO W J, WINDLEY B F, SUN S, et al., 2015. A tale of amalgamation of three Permo – Triassic collage systems in Central Asia: oroclines, sutures, and terminal accretion[J]. Annual Review of Earth and Planetary Science, 43: 477 – 507.

XIAO W, WINDLEY B F, HAN C, et al., 2018. Late Paleozoic to early Triassic multiple roll – back and oroclinal bending of the Mongolia collage in Central Asia[J]. Earth – Science Reviews, 186: 94 – 128.

XU B, CHARVET J, CHEN Y, et al., 2013a. Middle Paleozoic convergent orogenic belts in western Inner Mongolia(China): framework, kinematics, geochronology and implications for tectonic evolution of the Central Asian Orogenic Belt[J]. Gondwana Research, 23(4): 1342 – 1364.

XU J W, MA G F, TONG W X, et al., 1993a. The Tancheng – Lujiang wrench fault system[M]. Hoboken: John Wiley & Sons: 51 – 74.

XU J W, ZHU G, 1994. Tectonic models of the Tan – Lu fault zone, eastern China[J]. International Geology Review, 36(8): 771 – 784.

XU J W, ZHU G, TONG W X, et al., 1987. Formation and evolution of the Tancheng – Lujiang wrench fault system: a major shear system to the northwest of the Pacific Ocean[J]. Tectonophysics, 134(4): 273 – 310.

XU M, LI Y, HOU H, et al., 2017. Structural characteristics of the Yilan – Yitong and Dunhua – Mishan faults as northern extensions of the Tancheng – Lujiang Fault Zone: new deep seismic reflection results[J]. Tectonophysics, 706 – 707: 35 – 45.

XU S, 1989. An outline of the pre – Jurassic tectonic framework in east Asia[J]. Journal of Southeast Asian Earth Sciences, 3(1/4): 29 – 45.

XU T, XU W L, WANG F, et al., 2018. Geochronology and geochemistry of early Paleozoic intrusive rocks from the Khanka Massif in the Russian Far East: petrogenesis and tectonic implications[J]. Lithos, 300 – 301: 105 – 120.

XU W L, JI W Q, PEI F P, et al., 2009. Triassic volcanism in eastern Heilongjiang and Jilin provinces, NE China: chronology, geochemistry, and tectonic implications[J]. Journal of Asian Earth Sciences, 34(3): 392 – 402.

XU W L, PEI F P, FENG W, et al., 2013b. Spatial – temporal relationships of Mesozoic volcanic rocks in NE China: constraints on tectonic overprinting and transformations between multiple tectonic regimes[J]. Journal of Asian Earth Sciences, 74: 167 – 193.

XU Y G,ROSS J V,MERCIER J,1993b. The upper mantle beneath the continental rift of Tanlu, Eastern China:evidence for the intra-lithospheric shear zones[J]. Tectonophysics,225(4):337-360.

YAKUBCHUK A S,EDWARDS A C,1999. Auriferous Paleozoic accretionary terranes within the Mongol-Okhotsk suture zone,Russian Far East[C]//WEBER G. Proceeding Pacrim'99 Anstralasian Institute of Mining and Merallurgy Publications Series:4(99):347-358.

YAN Z Y,TANG K D,BAI J W,et al.,1989. High pressure metamorphic rocks and their tectonic environment in norheastern China[J]. Journal of Southeastern Asian Earth Science,3(1/4):303-313.

YANG J F,ZHANG Z C,CHEN Y,et al.,2017. Ages and origin of felsic rocks from the Eastern Erenhot ophiolitic complex,southeastern Central Asian Orogenic Belt,Inner Mongolia China[J]. Journal of Asian Earth Sciences,144:126-140.

YANG J H,WU F Y,CHUNG S L,et al.,2007. Rapid exhumation and cooling of the Liaonan metamorphic core complex:Inferences from $^{40}Ar/^{39}Ar$ thermochronology and implications for Late Mesozoic extension in the eastern North China Craton[J]. Geological Society of America Bulletin,119(11/12):1405-1414.

YANG J H,WU F Y,WILDE S A,et al.,2008. Petrogenesis of an alkali syenite-granite-rhyolite suite in the Yanshan Fold and Thrust Belt,eastern North China Craton:geochronological,geochemical and Nd-Sr-Hf isotopic evidence for lithospheric thinning[J]. Journal of Petrology,49(2):315-351.

YANG Y T,2013. An unrecognized major collision of the Okhotomorsk Block with East Asia during the Late Cretaceous,constraints on the plate reorganization of the Northwest Pacific[J]. Earth-Science Reviews,126:96-115.

YANG Y T,GUO Z X,SONG C C,et al.,2015. A short-lived but significant Mongol-Okhotsk collisional orogeny in latest Jurassic-earliest Cretaceous[J]. Gondwana Research,28(3):1096-1116.

YI K,CHEONG C S,KIM J,et al.,2012. Late Paleozoic to Early Mesozoic arc-related magmatism in southeastern Korea:SHRIMP zircon geochronology and geochemistry[J]. Lithos,153:129-141.

YI Y,WANG L,SUN X,et al.,2017. U-Pb geochronology,geochrmistry and tectonic implications of diorite from Nangnimsan of Mehe in northern Da Hinggan Mountains[J]. Global Geology,20(4):217-228.

YU Q,GE W C,YANG H,et al.,2014. Petrogenesis of late Paleozoic volcanic rocks from the Daheshen Formation in central Jilin Province,NE China,and its tectonic implications:constraints from geochronology,geochemistry and Sr-Nd-Hf isotopes[J]. Lithos,192-195:116-131.

YU Q,GE W C,ZHANG J,et al.,2017. Geochronology,petrogenesis and tectonic implication of Late Paleozoic volcanic rocks from the Dashizhai Formation in Inner Mongolia,NE China[J]. Gondwana Research,43:164-177.

YU Z Y,YIN N,SHU P,et al.,2018. Late Quaternary paleoseismicity and seismic potential of the Yilan-Yitong Fault Zone in NE China[J]. Journal of Asian Earth Sciences,151:197-225.

YUKI N,TOSHIYUKI K,BAKHAT N,et al.,2012. Geological division of the rocks at southeast of Ulaanbaatar(Gachuurt-Nalaikh),central Mongolia[R]. Nagoya:Nagoya University Museum:19-26.

ZENG Q D,LIU J M,CHU S X,et al.,2014. Re-Os and U-Pb geochronology of the Duobaoshan porphyry Cu-Mo-(Au)deposit,northeast China,and its geological significance[J]. Journal of Asian Earth Sciences,79(13):895-909.

ZHAI M G,2004. Precambrian geological events in the North China Craton[M]//MALPS J,FLETCHER C J N,ALI J R,et al. Tectonic Evolution of China[J]. London:Geological Society of London Special Publication:57-72.

ZHAI M G,BIAN A G,ZHAO T P,2000. The amalgamation of the supercontinent of North China Craton at the end of Neo-Archaean and its breakup during late Palaeoproterozoic and Meso-Proterozoic[J]. Science in China Series D:Earth Sciences,43(S1):219-232.

ZHAI M G, LIU W J, 2003. Palaeoproterozoic tectonic history of the North China Craton: a review[J]. Precambrian Research,122(1/4):183-199.

ZHANG F Q,CHEN H L,BATT G E,et al.,2015a. Detrital zircon U-Pb geochronology and stratigraphy of the Cretaceous Sanjiang Basin in NE China:provenance record of an abrupt tectonic switch in the mode and nature ofthe NE Asian continental margin evolution[J]. Tectonophysics,665:58-78.

ZHANG F Q,DILEK Y,CHEN H L,et al.,2017a. Late Cretaceous tectonic switch from a Western Pacificto an Andean-type continental margin evolution in East Asia,and a foreland basin development in NE China[J]. Terra Nova,29(6):335-342.

ZHANG H H,WANG F,XU W L,et al.,2016. Petrogenesis of Early-Middle Jurassic intrusive rocks in northern Liaoning and central Jilin provinces,northeast China:implications for the extent of spatial-temporal overprinting of the Mongol-Okhotsk and Paleo-Pacific tectonic regimes[J]. Lithos,256:132-147.

ZHANG J R,WEI C J,CHU H,2018a. Multiple metamorphic events recorded in the metamorphic terranes in central Inner Mongolia, Northern China: implication for the tectonic evolution of the Xing'an-Inner Mongolia orogenic belt[J]. Journal of Asian Earth Sciences,167:52-67.

ZHANG L C,ZHAI M G,ZHANG X J,et al.,2012. Fomation age and tectonic setting of the Shirengou Neoarchean banded iron deposit in eastern Hebei Province:constraints from geochemistry and SIMS ziron U-Pb datating[J]. Precambrian Research,222-223:325-338.

ZHANG Q Q,ZHANG S H,ZHAO Y,et al.,2018b. Devonian alkaline magmatic belt along the northern margin of the North China Block:petrogenesis and tectonic implications[J]. Lithos,302-303:496-518.

ZHANG S H,ZHAO Y,DAVIS G A,et al.,2014a. Temporal and spatial variations of Mesozoic magmatism and deformation in the North China Craton:implications for lithospheric thinning and decratonization[J]. Earth-Science Review,131(1):49-87.

ZHANG S H,ZHAO Y,YE H,et al.,2014b. Origin and evolution of the Bainaimiao arc belt:implications for crustal growth in the southern Central Asian orogenic belt[J]. Geological Society of America Bulletin,126(9/10):1275-1300.

ZHANG S,ZHU G,LIU C,et al.,2018c. Strike-slip motion within the Yalu River Fault Zone, NE Asia:the development of a shear continental margin[J]. Tectonics,37(6):1771-1796.

ZHANG S,ZHU G,LIU C,et al.,2019. Episodicity of stress state in an overriding plate:evidence from the Yalu River Fault Zone,East China[J]. Gondwana Research,71:150-178.

ZHANG W,JIAN P,KRÖNER A,et al.,2013. Magmatic and metamorphic development of an Early to Mid-Paleozoic continental margin arc in the southernmost Central Asian Orogenic Belt,Inner Mongolia,China[J]. Journal of Asian Earth Sciences,72:63-74.

ZHANG X F,ZHANG H F,TANG Y J,et al.,2008. Geochemistry of Permian bimodal volcanic from Central Inner Mongolia,North China:implication for tectonic setting and Phanerozoic continental growth in Central Asian Orogenic Belt[J]. Chemical Geology,249(3/4):262-281.

ZHANG X H,LI T S,PU Z P,et al.,2002. $^{40}Ar-^{39}Ar$ ages of the Louzidian-Dachengzi ductile shear zone near Chifeng, Inner Mongolia and their tectonic significance[J]. Chinese Science Bulletin, 47(15):1292-1297.

ZHANG X H, YUAN L L, XUE F H, et al., 2015b. Early Permian A - type granites from central Inner Mongolia, North China: magmatic tracer of postcollisional tectonics and oceanic crustal recycling[J]. Gondwana Research, 28:311-327.

ZHANG X H., WILDE S M., ZHANG H F, et al., 2011a. Early Permian high - K cala - alkaline volcanic rocks from NW Inner Mongolia, North China: geochemistry, origin and tectonic implications[J]. Journal of the Geological Society, 168:525-543.

ZHANG X J, ZHANG L C, XIANG P, et al., 2011b. Zircon U - Pb age, Hf isotopes and geachemistry of Shuichang Algoma - type banded iron - formation, North China Craton: constraints on the oreforming age and tectonic setting[J]. Gondwana Research, 20:137-148.

ZHANG Y Q, DONG S W, SHI W, 2003. Cretaceous deformation history of the middle Tan - Lu fault zone in Shandong Province, eastern China[J]. Tectonophysics, 363(3/4):243-258.

ZHANG Y Q, SHI W, DONG S W, 2011c. Changes of Late Mesozoic tectonic regimes around the Ordos Basin(North China) and their geodynamic implication[J]. Acta Geologica Sinica - English Edition, 85(6):1254-1276.

ZHANG Z C, CHEN Y, LI K, et al., 2017b. Geochronology and geochemistry of Permian bimodal volcanic rocks from Central Inner Mongolia, China: implications for the Late Paleozoic tectonic evolution of the South - Eastern Central Asian Orogenic Belt[J]. Journal of Asian Earth Sciences, 135:370-389.

ZHANG Z C, LI K, LI J F, et al., 2015c. Geochronology and geochemistry of the Eastern Erenhot ophiolitic complex: implications for the tectonic evolution of the Inner Mongolia - Daxinganling Orogenic Belt[J]. Journal of Asian Earth Sciences, 97:279-293.

ZHAO C, QIN K Z, SONG G X, et al., 2019. Early Paleozoic high - Mg basalt - andesite suite in the Duobaoshan Porphyry Cu deposit, NE China: constraints on petrogenesis, mineralization, and tectonic setting[J]. Gondwana Research, 71:91-116.

ZHAO G C, CAO L, WILDE S A, et al., 2006. Implications based on the first SHRIMP U - Pb zircon dating on Precambrian granitoid rocks in North Korea[J]. Earth Planet Science Letters, 251(3):365-379.

ZHAO G C, CAWOOD P A, LI S Z, et al., 2012. Amalgamation of the North China Craton: Key issues and discussion[J]. Precambrian Research, 222-223:55-76.

ZHAO G C, CAWOOD P A, WILDE S A, et al., 2002. Review of global 2.1~1.8Ga orogens: implications for a pre - Rodinia supercontinent[J]. Earth - Science Reviews, 59(1):125-162.

ZHAO G C, SUN M, WILDE S A, et al., 2005. Late Archean to Paleoproterozoic evolution of the North China Craton: key issues revisited[J]. Precambrian Research, 136(2):177-202.

ZHAO P, JAHN B M, XU B, 2017a. Elemental and Sr - Nd isotopic geochemistry of Cretaceous to Early Paleogene granites and volcanic rocks in the Sikhote - Alin Orogenic Belt(Russian Far East): implications for the regional tectonic evolution[J]. Journal of Asian Earth Sciences, 146:383-401.

ZHAO P, JAHN B M, XU B, et al., 2016a. Geochemistry, geochronology and zircon Hf isotopic study of peralkaline - alkaline intrusions along the northern margin of the North China Craton and its tectonic implication for the southeastern Central Asian Orogenic Belt[J]. Lithos, 261:92-108.

ZHAO P, XU B, TONG Q L, et al., 2016b. Sedimentological and geochronological constraints on the Carboniferous evolution of central Inner Mongolia, southeastern Central Asian Orogenic Belt: inland sea deposition in a post-orogenic setting[J]. Gondwana Research,31:253-270.

ZHAO P,XU B,ZHANG C H,2017b. A rift system in southeastern Central Asian Orogenic Belt: constraint from sedimentological, geochronological and geochemical investigations of the Late Carboniferous-Early Permian strata in northern Inner Mongolia(China)[J]. Gondwana Research,47:342-357.

ZHAO T,ZHU G,LIN S Z,et al.,2016c. Indentation-induced tearing of a subducting continent: evidence from the Tan-Lu Fault Zone,East China[J]. Earth-Science Review,152:14-36.

ZHARKOV M A, MASHOVICH Y G, CHECHEL E I,1982. Vzaimootnoshenie solenosnoi i perekryvayushchei ee krasnotsvetnoi formatsii kembriya na yuge Sibirskoi platformy (Interrelation between the Saliferous and Overlying Cambrian Red-Colored Formation in the Southern Siberian Craton)[M]. Novosibirsk: Nauka.

ZHENG H,SUN X M,ZHU D F,et al.,2015. The structural characteristics, age of origin, and tectonic attribute of the Erguna Fault,NE China[J]. Science China(Earth Sciences),58(9):1553-1565.

ZHOU H,ZHAO G C,HAN Y G,et al.,2018a. Geochemistry and zircon U-Pb-Hf isotopes of Paleozoic intrusive rocks in the Damao area in Inner Mongolia, northern China: implications for the tectonic evolution of the Bainaimiao arc[J]. Lithos,314-315:119-139.

ZHOU J B,CAO J L,WILDE SA,et al.,2014. Paleo-Pacific subduction-accretion: evidence from geochemical and U-Pb zircon dating of the Nadanhada accretionary complex,NE China[J]. Tectonics,33:2444-2466.

ZHOU J B,WANG B,WILDE S A,et al.,2015. Geochemistry and U-Pb zircon dating of the Toudaoqiao blueschists in the Great Xing'an Range, northeast China, and tectonic implications[J]. Journal of Asian Earth Sciences,97:197-210.

ZHOU J B,WILDE S A,ZHANG X Z,2011a. A >1300 km late Pan-African metamorphic belt in NE China: new evidence from the Xing'an Block and its tectonic implications[J]. Tectonophysics,509(3/4):280-292.

ZHOU J B,WILDE S A,ZHANG X Z,et al.,2009. The onset of Pacific margin accretion in NE China: evidence from the Heilongjiang high-pressure metamorphic belt[J]. Tectonophysics,478(3/4):230-246.

ZHOU J B,WILDE S A,ZHANG X Z.,et al.,2011b. Pan-African metamorphic rocks of the Erguna Block in the Great Xing'an Range,NE China: evidence for the timing of magmatic and metamorphic events and their tectonic implications[J]. Tectonophysics,499(1/4):105-117.

ZHOU J B,WILDE S A,ZHAO G C,et al.,2010. New SHRIMP U-Pb zircon ages from the Heilongjiang high-pressure belt: constraints on the Mesozoic evolution of NE China[J]. American Journal of Science,310(9):1024-1053.

ZHOU J B,WILDE S A,ZHAO G C,et al.,2018b. Nature and assembly of microcontinental blocks within the Paleo-Asian Ocean[J]. Earth-Science Reviews,186:76-93.

ZHOU L G,ZHAI M G,LU J S,et al.,2017a. Paleoproterozoic metamorphism of high-grade granulite facies rocks in the North China Craton: study advances, questions and new issues[J]. Precambrian Research,303:520-547.

ZHOU W X,LI S C,GE M C,et al.,2016. Geochemistry and zircon geochronology of agabbro-granodiorite complex in Tongxunlian,Inner Mongolia: partial melting of enriched lithosphere mantle[J]. Geological Journal,51(1):21-41.

ZHOU Z H,MAO J W,MA X H,et al.,2017b. Geochronological framework of the early Paleozoic Bainaimiao Cu-Mo-Au deposit, NE China, and its tectonic implications[J]. Journal of Asian Earth Sciences, 144: 323-338.

ZHU G, HU W, SONG L H, et al., 2015. Quaternary activity along the Tan-Lu fault zone in the Bohai Bay, East China: evidence from seismic profiles[J]. Journal of Asian Earth Sciences, 114(1): 5-17.

ZHU G, JIANG D Z, ZHANG B L, et al., 2012a. Destruction of the eastern North China Craton in a backarc setting: evidence from crustal deformation kinematics[J]. Gondwana Research, 22(1): 86-103.

ZHU G, LIU C, GU C C, et al., 2018. Oceanic plate subduction history in the western Pacific Ocean: constraint from Late Mesozoic evolution of the Tan-Lu Fault Zone[J]. Science China Earth Sciences, 61(4): 386-405.

ZHU G, LIU G S, NIU M L, et al., 2009. Syn-collisional transform faulting of the Tan-Lu fault zone, East China[J]. International Journal of Earth Science, 98: 135-155.

ZHU G, NIU M L, XIE C L, et al., 2010. Sinistral to normal faulting along the Tan-Lu Fault Zone: evidence for geodynamic switching of the East China Continental Margin[J]. Journal of Geology, 118(3): 277-293.

ZHU G, WANG Y S, LIU G S, et al., 2005. $^{40}Ar/^{39}Ar$ dating of strike-slip motion on the Tan-Lu Fault Zone, East China[J]. Journal of Structural Geology, 27(8): 1379-1398.

ZHU J B, REN J S, 2017. Carboniferous-Permian stratigraphy and sedimentary environment of southeastern Inner Mongolia, China: constraints on final closure of the Paleo-Asian Ocean[J]. Acta Geologica Sinica, 91(3): 832-856.

ZHU M S, BAATAR M, MIAO L C, et al., 2014. Zircon ages and geochemical compositions of the Manlay ophiolite and coeval island arc: implications for the tectonic evolution of South Mongolia[J]. Journal of Asian Earth Sciences, 96: 108-122.

ZHU R X, YANG J H, WU F Y, 2012b. Timing of destruction of the North China Craton[J]. Lithos, 149: 51-60.

ZONENSHAIN L P, KUZMIN M I, NATAPOV L M, 1990a. Geology of the USSR: a plate tectonic synthesis[M]. Washington: American Geophysical Union Geodynamics.

ZONENSHAIN L P, KUZMIN M I, NATAPOV L M, 1990b. Plate tectonics of the USSR territory[M]. Moscow: Nedra: 334.

ZORIN Y A, 1999. Geodynamics of the western part of the Mongolia-Okhotsk collisional belt, Trans-Baikal region (Russia) and Mongolia[J]. Tectonophysics, 306(1): 33-56.

ZORIN Y A, MORDVINOVA V V, TURUTANOV E K, et al., 2002. Low seismic velocity layers in the Earth's crust beneath Eastern Siberia (Russia) and Central Mongolia: receiver function data and their possible geological implication[J]. Tectonophysics, 359: 307-327.